电子产品项目教程

张　静　李　攀　杨　洋　编著

东南大学出版社
SOUTHEAST UNIVERSITY PRESS
·南京·

内 容 简 介

本书包括5个项目，每个项目以常见的电子产品为载体，把现代电子产品设计制作工艺融人工作任务中，主要介绍了声光控延时开关的设计与制作、智能充电器的设计与制作、数字万年历的设计与制作、智能小车的设计与制作、超声波测距电路的设计与制作。书中详细介绍了每一种电子产品的功能要求、电路原理图设计、PCB设计（包括输出加工文件）、装配与调试，让读者可以比较全面地了解电子产品的设计过程，满足企业对电子信息技术人才的要求。另外，本书在项目5中专门介绍了利用线路板刻制机雕刻加工电路板的步骤，根据书中介绍，读者可以学习到利用HW系列线路板刻制机进行双面板和单面板的雕刻加工。每个项目分为若干任务，每项任务均包含任务目标、实施方法与步骤、操作技巧等，结构清晰。

本书可以作为高职院校电子信息类、自动化专业“电子产品设计与制作”课程的教材，还可作为学生的毕业设计参考书、大学生创新训练项目的自学用书或电子设计爱好者的自学用书，并为从事中/高职院校单片机课程教学的教师提供教学案例以及教学方法的有价值参考。

图书在版编目(CIP)数据

电子产品项目教程 / 张静，李攀，杨洋编著. —南京：东南大学出版社，2019.12（2022.12重印）

ISBN 978-7-5641-8674-6

Ⅰ.①电… Ⅱ.①张… ②李… ③杨… Ⅲ.①电子产品-生产工艺-高等学校-教材 Ⅳ.①TN05

中国版本图书馆CIP数据核字(2019)第284462号

电子产品项目教程

Dianzi Chanpin Xiangmu Jiaocheng

出版发行 东南大学出版社
出 版 人 江建中
社 址 南京市四牌楼2号(210096)
网 址 http://www.seupress.com

经 销 全国各地新华书店
印 刷 江苏凤凰数码印务有限公司
开 本 787 mm×1092 mm 1/16
印 张 12.5
字 数 285千字
版 次 2019年12月第1版
印 次 2022年12月第3次印刷
书 号 ISBN 978-7-5641-8674-6
定 价 42.00元

前　言

随着我国经济全球化的发展，我国的电子产品种类日益繁多，电子信息行业规模也不断扩大，企业对高技能应用型人才提出了更高的要求。为了向社会输送优秀的技术人才，目前越来越多的高职院校开始注重培养具有创新精神和实践经验的多元化人才。电子产品相关课程的教学是让学生在掌握理论知识、操作技能的基础上，在工艺知识和创新思想方面都有一个比较全面的培养和提升，为学生的动手实践能力建立一个相对扎实而又充满挑战的平台。当前高职院校对学生在电子产品相关方面的培养要求，与企业和社会对技术人才的要求仍然存在着比较大的差异。面对这些差异，高职院校应该努力改善和优化电子产品相关课程的课程教材、课程实施和课程计划。

《电子产品项目教程》以常见的电子产品为载体，把现代电子产品设计制作工艺融入工作任务中，主要介绍了声光控延时开关的设计与制作、智能充电器的设计与制作、数字万年历的设计与制作、智能小车的设计与制作、超声波测距电路的设计与制作。书中详细介绍了每一种电子产品的功能要求、电路原理图设计、PCB设计(包括输出加工文件)、装配与调试，让读者可以比较全面地了解电子产品的设计过程，满足企业对电子信息技术人才的要求。另外，本书在项目5中专门介绍了利用线路板刻制机雕刻加工电路板的步骤，根据书中介绍，读者可以学习到利用HW系列线路板刻制机进行双面板和单面板的雕刻加工。

本书中的每个项目划分成若干任务，每项任务均包含任务目标、实施方法与步骤、操作技巧等，结构清晰。根据一个个由易到难的任务，学生在实际动手操作中，通过完成既定的工作任务，掌握电子产品设计、安装、制作、调试的基本应用。本书内容理论与实践相结合，项目的选取由浅入深、由易到难、循序渐进，符合学生的学习和认知特点。项目的实施突出以学生为主，教师引导，重点培养学生的综合能力，充分体现行动导向的“工学结合”思想。

本书中电子产品的电路原理图和PCB的设计利用的是Altium Designer 14.3软件，该软件是基于相关国际标准开发的，软件中的一些电气图形符号、字母符号与我国现行国家标准并不一致，但为了避免混乱，书中保留了这些符号，未作修改，特此说明。

本书由上海工程技术大学的张静、李攀和杨洋老师共同编写。张静老师编写了项目内容，李攀和杨洋老师负责内容的整理和校对。在资料收集和技术交流方面，得到了学校和企业专家的大力支持，在此表示诚挚的感谢。

由于编者水平有限，书中难免有错误和不妥之处，敬请广大读者批评指正。

编　者

2019 年 3 月

目　录

项目1　声光控延时开关的设计与制作

项目目标

（1）熟悉声光控延时开关电路原理图的设计。
（2）掌握声光控延时开关 PCB 的设计。
（3）掌握声光控延时开关的装配和调试。

项目任务

（1）声光控延时开关的工作原理。
（2）声光控延时开关 PCB 的设计。
（3）声光控延时开关的装配和调试。

项目相关知识

本项目中的声光控延时开关电路由声控与光控传感元件、三极管开关电路、CD4011 与非门、晶闸管等元器件构成。

白天或光线较强时，电路为断开状态，灯不亮；当光线昏暗时或夜晚来临时，开关进入预备工作状态，此时若有脚步声、说话声、拍手声等声源，开关即自动打开，灯亮，并且触发自动延时电路，延时一段时间后灯自动熄灭，从而实现了"人来灯亮，人去灯熄"，杜绝了"长明灯"现象，也免去了行人在黑暗中寻找开关的麻烦，尤其是解决了行人黑暗中上下楼道不便的问题。

声光控延时开关的实物如图 1－1 所示。

图 1－1　声光控延时开关实物图

任务 1.1 声光控延时开关电路原理图的设计

任务目标

（1）熟悉声光控延时开关的工作原理。

（2）熟练绘制声光控延时开关的电路原理图。

任务内容

（1）学习声光控延时开关的工作原理。

（2）绘制声光控延时开关的电路原理图。

任务相关知识

声光控延时开关的电路原理图如图 1－2 所示，其工作原理如下：

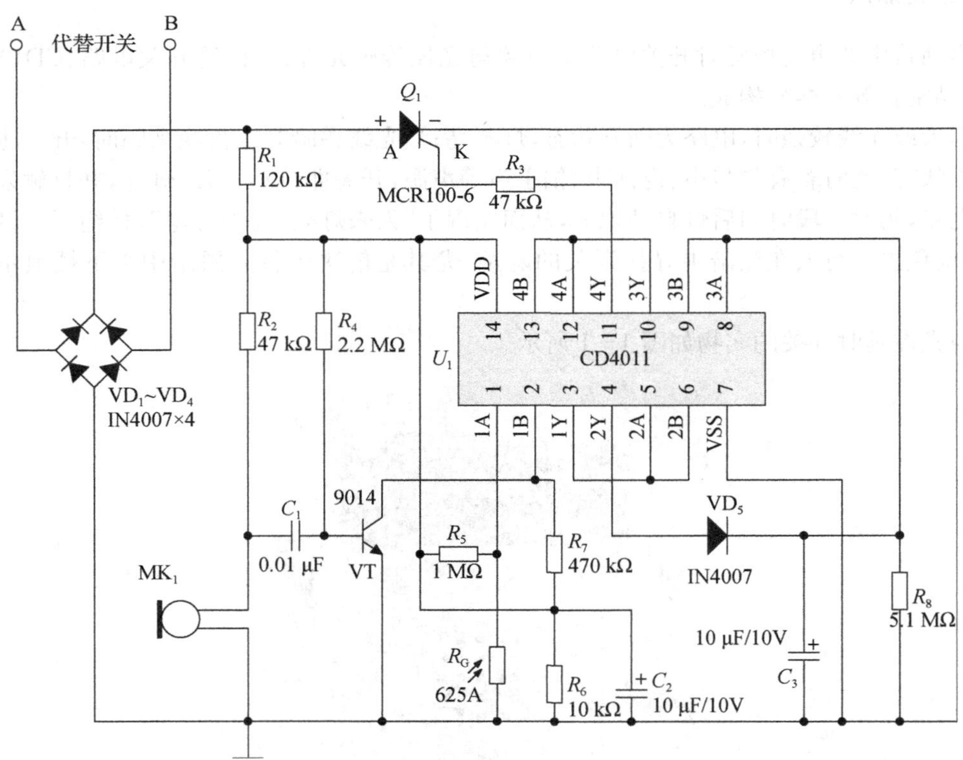

图 1－2 声光控延时开关的电路原理图

（1）当光线强时，光敏电阻阻值变小，CD4011 的 1 脚输入低电平，3 脚输出高电平，4 脚输出低电平，VD_5 不导通，C_3 不充电，8、9 脚输入低电平，10 脚输出高电平，11 脚输出低电平，三极管无基极电压，不能导通，灯泡不得电，熄灭。

(2) 当光线弱时，光敏电阻阻值变大，CD4011 的 1 脚输入高电平，此时如果无声音信号，则 CD4011 的 2 脚输入低电平，3 脚输出高电平，4 脚输出低电平，VD_5 不导通，C_3 不充电，8、9 脚输入低电平，10 脚输出高电平，11 脚输出低电平，三极管无基极电压，不能导通，灯泡不得电，熄灭。

(3) 当光线弱时，光敏电阻阻值变大，CD4011 的 1 脚输入高电平，此时如果有声音信号，则 CD4011 的 2 脚输入高电平，3 脚输出低电平，4 脚输出高电平，VD_5 导通，C_3 充电，8、9 脚输入高电平，10 脚输出低电平，11 脚输出高电平，三极管获得基极电压导通，灯泡得电，点亮。

(4) 灯泡被点亮后，只要有声音信号，则灯泡一直处于点亮状态。当声音信号消失后，CD4011 的 2 脚输入低电平，导致 CD4011 的 4 脚输出低电平，C_3 停止充电，通过 R_8 开始放电，当 C_3 两端电压降为低电平时，CD4011 的 8、9 脚输入低电平，10 脚输出高电平，11 脚输出低电平，三极管基极电压消失，不能导通，灯泡不得电，熄灭，从而实现灯泡延时熄灭功能。

分析声光控延时开关的电路原理图可知，需要自行制作光敏电阻和 CD4011 两个元件的相关电路原理图符号和封装符号。光敏电阻和 CD4011 的实物如图 1-3 所示。

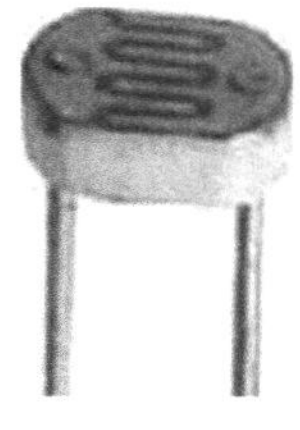

(a) 光敏电阻

(b) CD4011

图 1-3　元件实物图

任务实施

一、创建集成元件库文件

首先，在计算机的任意盘符下创建"PCB"文件夹，再在"PCB"文件夹里创建新的子文件夹，命名为"声光控延时开关"。

然后，打开 Altium Designer 14.3 软件，执行菜单命令"File" | "New" | "Project"，打开"New Project"界面，自制集成元件库并命名为"SGK. LibPkg"，单击"OK"按钮，完成集成元件库文件的创建，如图 1-4 所示，将集成元件库文件保存到"声光控延时开关"文件夹中。

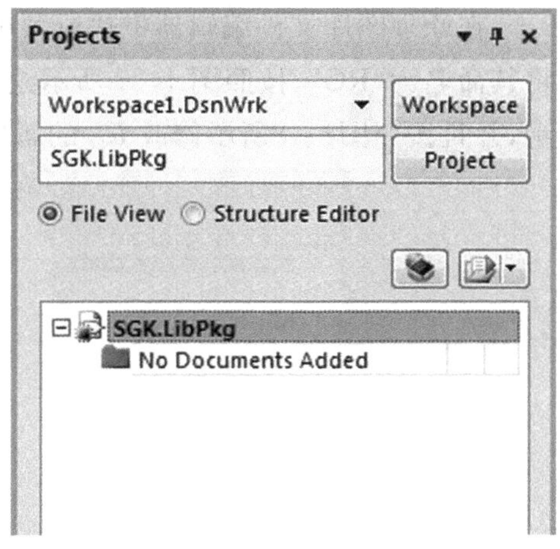

图 1-4　创建完成的集成元件库文件

二、创建原理图库文件并添加原理图符号

1. 创建原理图库文件

执行菜单命令"File" | "New" | "Library" |

“Schematic Library”，生成一个原理图库文件，默认名称为“SchLib1. SchLib”，同时启动原理图库文件编辑器，如图1－5所示，该原理图库文件被自动加载到“SGK. LibPkg”工程下，将该库文件保存为“SGK. SchLib”，如图 1－6 所示。

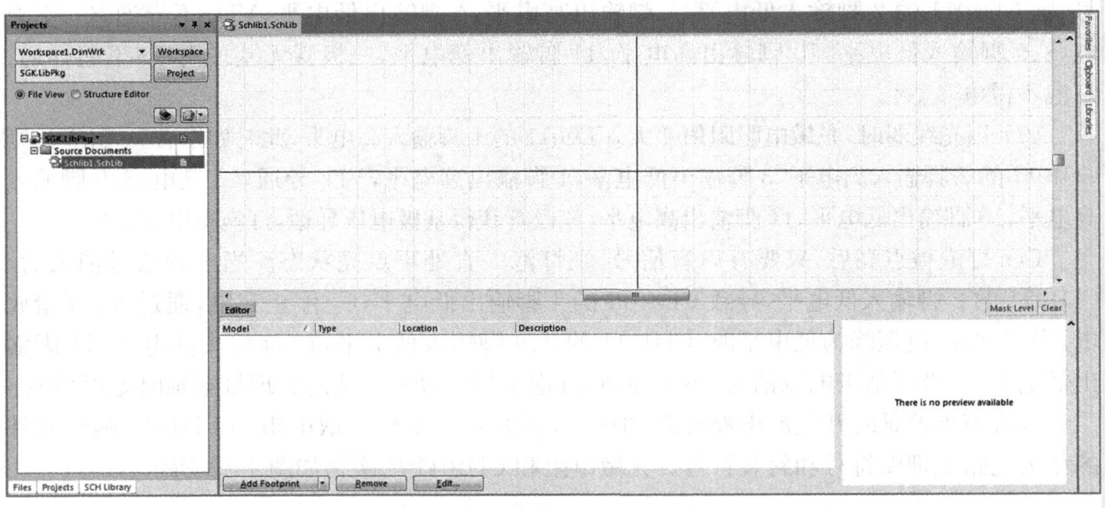

图 1－5　原理图库文件编辑器

图 1－6　“SGK. SchLib”文件

2. 创建光敏电阻的原理图符号

在原理图库文件编辑器中执行菜单命令“Tools”|“New Component”，创建一个新元件，将其命名为“RG”，按照图 1－2 所示绘制光敏电阻 R_G 的原理图符号，绘制结果如图 1－7 所示，并且按照图1－8所示修改 R_G 的属性参数。

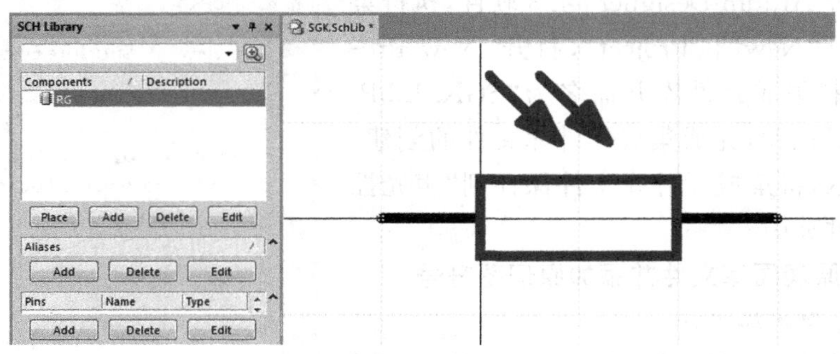

图 1－7　新建 R_G 的原理图符号

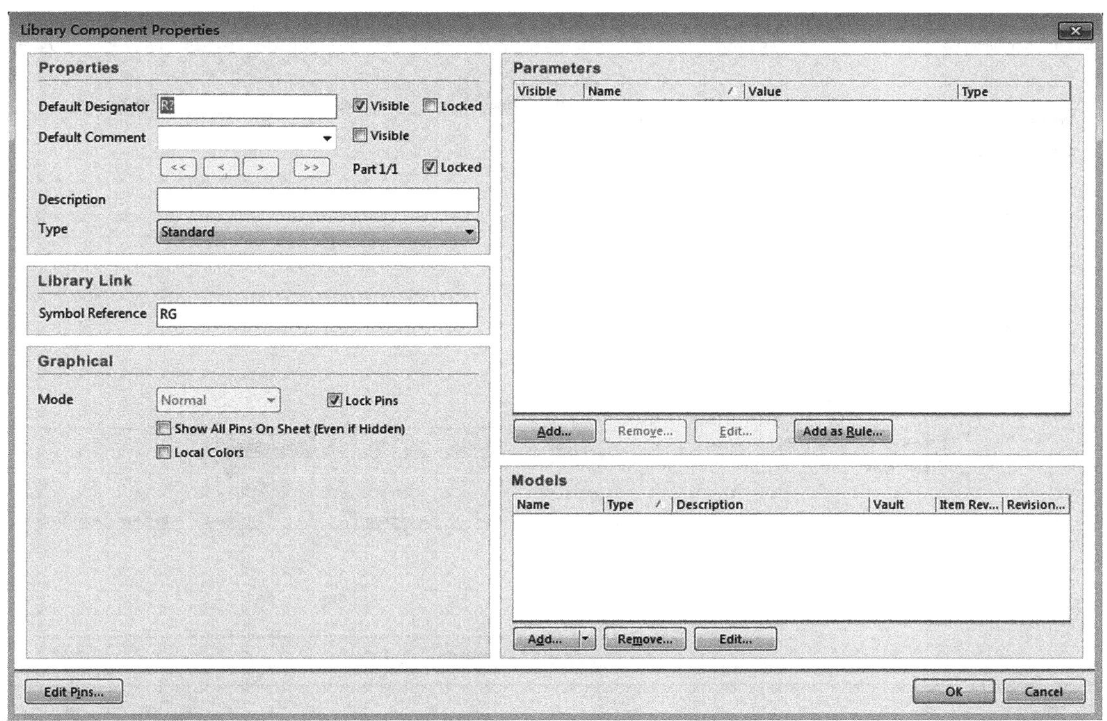

图 1－8　R_G 的属性参数

3. 创建 CD4011 的原理图符号

在原理图库文件编辑器中执行菜单命令"Tools"|"New Component"，创建一个新元件，将其命名为"CD4011"，按照图1－2所示绘制 CD4011 的原理图符号，绘制结果如图 1－9 所示，并且按照图 1－10 所示修改 CD4011 的属性参数。

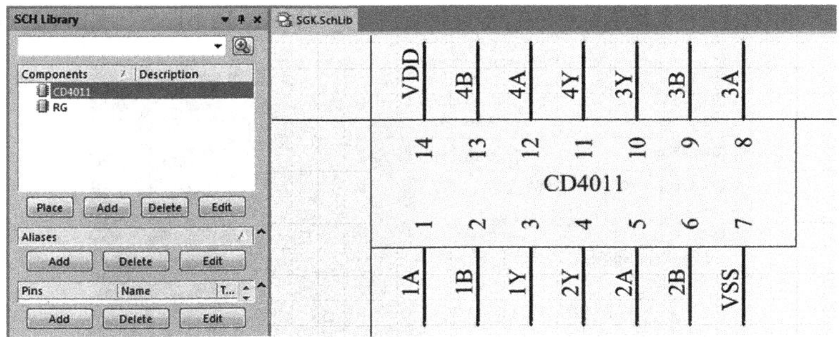

图 1－9　新建 CD4011 的原理图符号

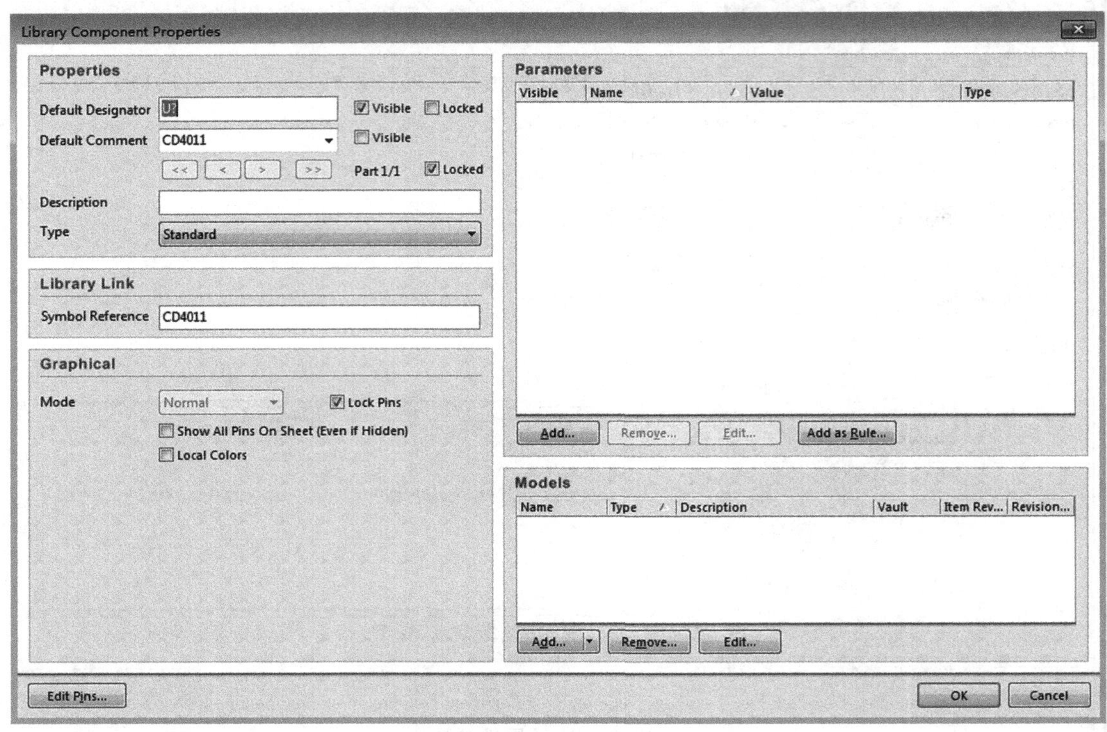

图 1－10　CD4011 的属性参数

三、创建封装库文件并添加封装

1. 创建封装库文件

执行菜单命令“File”|“New”|“Library”|“PCB Library”，系统生成一个封装库文件，默认名称为“PcbLib1. PcbLib”，同时启动封装库文件编辑器，该库文件被自动加载到“SGK. LibPkg”工程下，如图 1－11 所示，将该库文件另存为“SGK. PcbLib”，如图 1－12 所示。

图 1－11　创建新的封装库文件

图1-12 "SGK. PcbLib"文件

2. 创建光敏电阻的封装

执行菜单命令"Tools"|"New Blank Component",新建一个空白的元件封装。将鼠标光标指向如图1-13所示的"PCB Library"(PCB库)面板中的元件名称"PCBCOMPONENT1",单击鼠标右键,选择执行右键菜单中的元件属性命令"Component Properties...",也可以执行菜单命令"Tools"|"Component Properties...",打开PCB封装参数设置对话框,如图1-14所示。

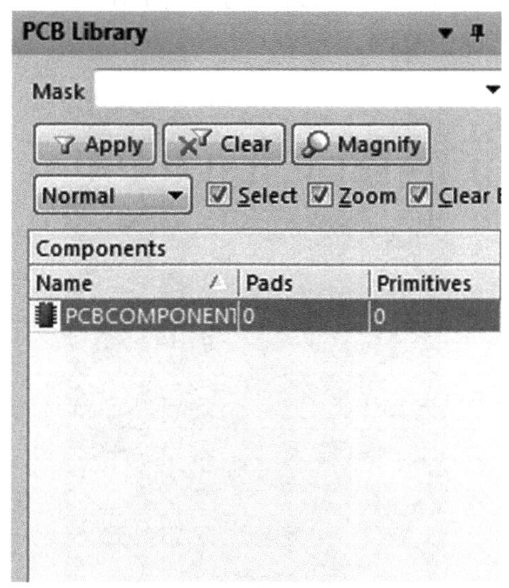

图1-13 "PCB Library"(PCB库)面板

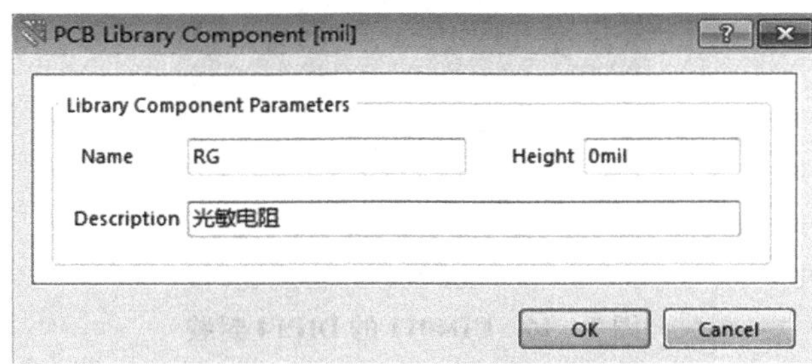

图1-14 PCB封装参数设置对话框

在名称文本框中输入“RG”，创建光敏电阻的封装，单击“OK”按钮。如图 1 - 15 所示，绘制光敏电阻的封装，该封装与普通电阻的封装一致，可以直接从“Miscellaneous Devices. PcbLib”库中复制。

执行菜单命令“File”|“Save”或单击工具栏中的保存按钮，保存创建好的封装。

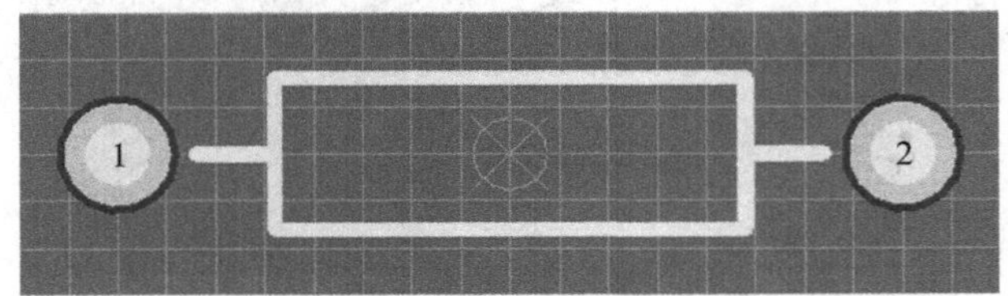

图 1 - 15　光敏电阻的封装

3. 创建 CD4011 的封装

执行菜单命令“Tools”|“New Blank Component”新建一个空白的元件封装。将鼠标光标指向“PCB Library”(PCB 库)面板中的元件名称“PCBCOMPONENT1”，单击鼠标右键，选择执行右键菜单中的元件属性命令“Component Properties...”，打开 PCB 封装参数设置对话框，在名称文本框中输入“CD4011 - DIP14”，创建一个 CD4011 的封装，单击“OK”按钮。如图 1 - 16 所示，绘制 CD4011 的封装，该封装与普通 DIP14 的封装一致，可以直接从“Miscellaneous Devices. PcbLib”库中复制。

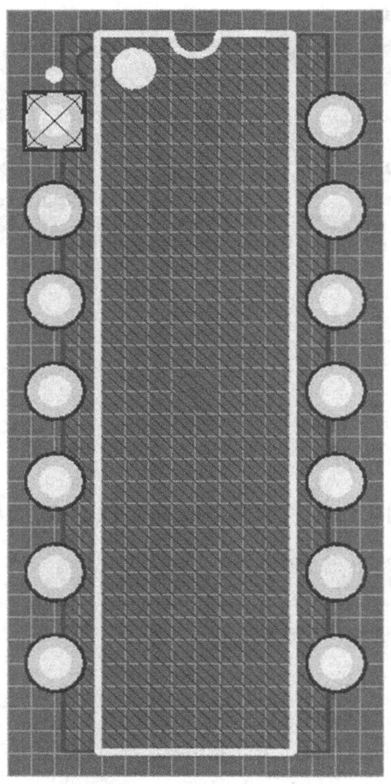

图 1 - 16　CD4011 的 DIP14 封装

执行菜单命令“File”|“Save”或单击工具栏中的保存按钮，保存创建好的封装。

四、编译集成元件库

执行菜单命令“Project”|“Compile Integrated Library SGK. LibPkg”，对整个集成元件库进行编译。倘若编译错误，会在“Messages”面板中显示错误信息。编译无误后，会在项目文件夹中生成一个新的名为“Project Outputs for SGK”的文件夹，该文件夹中的文件即为生成的集成库文件，用户可以像利用库文件一样加载该文件。

五、绘制电路原理图

1. 创建原理图文件

执行菜单命令“File”|“New”|“Project”，新建一个 PCB 工程，命名为“声光控延时开关”，如图 1－17 所示，工程保存路径为“D:\PCB\声光控延时开关”，单击“OK”按钮完成工程创建，如图 1－18 图所示。

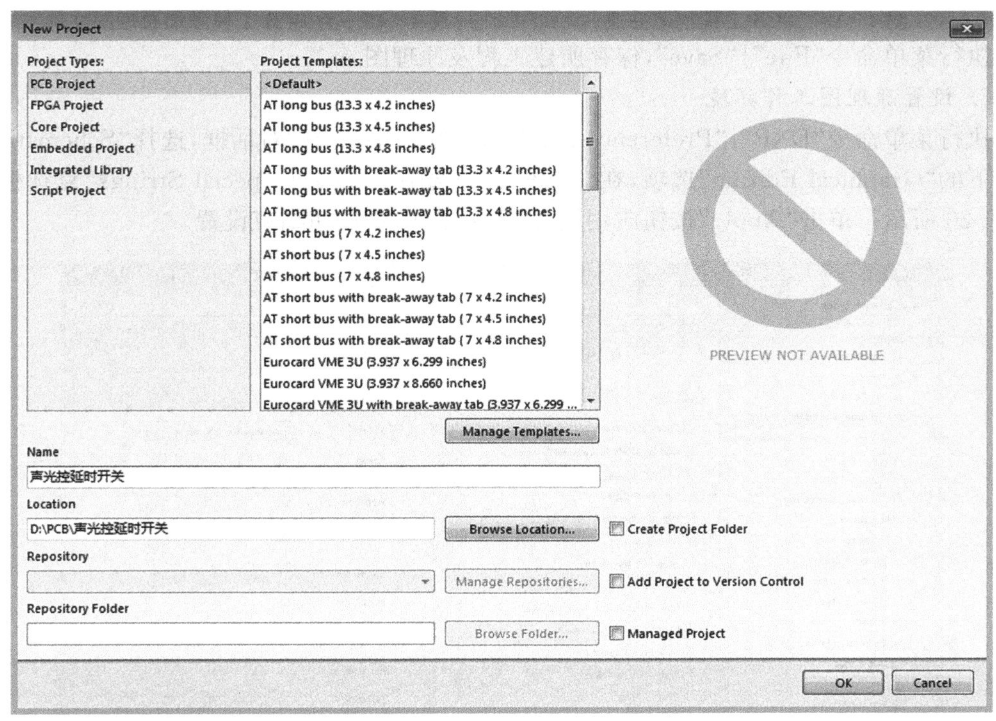

图 1－17　创建 PCB 工程

执行菜单命令“File”|“New”|“Schematic”，新建一个原理图文件，命名为“声光控延时开关”，并将该原理图文件添加到“声光控延时开关”PCB 工程中，如图 1－19 所示。

图 1－18　PCB 工程创建完成

图 1－19　为 PCB 工程添加原理图文件

执行菜单命令“File”|“Save”，保存所建工程及原理图。

2. 设置原理图工作环境

执行菜单命令“DXP”|“Preferences...”，打开“Preferences”对话框，选择“Schematic”选项卡下的“Graphical Editing”选项，在对话框右侧选中“Convert Special Strings”复选框，如图 1－20 所示。单击“Apply”按钮应用设置，再单击“OK”按钮结束设置。

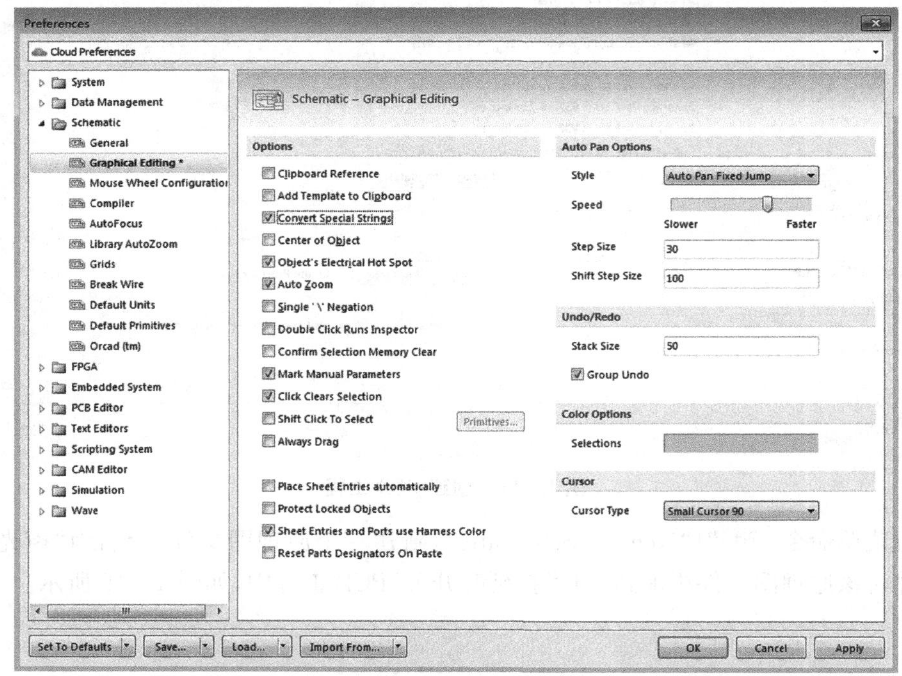

图 1－20　“Preferences”对话框

双击“Projects”工作面板中的“声光控延时开关.SchDoc”文件名，进入原理图编辑界面，如图 1－21 所示。

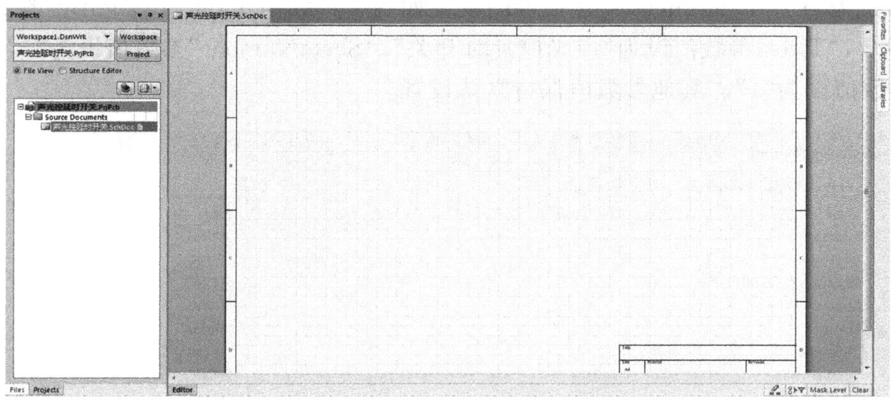

图 1－21　原理图编辑界面

执行菜单命令“Design”|“Document Options”，弹出“Document Options”对话框，单击“Sheet Options”选项卡，在“Standard Style”和“Custom Style”选项组中可以进行图纸尺寸的设置，在“Options”选项组中可以设置图纸的边界、颜色、标题栏形状等参数，在“Grids”和“Electrical Grid”选项组中可以设置捕获网格、可视网格、电气网格的大小。声光控延时开关原理图的图纸参数设置如图 1－22 所示，图纸规格为“A4”，捕获网格和可视网格均设为“10”，

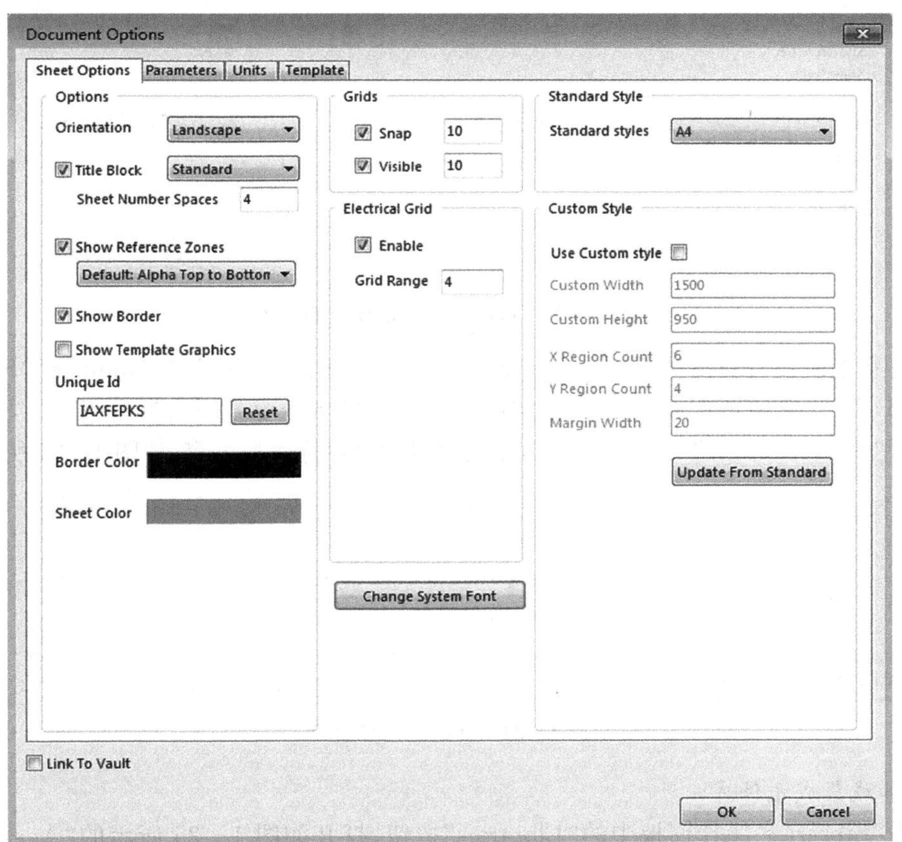

图 1－22　“Sheet Options”选项卡的设置

电气网格设为“4”。“Parameters”选项卡的设置如图 1－23 所示，将“DrawnBy”参数值设为自己的姓名，“Title”参数值设为“声光控延时开关”，“SheetNumber”参数值设为“1”，“SheetTotal”参数值设为“1”。其他参数值保持默认设置。

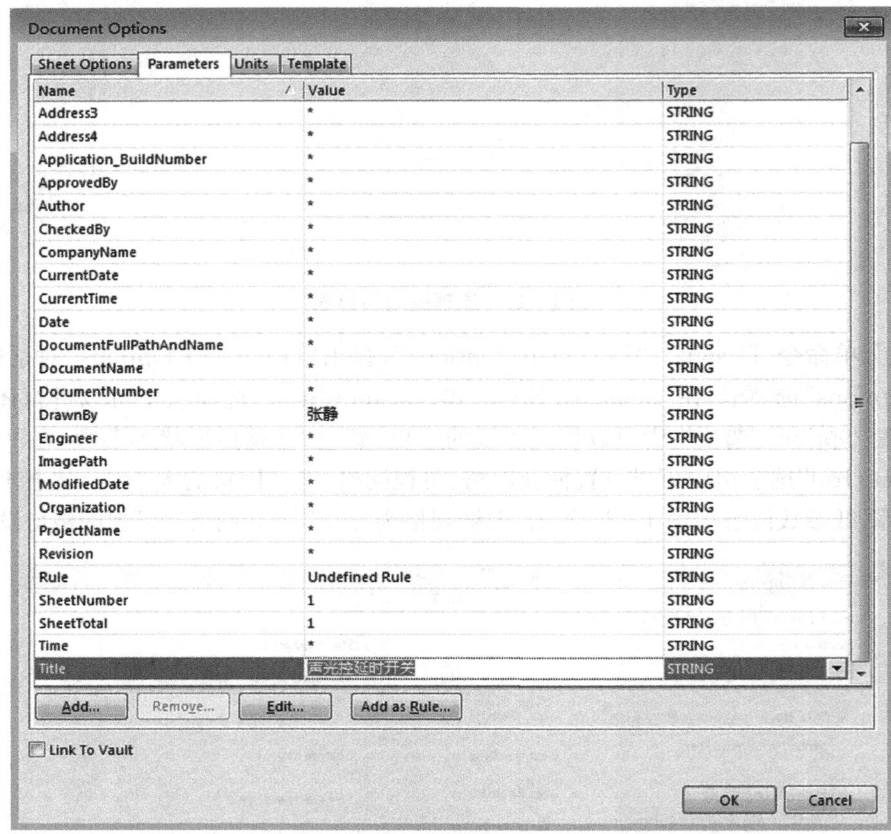

图 1－23 “Parameters”选项卡的设置

执行菜单命令“Place”|“Text String”，在图纸标题栏的“Title”“Number”“Sheet of”“Drawn By”4 个字段依次放置 4 个文本字符串，并将文本内容分别改为“＝Title”“＝SheetNumber”“＝SheetTotal”“＝DrawnBy”，系统将自动显示标题栏内容，如图 1－24 所示。

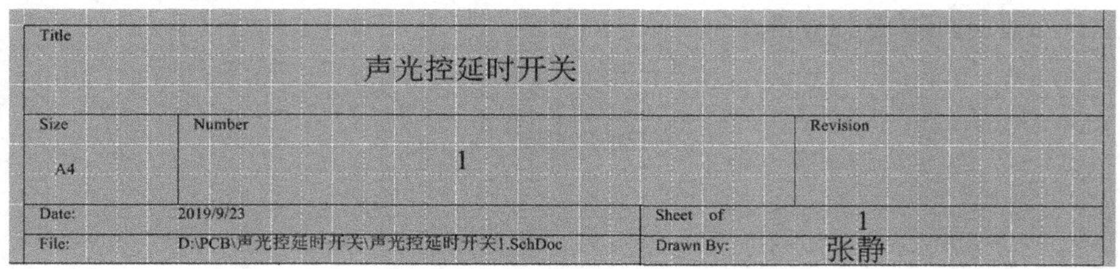

图 1－24 标题栏内容显示

3．加载集成元件库

单击“Libraries”工作面板中的“Libraries”按钮，打开如图 1－25 所示的“Available Libraries”(当前可用元件库)对话框。创建原理图文件时,系统已经自动加载“Miscellaneous Devices. IntLib”和“Miscellaneous Connectors. IntLib”两个常用元件库,这里还要加载前面创建的“SGK. IntLib”集成元件库。

单击“Install”按钮,在下拉菜单中选择“Install from file”菜单,选择“D:\PCB\声光控延时开关\Project Outputs for\ SGK. IntLib”,单击“打开”按钮,完成“SGK. IntLib”集成元件库的加载,如图1-26所示。

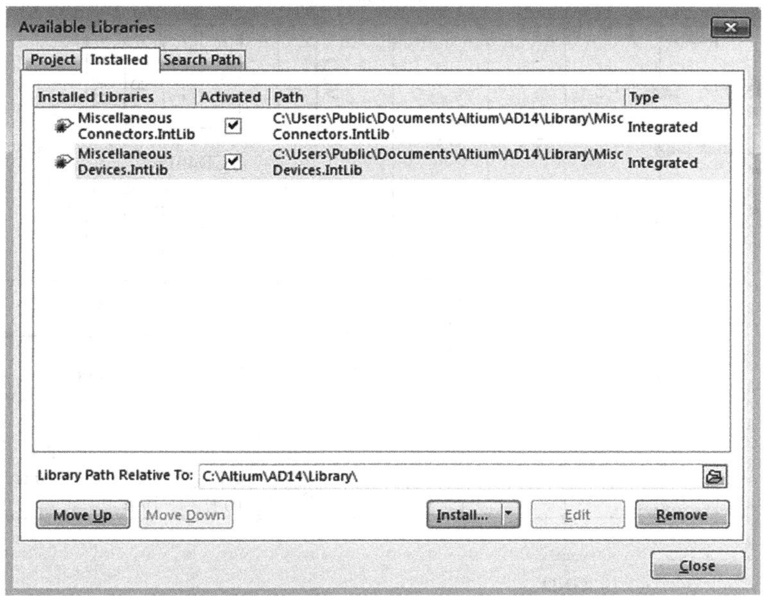

图1-25　“Available Libraries”(当前可用元件库)对话框

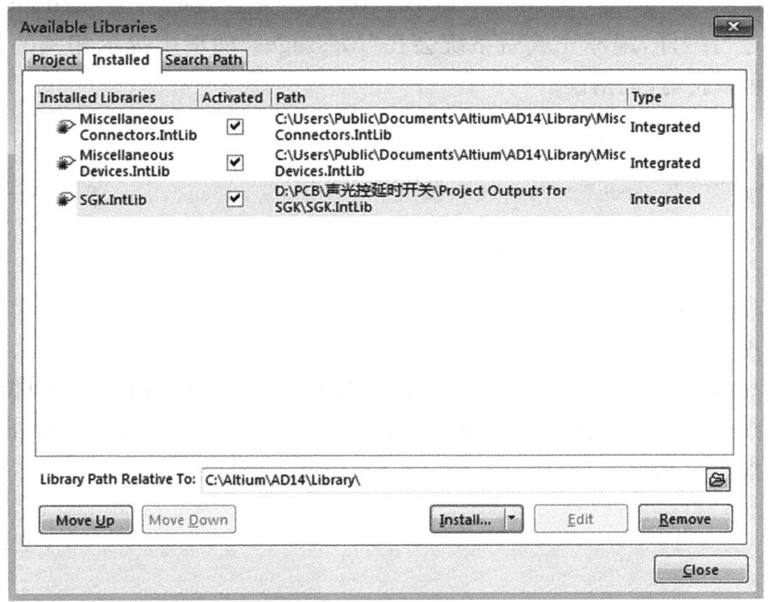

图1-26　加载SGK. IntLib集成元件库

4. 元件布局、布线与编译

——查找声光控延时开关所需元件并放置到原理图编辑界面，修改相关参数，然后进行元件的布局与连线，图 1－27 所示即为绘制完成的电路原理图。

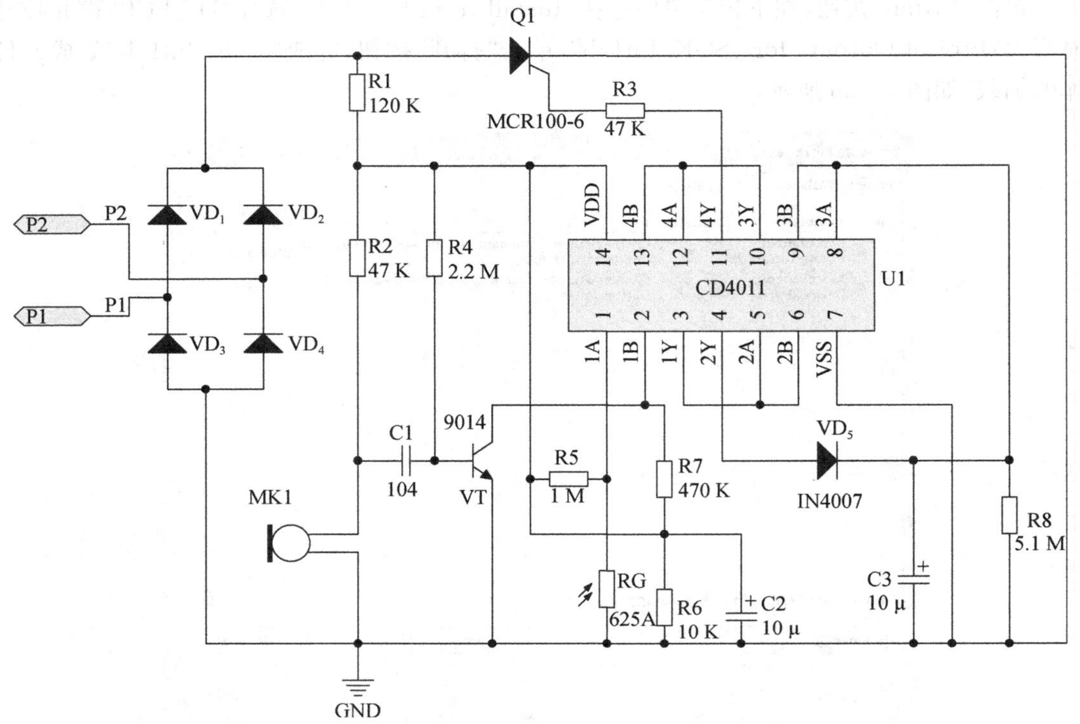

图 1－27　绘制完成的声光控延时开关电路原理图

执行菜单命令“Project”|“Compile PCB Project 声光控延时开关. PrjPcb”，对整个工程中所有的文件进行编译，编译完成后系统会在“Messages”面板中提示相关的信息，如图 1－28 所示，可见编译成功，无错误。

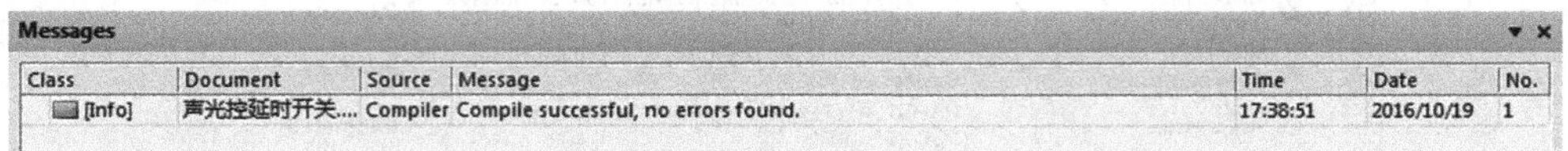

图 1－28　编译后的提示信息

5. 输出电路原理图相关文件

1）生成元件报表文件

使用 Altium Designer 可以很方便地生成元件报表(Bill of Materials)，即电路原理图中所有元件的详细信息列表。执行菜单命令“Reports”|“Bill of Materials”，弹出如图 1－29 所示的工程元件报表对话框。

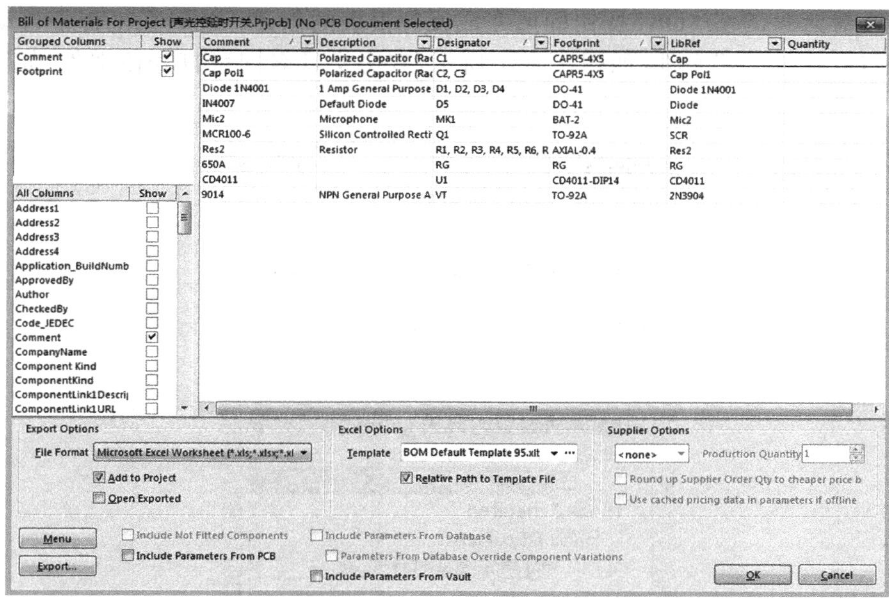

图 1-29　工程元件报表对话框

“Grouped Columns”字段用来设置元件的信息是否按照某属性进行分类显示，图 1-29 中的元件信息就是按照“Comment”和“Footprint”属性来分类显示的。若要将元件信息按照某个属性分类，只需在“All Columns”选项区域选中相应的属性，然后拖拽到“Grouped Columns”选项区域中去。同理，若要取消属性分类，则要将“Grouped Columns”选项区域中的相应属性拖拽到“All Columns”中来。

按照图 1-29 所示选择输出的文件类型和模板，并将文件加载到工程中，单击“Export”按钮，弹出如图 1-30 所示的保存对话框，选择合适的保存路径，单击“保存”按钮返回到项

图 1-30　保存对话框

目元件报表对话框，单击“OK”按钮即可完成元件报表的创建。此时在工程中自动添加了“声光控延时开关.xls”文件，如图 1－31 所示，双击文件名即可打开该文件，如图 1－32 所示。

图 1－31　工程中添加了元件报表文件

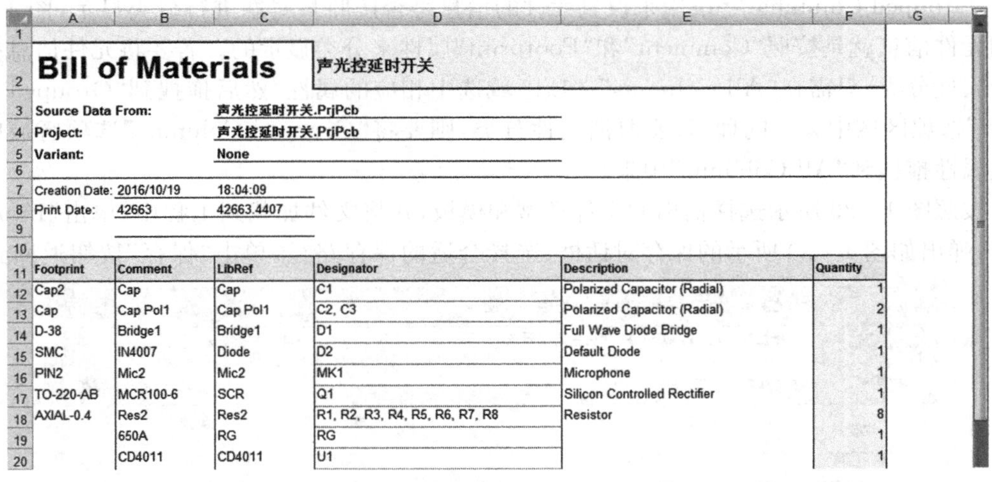

Bill of Materials　声光控延时开关

Source Data From: 声光控延时开关.PrjPcb
Project: 声光控延时开关.PrjPcb
Variant: None

Creation Date: 2016/10/19　18:04:09
Print Date: 42663　42663.4407

Footprint	Comment	LibRef	Designator	Description	Quantity
Cap2	Cap	Cap	C1	Polarized Capacitor (Radial)	1
Cap	Cap Pol1	Cap Pol1	C2, C3	Polarized Capacitor (Radial)	2
D-38	Bridge1	Bridge1	D1	Full Wave Diode Bridge	1
SMC	IN4007	Diode	D2	Default Diode	1
PIN2	Mic2	Mic2	MK1	Microphone	1
TO-220-AB	MCR100-6	SCR	Q1	Silicon Controlled Rectifier	1
AXIAL-0.4	Res2	Res2	R1, R2, R3, R4, R5, R6, R7, R8	Resistor	8
	650A	RG	RG		1
	CD4011	CD4011	U1		1

图 1－32　生成的元件报表文件

2）打印输出

执行菜单命令“File”|“Page Setup”，弹出如图 1－33 所示的原理图打印属性设置对话框，进行原理图的打印设置。

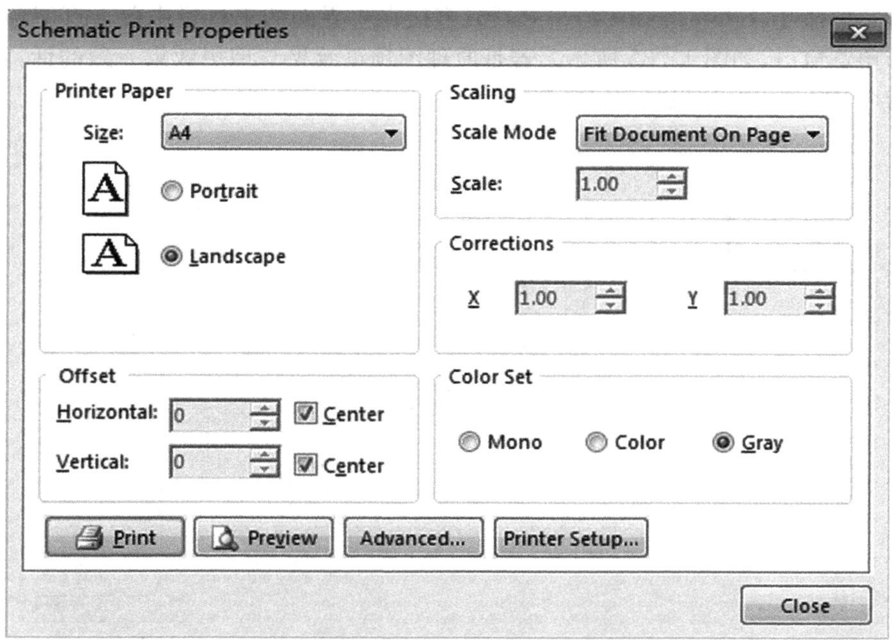

图 1-33　原理图打印属性设置对话框

执行菜单命令“File”|“Print”或单击原理图打印属性设置对话框中的“Printer Setup”按钮进入打印机配置对话框，如图 1-34 所示，对打印机的相关选项进行设置。

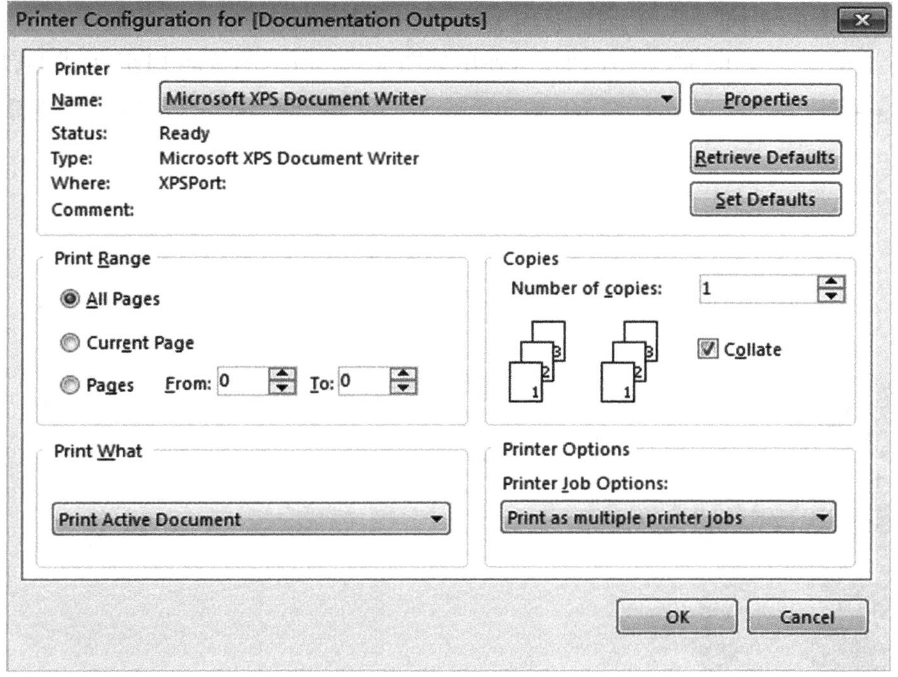

图 1-34　打印机配置对话框

执行菜单命令“File”|“Print Preview”或直接在主界面的工具栏中单击打印预览按钮，弹出打印预览窗口，如图 1 - 35 所示。若是原理图预览效果与理想效果一致的话，就可以执行菜单命令“File”|“Print”进行打印了。

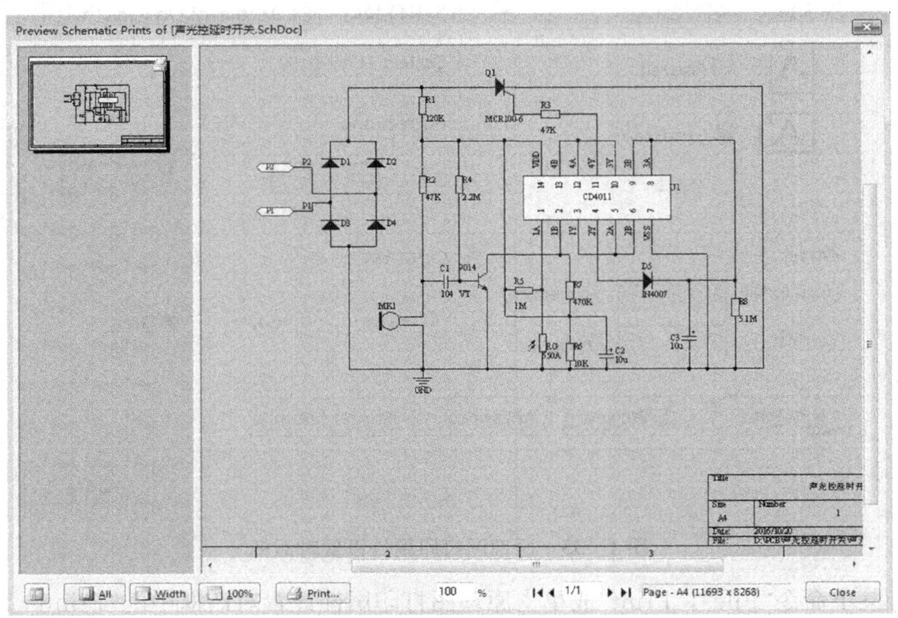

图 1 - 35　打印预览窗口

3）输出 PDF 文档

执行菜单命令“File”|“Smart PDF”，弹出如图 1 - 36 所示的智能 PDF 生成器启动界面。

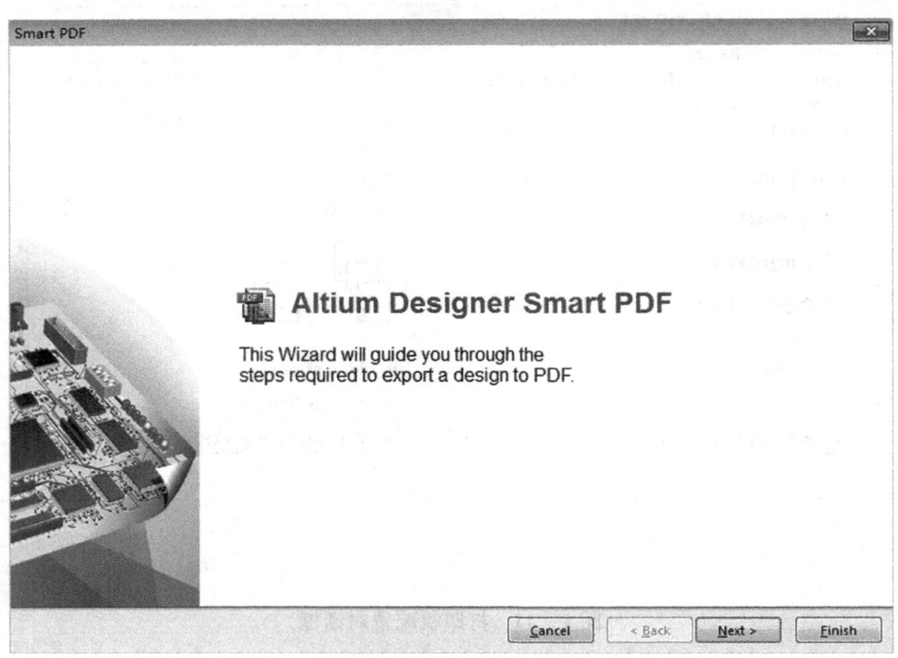

图 1 - 36　智能 PDF 生成器启动界面

单击"Next"按钮，进入 PDF 转换目标设置界面，如图 1-37 所示。在此选择转换该工程中的所有文件还是仅仅转换当前打开的文档，并在"Output File Name"文本框中填入输出 PDF 文档的名称及保存路径。

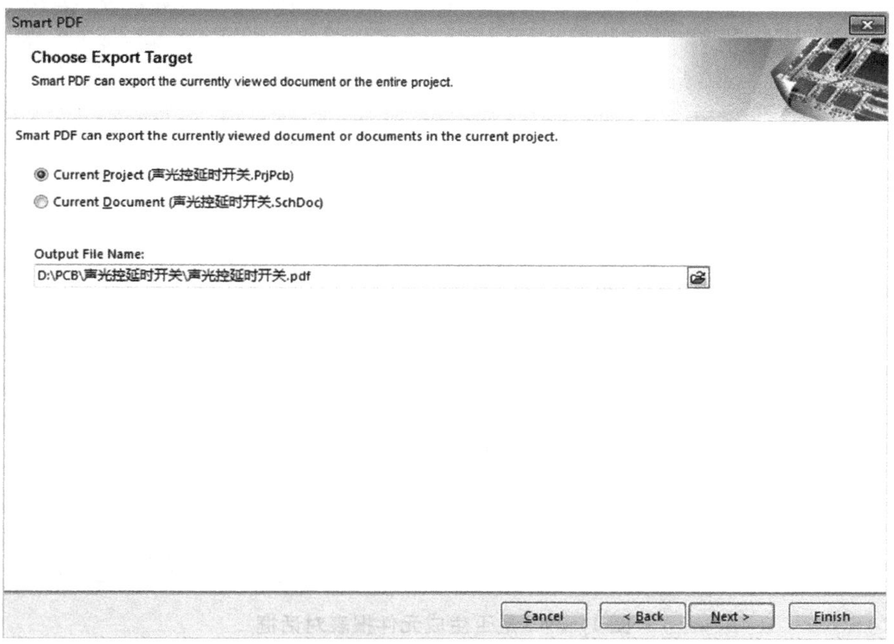

图 1-37　PDF 转换目标设置

单击"Next"按钮进入图 1-38 所示的选择工程文件对话框。在这里选取需要输出 PDF 文档的原理图文件，在选取的过程中可以按住 Ctrl 键或 Shift 键的同时单击鼠标进行多文件的选取。

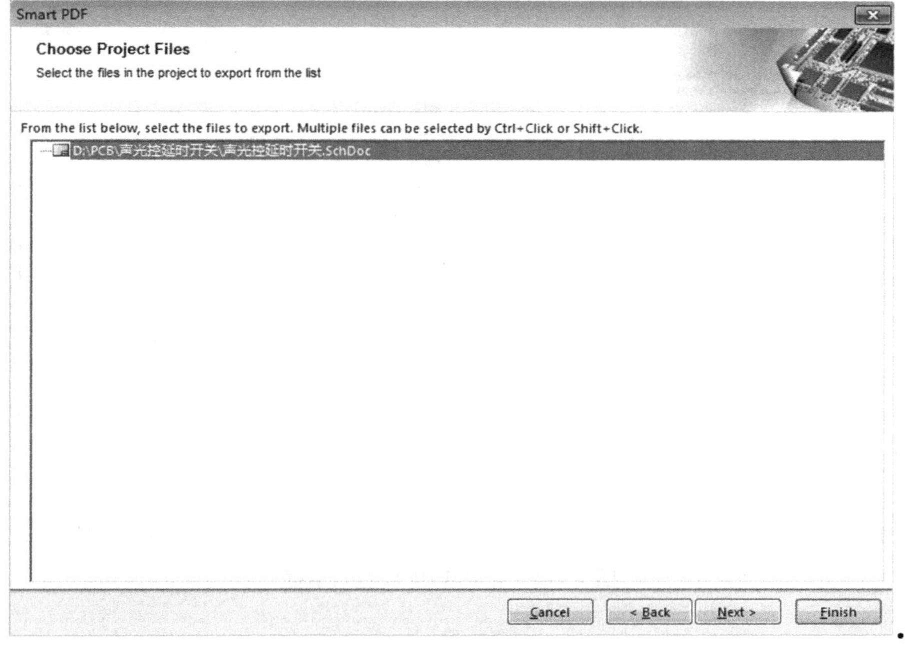

图 1-38　选择工程文件对话框

单击“Next”按钮进入图 1－39 所示的是否生成元件报表对话框，和前面一样，在这里设置是否生成元件报表以及元件报表格式和套用的模板。

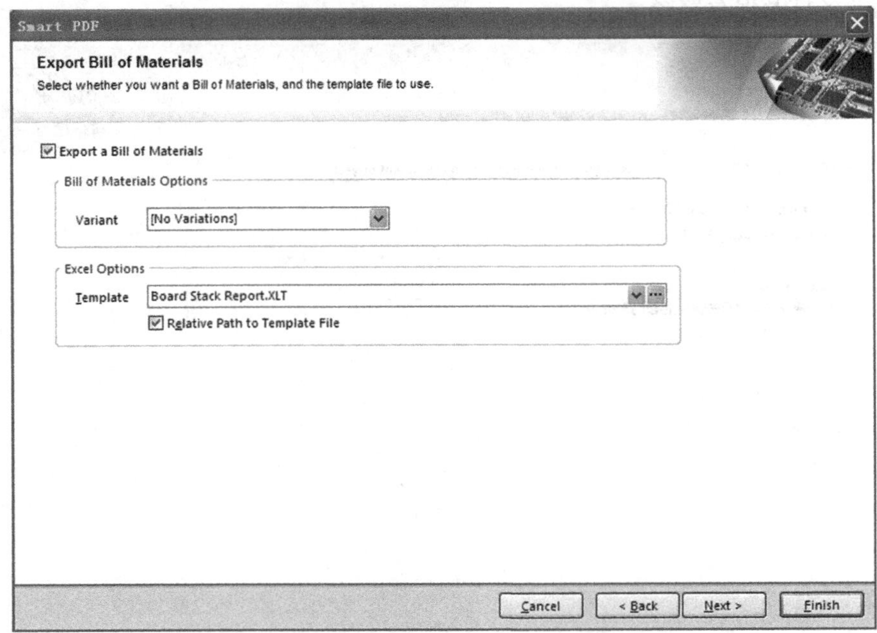

图 1－39　是否生成元件报表对话框

单击“Next”按钮进入图 1－40 所示的附加 PDF 设置对话框，保持默认设置即可。

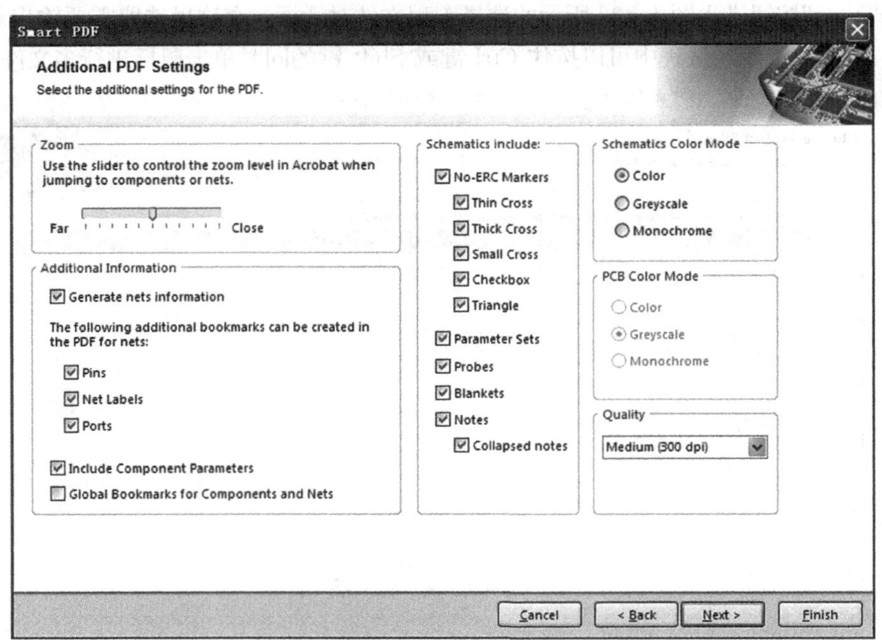

图 1－40　附加 PDF 设置对话框

单击“Next”按钮进入图 1－41 所示的结构设置对话框，该设置是针对重复层次式电路原理图或 Multi-Channel 原理图设计的，一般情况下用户无需更改，保持默认设置即可。

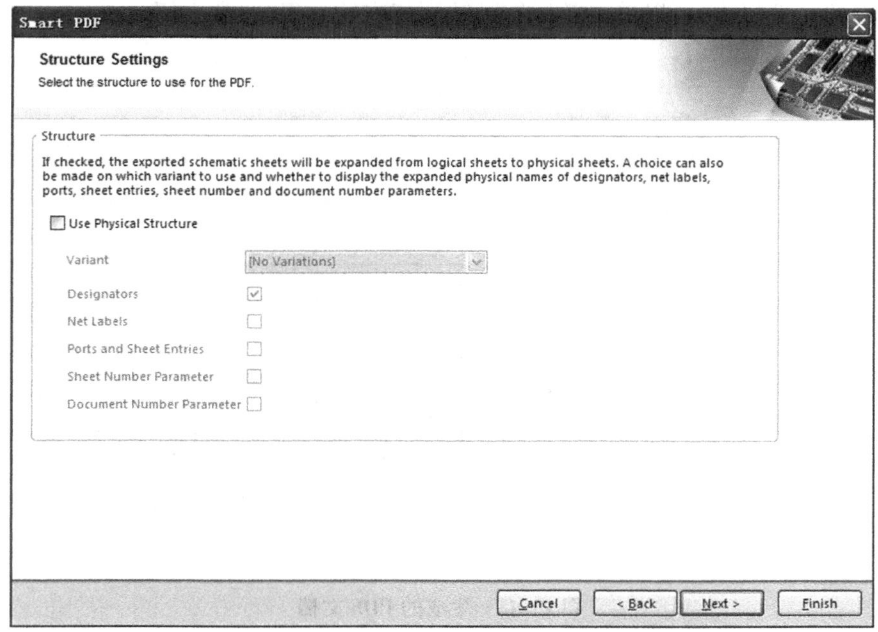

图 1－41　结构设置对话框

单击“Next”按钮进入图 1－42 所示的 PDF 文档设置完成对话框，此时生成 PDF 文档的基本设置已经完毕，但仍可以设置一些后续操作，如生成 PDF 文档后是否立即打开以及是否生成 Output Job 文件等。

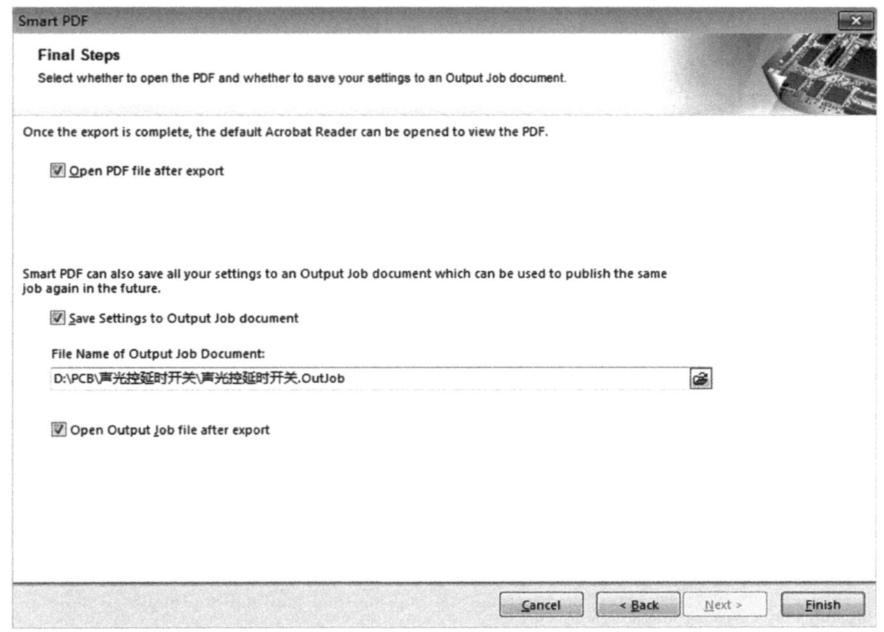

图 1－42　PDF 文档设置完成对话框

单击“Finish”按钮完成 PDF 文档的导出，系统会自动打开生成的 PDF 文档，如图 1－43 所示。在文档左边的标签栏中层次式地列出了工程文件的结构、每张电路图纸中的元件、网络以及工程的元件报表，可以单击各标签跳转到相应的工程，非常方便。

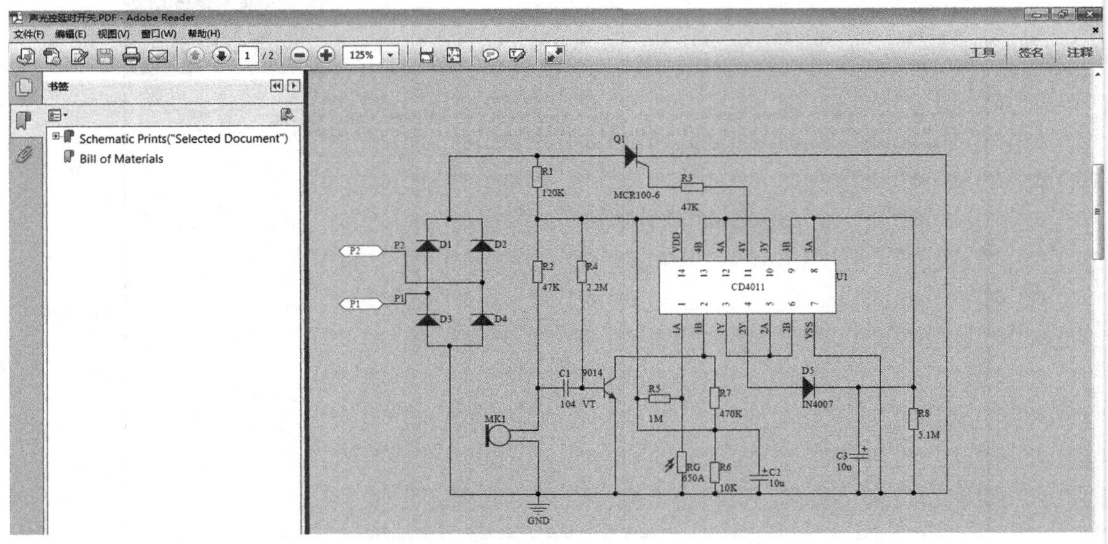

图 1－43　生成的 PDF 文档

任务 1.2　声光控延时开关 PCB 的设计

任务目标

(1) 掌握 PCB(印刷电路板)规划的方法和意义。

(2) 掌握 PCB 规则检查的方法和意义。

任务内容

绘制声光控延时开关的 PCB。

任务相关知识

如图 1 - 44 所示为声光控制延时开关的 PCB,电路板呈方形,要求如下:

(1) PCB 的长宽尺寸为 40 mm×40 mm。

(2) 以电路板左下角为原点,两个圆形安装孔的孔径尺寸为 1 mm,坐标为(5 mm,25 mm)和(35 mm,25 mm),两个接线铜柱的孔径尺寸为 4 mm,坐标为(10 mm,37 mm)和(30 mm,37 mm)。

(3) 接头尽量沿板子边沿放置。

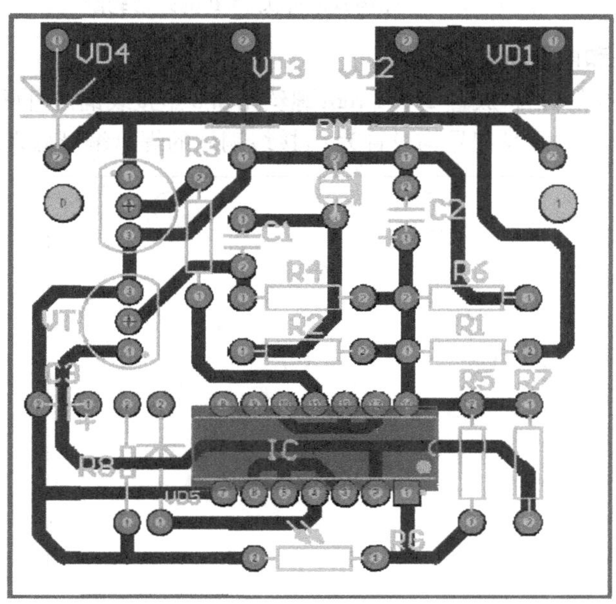

图 1 - 44　声光控延时开关的 PCB

任务实施

一、规划 PCB

创建新的 PCB 文件，命名为“声光控延时开关. PcbDoc”，将其添加到“声光控延时开关. PrjPcb”工程中，并将该 PCB 文件保存到“声光控延时开关”文件夹中。声光控延时开关 PCB 的外形轮廓具体尺寸要求如图 1－45 所示。

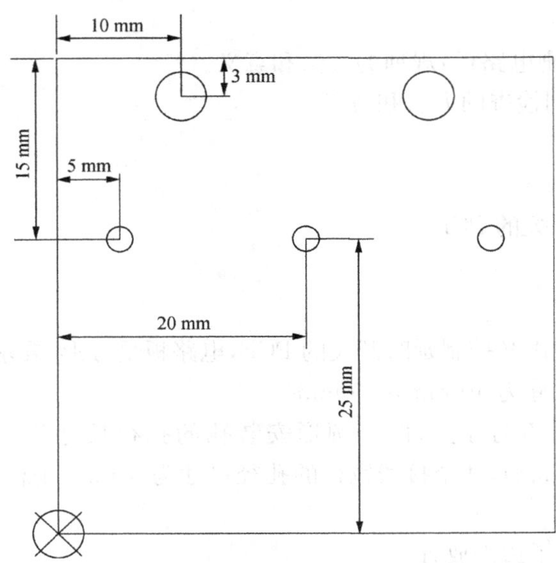

图 1－45　声光控延时开关 PCB 的外形轮廓

二、放置螺丝孔和电源接线铜柱

根据机械层定位孔的位置，放置 2 个 1 mm 螺丝孔和 2 个接线铜柱(直径 6 mm，孔径4 mm)。如图 1－46 所示，螺丝孔的焊盘编号均设置为 0，接线铜柱的焊盘编号分别设置为 1 和 2。

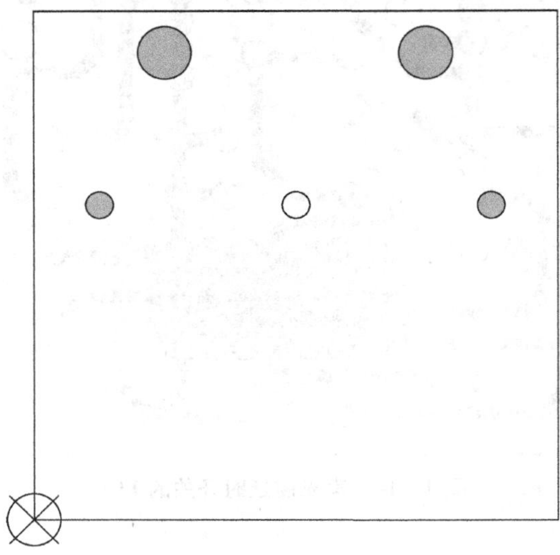

图 1－46　放置螺丝孔和电源接线铜柱

三、从原理图加载网络表和元件封装到 PCB

（1）编译原理图文件，修改错误，忽略对布线无影响的警告。

（2）执行菜单命令“Design”|“Import PCB Document 声光控开关. PrjPcb”，加载元件封装和网络表，注意根据错误提示设置好元件库。加载元件封装和网络表后的 PCB 如图 1－47 所示。

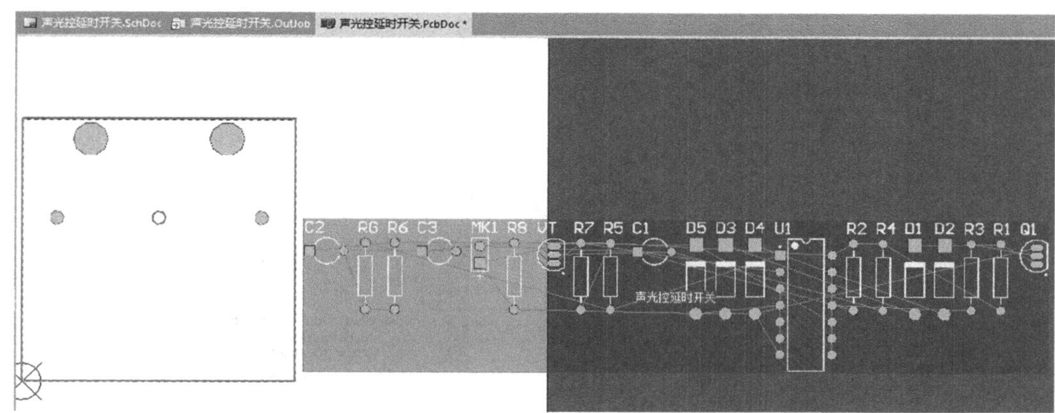

图 1－47　加载元件封装和网络表后的 PCB

四、手工布局调整

通过旋转元件进行手工布局调整，注意减少飞线的交叉，如图 1－48 所示。

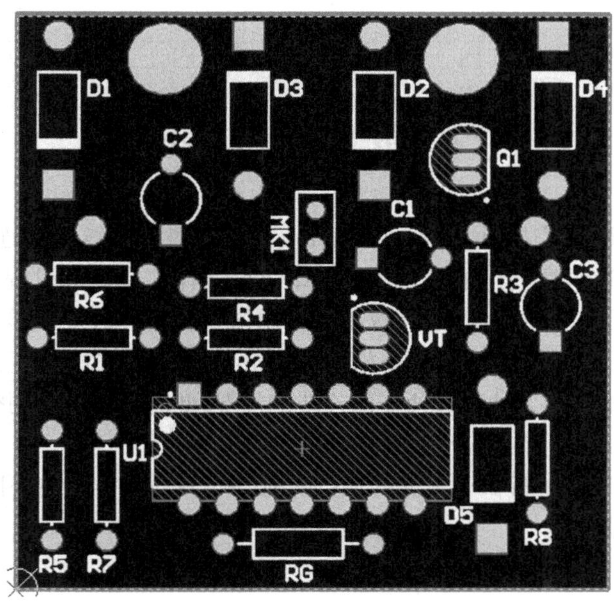

图 1－48　进行手工布局调整后的元件位置

五、设置布线规则

执行菜单命令“Designer”|“Rules”，弹出“PCB Rules and Constraints Editor”对话框，选

中“Routing”选项卡下的“Width”选项可以设置线宽限制规则，如图 1－49 所示，其中“Preferred Width”（优选宽度）即为进入连线状态时系统默认的线宽。本例中“Min Width”（最小宽度）为 20mil，“Max Width”（最大宽度）为 40mil，“Preferred Width”为 30mil。还可以设置规则适用的范围，本例中选择适用于全部对象。

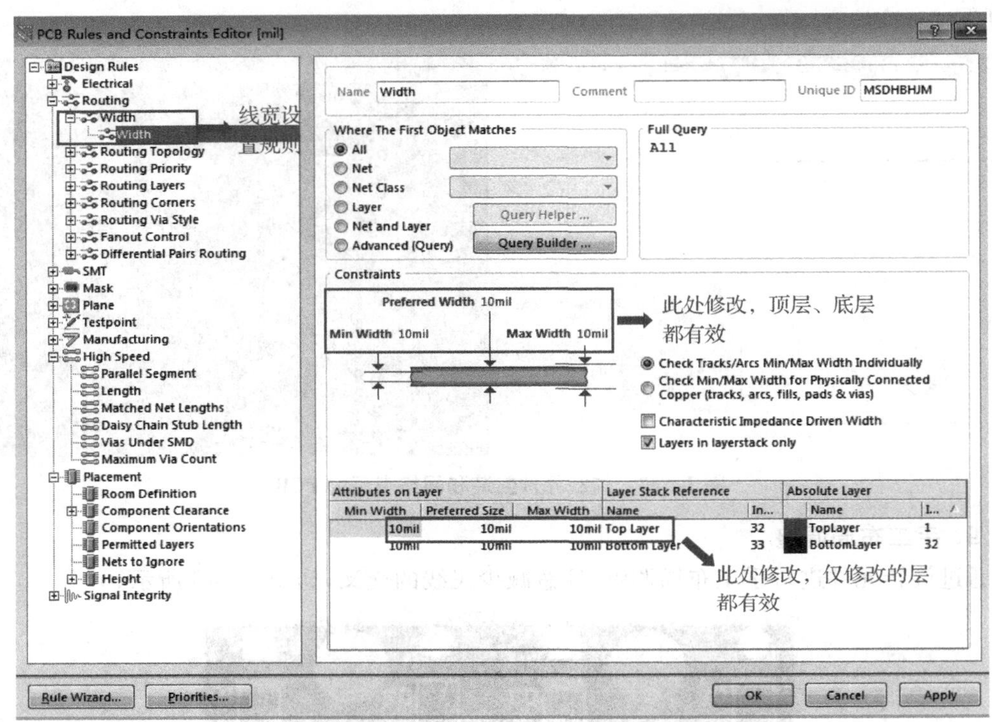

图 1－49　设置线宽限制规则

六、手工布线

执行菜单命令“Place”|“Interactive Routing”，根据网络飞线进行连线，线路连通后，该线上的飞线将消失，连线宽度可根据线所属网络进行选择。在连线过程中，有时会出现连线无法从焊盘中央开始的问题，可以通过减小捕获栅格来解决。若连线转弯要求采用 45°或圆弧进行，可以在连线过程中按键盘上的空格键或 Shift＋空格键进行切换。在布线过程中可能出现元件之间的间隙不足，无法穿过所需的连线的情况，此时可以适当调整元件的位置以满足要求。

手工布线后的 PCB 如图 1－50 所示。布线前，需要将两个接线铜柱焊盘分别连接 D1－1 引脚和 D2－1 引脚。

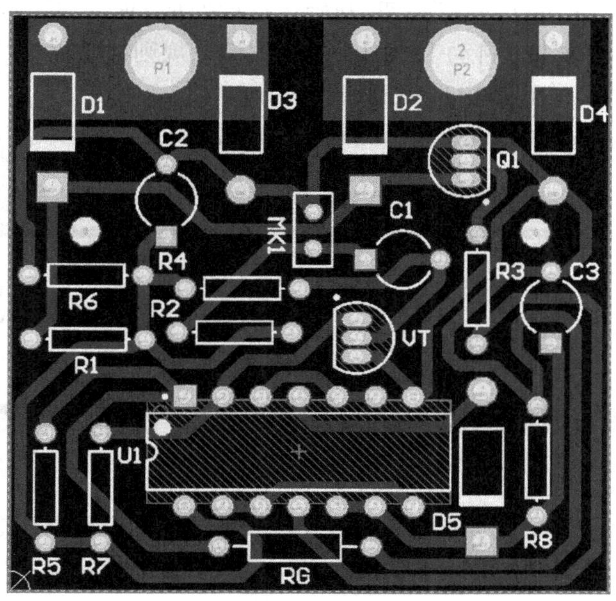

图1－50　进行手工布线后的PCB

七、设计规则检查

执行菜单命令“Tools”|“Design Rule Check”，进入“Design Rule Checker”(DRC，设计规则校验)对话框，如图1－51所示，其中“Report Options”选项卡中的各选项采用系统默认设置，但违规次数的上限值需设为100，以便加快DRC的进程。

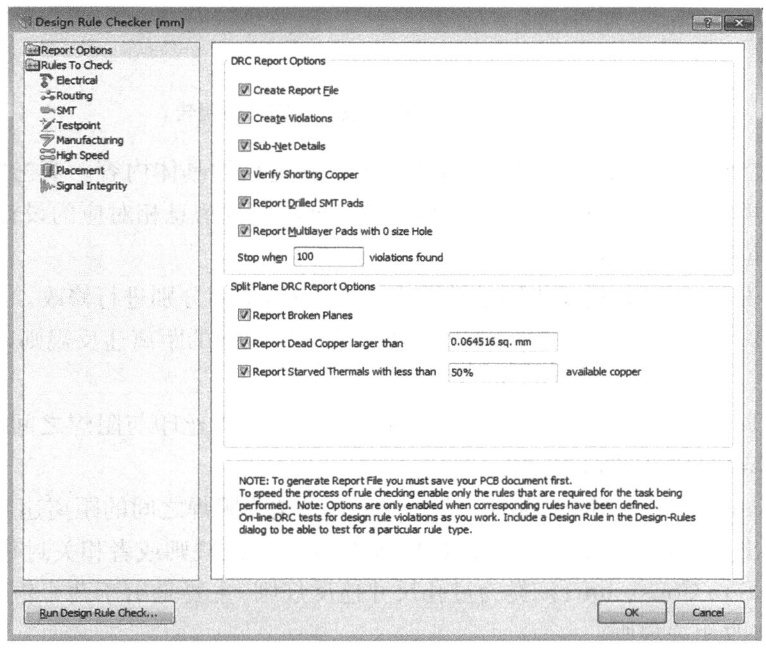

图1－51　“Design Rule Checker”对话框

单击“Run Design Rule Check”按钮，开始运行批处理 DRC。运行结束后，系统在当前工程的“Documents”文件夹下自动生成网页形式的设计规则校验报告“Design Rule Check-MCU. html”并显示在工作窗口中，如图 1 - 52 所示。

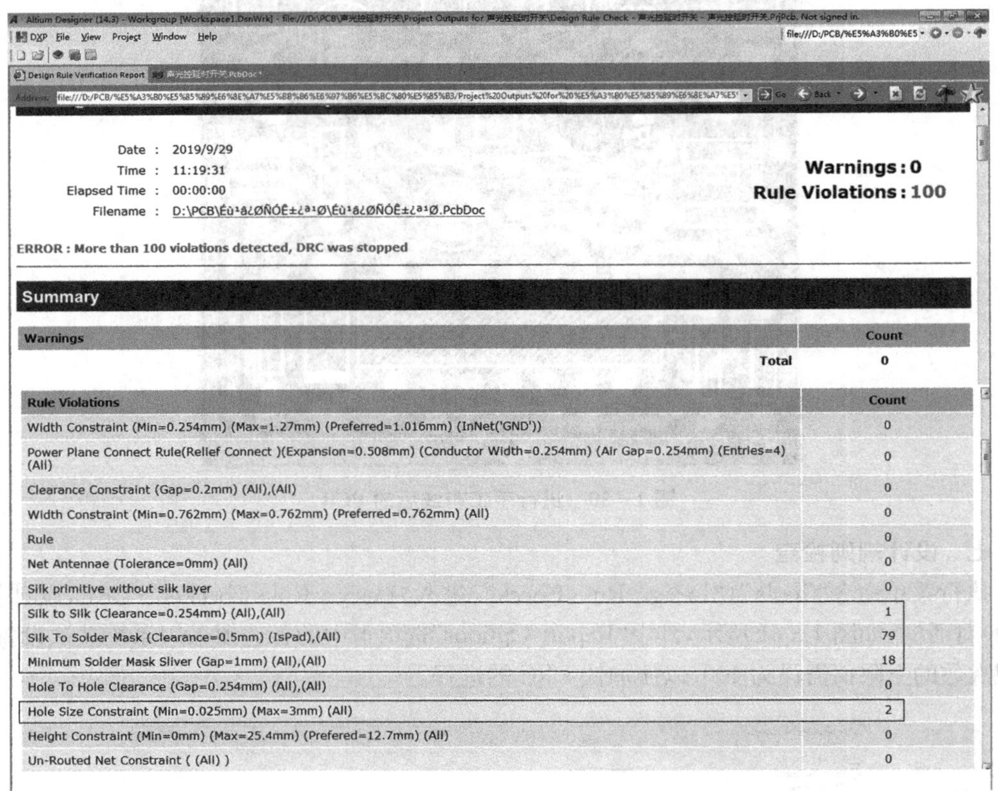

图 1 - 52 网页形式的设计规则校验报告

同时打开“Messages”面板，其中详细列出了各项违规的具体内容。双击“Messages”面板中的某项违规信息，工作窗口将会自动转换到与该项违规信息相对应的设计处，即完成违规内容快速定位，对错误进行修改。

由错误报告可以看出，违反规则的情况大概有 4 种，下面分别进行修改。

(1) Silk To Silk Clearance Constraint：该类为丝印之间的距离违反规则，此时移动文本即可完成修改。

(2) Silk To Solder Mask Clearance Constraint：该类为丝印与阻焊之间的距离违反规则，此时可以修改规则或者相关封装。

(3) Minimum Solder Mask Sliver Constraint：该类为阻焊之间的距离违反规则，单击错误提示可以看出主要是三极管和晶闸管封装，此时可以修改规则或者相关封装。

(4) Hole Size Constraint：该类为过孔尺寸违反规则，主要是由于两个铜接线柱尺寸过大，此时可以修改相关规则。

执行菜单命令“Tools”|“Design Rule Check”，打开“Design Rule Checker”对话框，保持

前面的设置不变，单击“Run Design Rule Check”按钮，再次开始运行批处理 DRC。运行结束后，可以看到此时的“Messages”面板是空白的，表明 PCB 上已经没有违反设计规则的地方了。

八、输出设计文件

用户可以从 PCB 设计中生成多种输出文件，每种类型的输出文件都有各自的设置。在 Altium Designer 中管理多种输出文件的最好方法是使用 Output Job 文件。在“声光控延时开关”工程中新建一个 Output Job 文件，并输出符合下列要求的文件：

① 原理图与 PCB 的 PDF 文档；

② PCB 的 Gerber 文件，包含所有使用的层，单位为 Inch，精度为 2∶4；

③ PCB 的 NC Drill 文件，单位为 Inch，精度为 2∶4；

④ PCB 的 STEP 文件。

设计文件的输出步骤如下。

1. 输出原理图与 PCB 的 PDF 文档

打开“声光控延时开关.PcbDoc”文件，执行菜单命令“File”|“New”|“Output Job File”，创建一个新的 Output Job 文件，如图 1－53 所示。

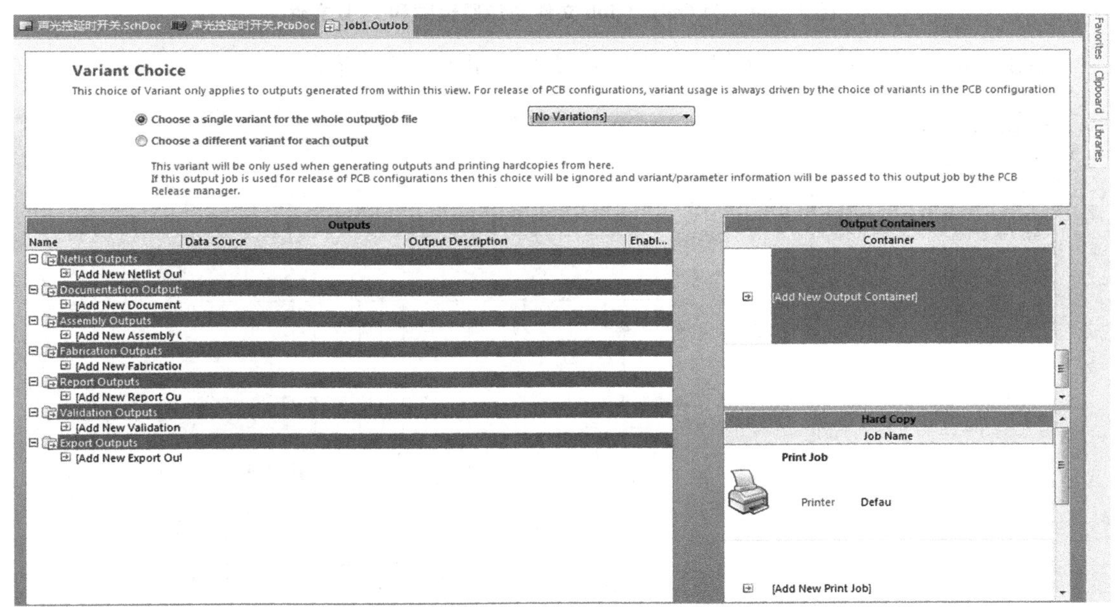

图 1－53　新建 Output Job 文件

在“Documentation Outputs”选项卡下通过右键菜单添加原理图文件和 PCB 文件，并为其选择 PDF 输出容器，如图 1－54 所示。

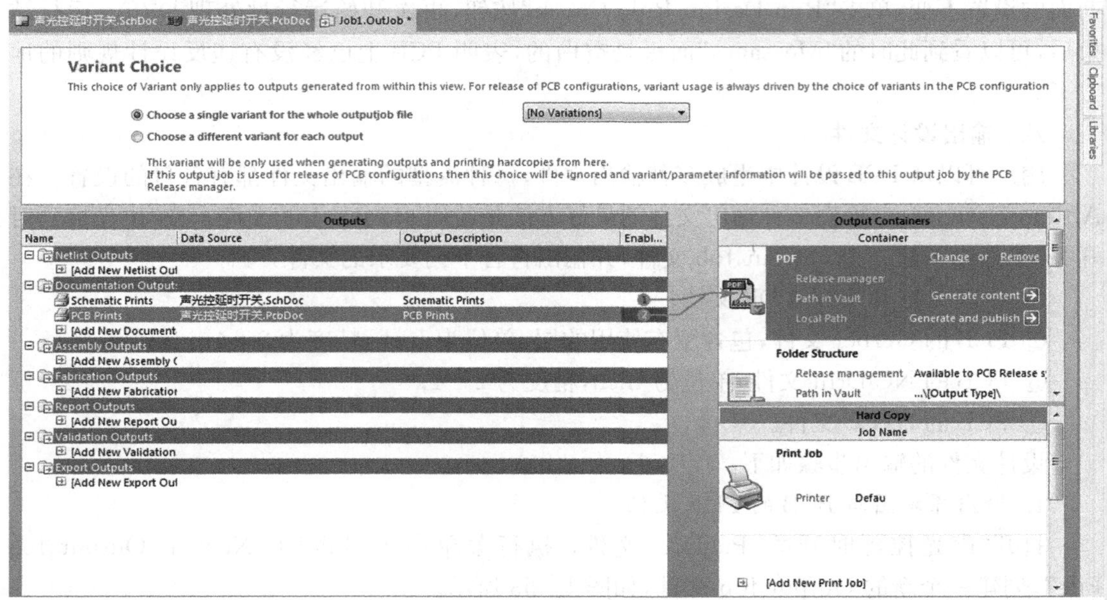

图 1-54 为 Output Job 文件添加原理图和 PCB 文件

单击"Generate content"按钮，生成 PDF 文档，如图 1-55 所示。

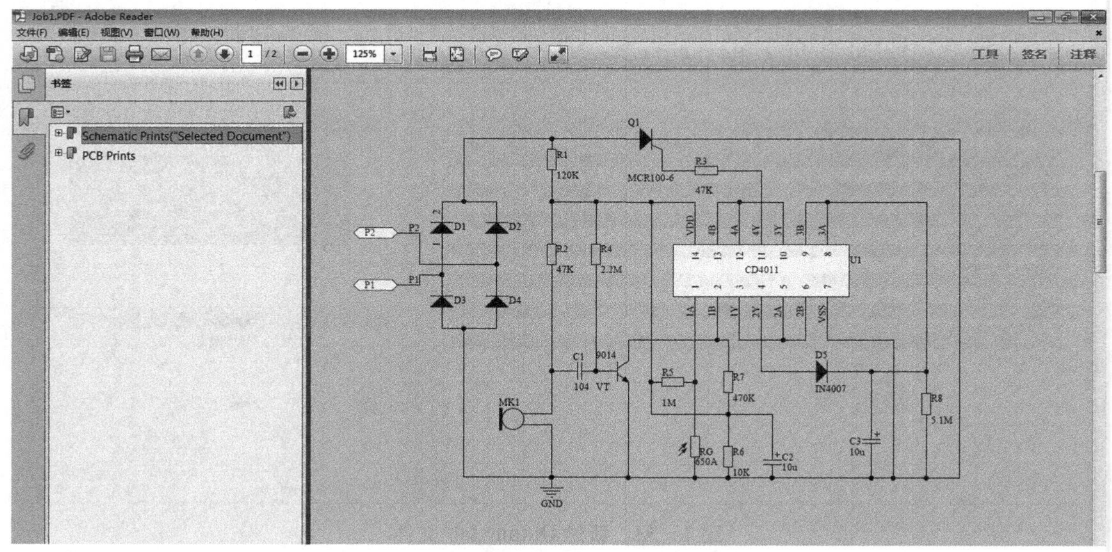

图 1-55 生成的 PDF 文档

2. 输出 PCB 的 Gerber 和 NC Drill 文件

在"Fabrication Outputs"选项卡下通过右键菜单添加 Gerber 文件和 NC Drill 文件，并为其选择 Folder Structure 输出容器，如图 1-56 所示。单击"Gerber Files"选项，弹出如图 1-57 所示的"Gerber Setup"对话框，根据要求进行参数设置。单击"NC Drill Files"选项，弹出如图 1-58 所示的"NC Drill Setup"对话框，根据要求进行参数设置。

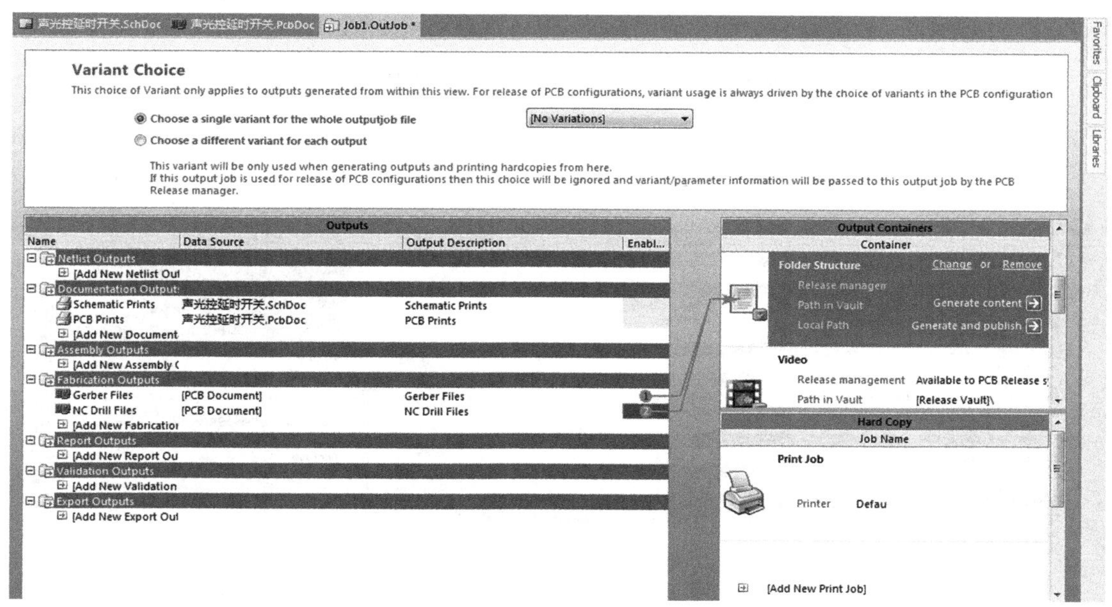

图 1－56　为 Output Job 文件添加 Gerber 和 NC Drill 文件

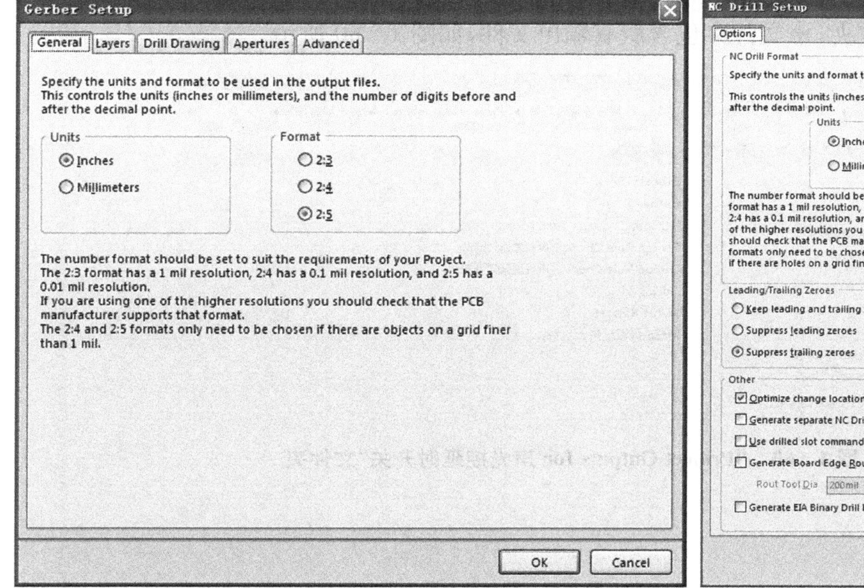

图 1－57　“Gerber Setup”对话框

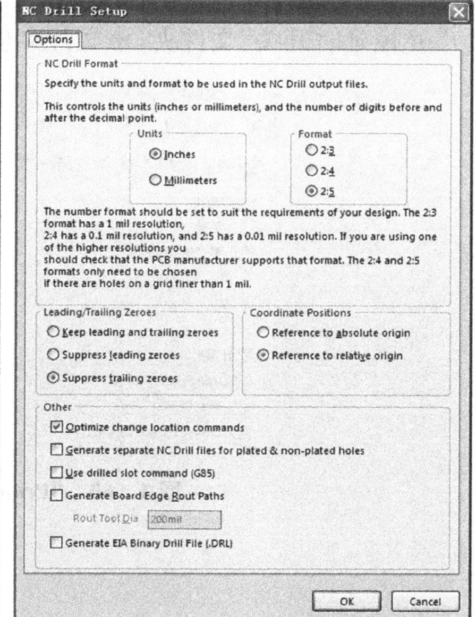

图 1－58　“NC Drill Setup”对话框

3. 输出 STEP 文件

在“Export Outputs”选项卡下通过右键菜单添加 STEP 文件，并为其选择 Folder Structure 输出容器，如图 1－59 所示。

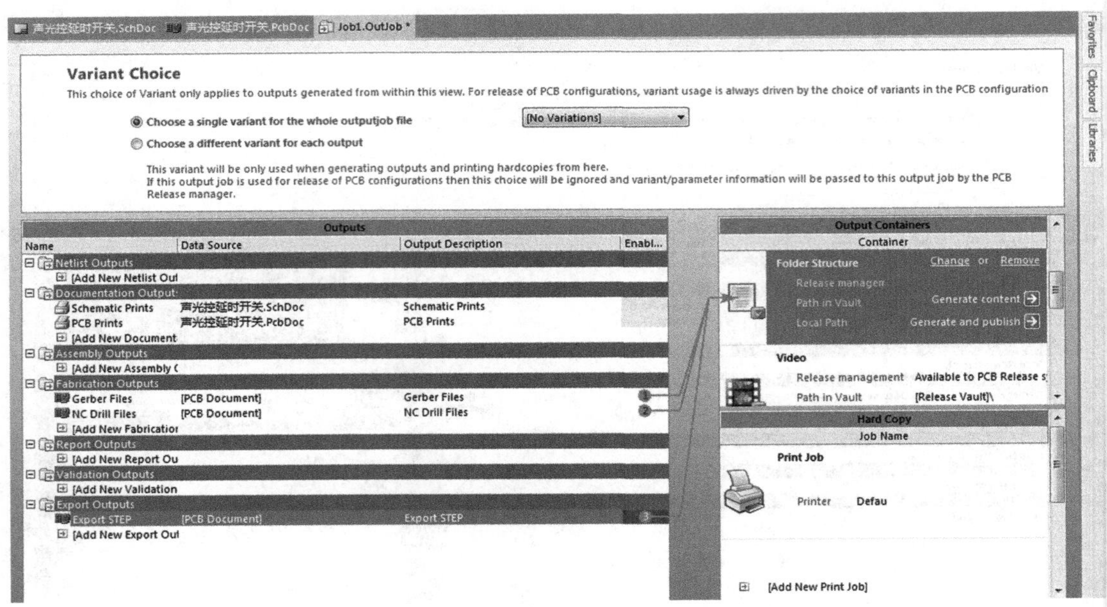

图 1-59　为 Output Job 文件添加 STEP 文件

单击“Generate content”按钮，生成输出文件。系统自动生成一个“Project Outputs for 声光控延时开关”文件夹，该文件夹包含所有输出文件，如图 1-60 所示。

图 1-60　“Project Outputs for 声光控延时开关”文件夹

任务1.3　声光控延时开关的装配与调试

任务目标

(1) 掌握相关元器件的检测方法。
(2) 掌握元器件的焊接方法。
(3) 学会声光控延时开关的功能调试。

任务内容

(1) 检测相关元器件。
(2) 焊接元器件。
(3) 对声光控延时开关进行功能调试。

任务相关知识

声光控延时开关的元器件清单如表1-1所示,对照清单,先清点所有元器件。

表1-1　声光控延时开关元器件清单

序号	名称	型号规格	位号	数量
1	集成电路	CD4011	U1	1块
2	单向可控硅	MCR100-6	Q1	1只
3	三极管	9014	VT	1只
4	二极管	1N4007	VD1～VD5	5只
5	驻极体	CRZ2-15	MK1	1只
6	光敏电阻	625A	RG	1只
7	色环电阻	120 kΩ	R1	1只
8	色环电阻	10 kΩ	R6	1只
9	色环电阻	47 kΩ	R2、R3	2只
10	色环电阻	470 kΩ	R7	1只
11	色环电阻	1 MΩ	R5	1只
12	色环电阻	2.2 MΩ	R4	1只
13	色环电阻	5.1 MΩ	R8	1只
14	瓷片电容	0.01 μF	C1	1只

续表 1-1

序号	名称	型号规格	位号	数量
15	电解电容	10 μF/10 V	C2、C3	2 只
16	前盖、后盖、红面板			1 套
17	印制板、图纸			1 套
18	自攻螺丝	ϕ3 mm×8 mm		5 颗
19	元机螺丝	ϕ4 mm×25 mm		2 颗
20	粗导线			2 根
21	塑料螺丝盖			2 个

任务实施

一、元器件的检测

根据表 1-1 可以看出，本项目中使用的元器件主要有集成芯片 CD4011、单向可控硅、三极管、整流二极管、驻极体、光敏电阻、色环电阻、瓷片电容、电解电容。在进行元器件的装配之前，需要先检测各个元器件，具体检测方法如下。

1. 集成芯片 CD4011 的检测

CD4011 选用双排 14 脚集成电路，集成电路常用的检测方法有在线测量法、非在线测量法和代换法。

(1) 非在线测量法：非在线测量法是在集成电路未焊入电路时，通过测量其各引脚之间的直流电阻值与已知正常同型号集成电路各引脚之间的直流电阻值进行对比，以确定其是否正常。

(2) 在线测量法：在线测量法是利用电压测量法、电阻测量法及电流测量法等，通过在电路上测量集成电路的各引脚电压值、电阻值和电流值是否正常，以判断该集成电路是否损坏。

(3) 代换法：代换法是用已知完好的同型号、同规格集成电路来代换被测集成电路，以判断出该集成电路是否损坏。

2. 单向可控硅的检测

本项目中选用 1A 单向可控硅，若所需负载电流大则可选 3 A、6 A、10 A、12 A 等规格的。单向可控硅的测试包括两个方面：一是极性的判定；二是触发特性的测试。

1) 向可控硅极性判定

单向可控硅是由具有三个 PN 结的半导体材料构成，其基本结构、符号如图 1-61 所示。

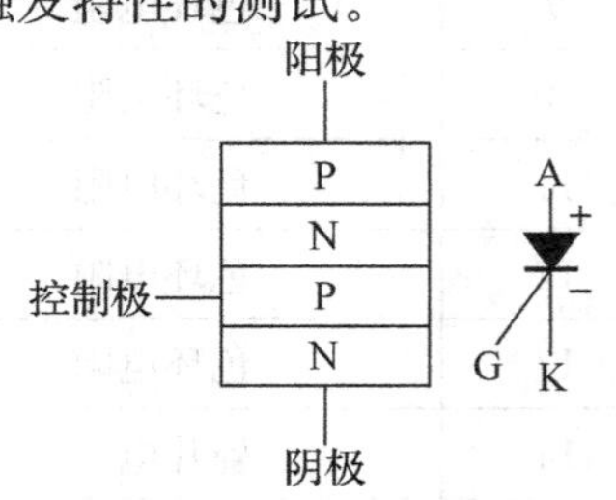

图 1-61 单向可控硅等效电路图

单向可控硅有三个电极：阳极(A)、阴极(K)和控制极(G)。从等效电路上看，阳极(A)与控制极(G)之间是两个反极性串联的 PN 结，控制极(G)与阴极(K)之间是一个 PN 结。根据 PN 结的单向导电特性，为指针式万用表选择适当的电阻档，测试极间正反向电阻值（相同两极，将表笔交换测出的两个电阻值），对于正常的单向可控硅，G、K之间的正反向电阻值相差很大；G、K分别与A之间的正反向电阻值相差很小，其阻值都很大。这种测试结果是唯一的，根据这种唯一性就可判定出单向可控硅的极性。用万用表的R×1K档测量单向可控硅极间的正反向电阻值，选出正反向电阻值相差很大的两个极，其中所测阻值较小的那次测量中，黑表笔所接的为控制极（G），红表笔所接的为阴极（K），剩下的一极就为阳极（A）。判定单向可控硅极性的同时也可定性判定出单向可控硅的好坏。如果在测试中任何两极间的正反向电阻值都相差很小，其阻值都很大，说明G、K之间存在开路故障；如果有两极间的正反向电阻值都很小并且趋近于零，则单向可控硅内部存在极间短路故障。

2）单向可控硅触发特性测试

单向可控硅与二极管的相同之处在于都具有单向导电性，不同之处是单向可控硅的导通还要受控制极电压的控制。也就是说使单向可控硅导通必须具备两个条件：阳极（A）与阴极（K）之间应加正向电压，控制极（G）与阴极（K）之间也应加正向电压。当单向可控硅导通以后，控制极就失去作用。单向可控硅的导通过程可用图1－62所示的等效电路来说明：PNP管的发射极相当于单向可控硅的阳极（A），NPN管的发射极相当于单向可控硅的阴极（K），PNP管的集电极与NPN管的基极相连后相当于单向可控硅的控制极（G）。

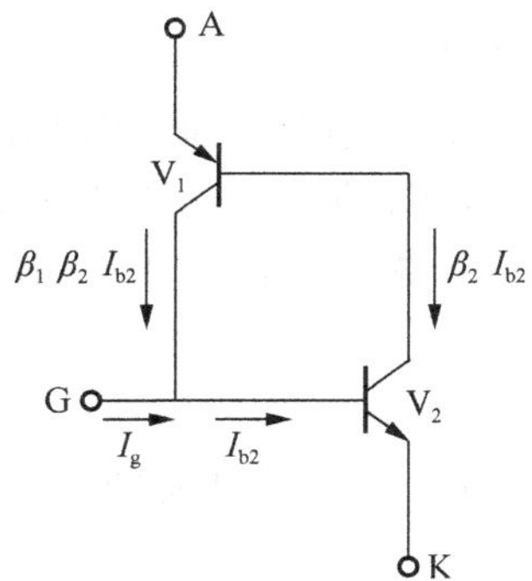

图1－62　单向可控硅导通过程图

当在A、K之间加上允许的正向电压时，两只管子均不导通，此时若在G、K之间加上正向电压便形成控制电流流入V_2的基极，如此循环直至两管完全导通。当导通后，即使$I_g=0$，由于V_2有基极电流且远大于I_g，因此两管仍然导通。要使导通的单向可控硅截止，必须把A、K之间的正向电压降低到一定值，或反向，或断开。

根据单向可控硅的导电特性，可用万用表的电阻档进行测试。对小功率单向可控硅可按图1－63(a)所示连接电路，在单向可控硅的A、G之间连接一只轻触开关（以便于操作），用万用表的R×1Ω档，将黑表笔接A极，红表笔接K。此时给单向可控硅加上一正向电压（通过万用表内附的干电池），万用表的指针不动，单向可控硅不导通；当按下开关，A、G接通，在G、K之间加上触发电压，单向可控硅才导通，万用表的指针偏转，指向一个较小的值。当G、A断开后，失去了控制电压，如果万用表的指针位置不变，单向可控硅仍处于导通状态，说明该单向可控硅的触发特性良好；如果G、A断开后万用表指针随即偏转，指向∞，即单向可控硅不导通，则说明该单向可控硅的触发特性不好，或已损坏。对于功率较大的单向可控硅，由于导通电压降较大，维持电流难以维持，引起导通状态欠佳，此时应在单向可控硅的阳极（A）上串接一节干电池，按如图 1-63(b)所示的电路进行测试，以免引起误判。对于大功率单向可控硅应在图 1-63(b)的电路上再串接上一节干电池，使测试效果明显。一般来说，测试 10A 以下的单向可控硅按图 1-63(a)所示连接电路，测试 10 A～100 A的单向可控硅按图 1-63(b)所示连接电路，测试 100 A 以上的单向可控硅应在图 1-63(b)所示电路的基础上再串接一节干电池。

在测试单向可控硅的基础上，对于其他类型的可控硅，根据其基本结构，也可用万用表对其进行测试。

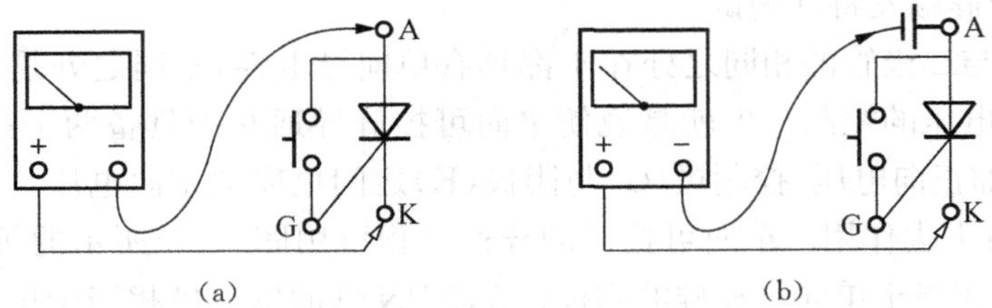

图 1-63　单向可控硅触发特性测试图

3. 三极管的检测

1）三极管管型管脚的识别与检测

选择数字万用表的二极管档位，以红表笔为准，用黑表笔分别测另两个管脚，当测得两个阻值均较小时，此管为 NPN 型管，红表笔所接管脚为基极 b；若没有电阻值，则以黑表笔为准，红表笔分别测另两个管脚，当测得两个阻值均较小时，此管为 PNP 型管，红表笔所接管脚为基极 b。

2）依赖 b 极找 c 极

(1) 对于 NPN 型管，按图 1-64 所示交换测量两次，阻值小的一次红表笔所接为集电极 c，另一极为发射极 e。

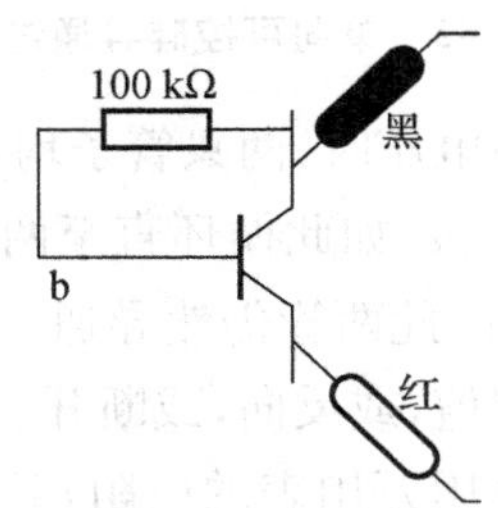

图 1-64　三极管 c 极的判别

(2) 对于 PNP 型管，按图 1-64 所示交换测量两次，阻值小的一次黑表笔所接为发射极 e，另一极为集电极 c。

3）三极管好坏的大致判别

根据 PN 结的单向导电性，可以检查三极管内各 PN 结的正反向电阻值：

(1) 如果阻值相差较大，说明三极管基本上是好的；

(2) 如果正反向电阻值都很大,说明三极管内部断路或 PN 结性能不好;

(3) 如果正反向电阻值都小,说明三极管极间短路或击穿。

4. 二极管的检测

普通二极管(包括检波二极管、整流二极管、阻尼二极管、开关二极管、续流二极管)是由一个 PN 结构成的半导体器件,具有单向导电特性。通过数字万用表检测其正、反向电阻值,可以判别出二极管的电极,还可估测出二极管是否损坏。

1) 极性的判别

将数字万用表置于二极管档,两表笔分别接二极管的两个电极,测出一个结果后,对调两表笔,再测出一个结果。两次测量的结果中,一次测量出的阻值较大(为反向电阻值),另一次测量出的阻值较小(为正向电阻值)。在阻值较小的一次测量中,红表笔所接的是二极管的正极,黑表笔所接的是二极管的负极。

2) 单向导电性能的检测及好坏的判断

通常,锗材料二极管的正向电阻值为 1 kΩ 左右,反向电阻值为 300 kΩ 左右。硅材料二极管的正向电阻值为 5 kΩ 左右,反向电阻值为∞(无穷大)。正向电阻值越小越好,反向电阻值则越大越好。正、反向电阻值相差越悬殊,说明二极管的单向导电特性越好。

若测得二极管的正、反向电阻值均接近于 0 或阻值均较小,则说明该二极管内部已击穿短路或漏电损坏;若测得二极管的正、反向电阻值均为无穷大,则说明该二极管已开路损坏。

3) 反向击穿电压的检测

二极管反向击穿电压(耐压值)可以用晶体管直流参数测试表测量。其方法是:将测试表的"NPN/PNP"选择键设置为 NPN 状态,再将被测二极管的正极接入测试表的"c"插孔内,负极插入测试表的"e"插孔内,然后按下"V(BR)"键,测试表即可指示出二极管的反向击穿电压值。

也可用兆欧表和万用表来测量二极管的反向击穿电压。测量时,将被测二极管的负极与兆欧表的正极相接,将二极管的正极与兆欧表的负极相接,同时用万用表(置于合适的直流电压档)监测二极管两端的电压。摇动兆欧表手柄(摇动时应由慢逐渐加快),待二极管两端电压稳定而不再上升时,此电压值即是二极管的反向击穿电压。

5. 驻极体的检测

下面以 MF50 型指针式万用表为例,介绍快速判断驻极体话筒的极性、检测驻极体话筒的好坏及性能的具体方法。

1) 判断驻极体话筒的极性

由于驻极体话筒内部场效应管的漏极 D 和源极 S 直接作为话筒的引出电极,所以只要判断出漏极 D 和源极 S,也就不难确定出驻极体话筒的电极。将万用表拨至 R×100 或R×1 K 电阻档,黑表笔接任意一极,红表笔接另外一极,读出电阻值;对调两表笔后,再次读出电阻值,比较两次测量结果,阻值较小的一次中,黑表笔所接应为源极 S,红表笔所接应为漏极 D。进一步判断:如果驻极体话筒的金属外壳与所检测出的源极 S 相连,则被测话筒应为两端式驻极体话筒,其漏极 D 应为正电源/信号输出脚,源极 S 应为接地引脚;如果话筒的金属外壳与所检测出的漏极 D 相连,则源极 S 应为负电源/信号输出脚,漏极 D 应为接地引脚。如果被测话筒的金属外壳与源极 S、漏极 D 均不相连，则为三端式驻极体话筒，其漏极 D 和源极 S 可分别作为正电源引脚和信号输出脚(或信号输出脚和负电源引脚)，金属外壳则为接地引脚。

2）检测驻极体话筒的好坏

在上面的测量中，正常测得的驻极体话筒电阻值应该是一大一小。如果正、反向电阻值均为∞，则说明被测话筒内部的场效应管已经开路；如果正、反向电阻值均接近或等于 0，则说明被测话筒内部的场效应管已被击穿或发生了短路；如果正、反向电阻值相等，则说明被测话筒内部的场效应管栅极 G 与源极 S 之间的晶体二极管已经开路。由于驻极体话筒是一次性压封而成，所以内部发生故障时一般不能维修，弃旧换新即可。

6. 光敏电阻的检测

(1) 用一黑纸片将光敏电阻的透光窗口遮住，此时万用表的指针基本保持不动，阻值接近无穷大，值越大说明光敏电阻性能越好。若阻值很小或接近为零，说明光敏电阻已烧穿损坏，不能再继续使用。

(2) 将一光源对准光敏电阻的透光窗口，此时万用表的指针应有较大幅度的摆动，阻值明显减小，此值越小说明光敏电阻性能越好。若阻值很大甚至无穷大，表明光敏电阻内部开路损坏，也不能再继续使用。

(3) 将光敏电阻透光窗口对准入射光线，用小黑纸片在光敏电阻的遮光窗口上部晃动，使其间断受光，此时万用表指针应随黑纸片的晃动而左右摆动。如果万用表指针始终停在某一位置并不随纸片晃动而摆动，说明光敏电阻的光敏材料已经损坏，不能继续使用。

7. 电阻的检测

将万用表的两表笔(不分正负)分别与电阻两端的引脚相接即可测出实际电阻值。为了提高测量精度，应根据被测电阻标称值的大小来选择量程。根据电阻误差等级不同，读数与标称阻值之间分别允许有±5%、±10%或±20%的误差。如不相符，超出误差范围，则说明该电阻值变值了。

注意：测试时，特别是在测阻值在几十千欧以上的电阻时，手不要触及万用表表笔和电阻的导电部分；被检测的电阻如果已焊接在电路中，至少要焊开一个头，以免电路中的其他元件对测试产生影响，造成测量误差；色环电阻的阻值虽然能根据色环标志来确定，但在使用时最好还是用万用表测试一下其实际阻值。

8. 非极性电容的检测

1）检测 10 pF 以下的固定电容

因 10 pF 以下固定电容的容量太小，用万用表进行测量时，只能定性地检查其是否有漏电、内部短路或击穿现象。测量时，可选用万用表的 R×10 K 档，用两表笔分别任意接电容的两个引脚，阻值应为无穷大。若测出阻值(指针向右摆动)为零，则说明电容漏电损坏或内部击穿。

2）检测 10 pF～0.01 μF 的固定电容

可检测固定电容是否有充电现象，进而判断其好坏。万用表选用 R×1 K 档。两只三极管的 β 值均为 100 以上且穿透电流要小，可选用 3DG6 等型号的硅三极管组成复合管。将万用表的红和黑表笔分别与复合管的发射极 e 和集电极 c 相接。由于复合三极管的放大作用，被测电容的充放电过程被放大，使万用表指针摆动幅度加大，从而便于观察。

应注意的是，在测试时，特别是在测较小容量的电容时，要反复调换被测电容引脚才能明显地看到万用表指针的摆动。

3）检测 0.01 μF 以上的固定电容

可用万用表的 R×10 K 档直接测试电容有无充电过程以及有无内部短路或漏电现象，并可根据指针向右摆动的幅度大小估测出电容器的容量。

9. 电解电容的检测

因为电解电容的容量较一般固定电容大得多，所以测量时，应针对不同容量选用合适的量程。根据经验，一般情况下，对于 1～47 μF 间的电容，可用 R×1 K 档测量；对于大于 47 μF 的电容，可用 R×100 档测量。将万用表的红表笔接负极，黑表笔接正极，在刚接触的瞬间，万用表指针即向右偏转较大幅度(对于同一电阻档，容量越大，摆幅越大)，接着逐渐向左回转，直到停在某一位置。此时的阻值便是电解电容的正向漏电阻值，此值略大于反向漏电阻值。实际使用经验表明，电解电容的漏电阻值一般应在几百千欧以上，否则，将不能正常工作。在测试中，若正向、反向均无充电的现象，即表针不动，则说明电容容量消失或内部断路；如果所测阻值很小或为零，则说明电容漏电大或已击穿损坏，不能再使用。对于正、负极标志不明的电解电容，可利用上述测量漏电阻的方法加以判别。即先任意测一下漏电阻，记住其阻值大小，然后交换表笔再测出一个阻值，则两次测量中阻值较大的那一次便是采用正向接法，即黑表笔接的是正极，红表笔接的是负极。使用万用表的电阻档，采用给电解电容进行正、反向充电的方法，根据指针向右摆动幅度的大小，可估测出电解电容的容量。

二、元器件的焊接、装配与调试

1. 电路板的焊接

(1) 焊接前应观察电路板各个焊点是否光洁、氧化等。

(2) 元器件的装焊顺序为：由低到高、先小后大，依次焊接电阻、电容、二极管、集成电路、大功率管等元器件。装完同一种规格的元器件后再装另一种规格的，尽量使电阻的高低一致。

(3) 有极性元器件的极性应严格按照图纸上的要求安装，不能错装。芯片与底座都是有方向的，焊接时要严格按照板上的缺口所指方向进行。

(4) 在焊接圆形的极性电容器时，一般此类电容器的电容值都是比较大的，其引脚是分长短的，应以长脚对应"＋"号所在的孔。对引脚过长的元器件，焊接完后要将其引脚剪短。

(5) 焊接集成电路时，先检查所用型号、引脚位置是否符合要求。焊接时先焊边沿对角的两只引脚以使其定位，然后从左到右、自上而下逐个焊接。

(6) 焊接时的温度(一般为 350 ℃)、时间要适当(少于 3 秒)，加热均匀，要保持焊点饱满、光滑、有光泽度、无毛刺，焊点要有足够的机械强度。

(7) 当电路连接完成后，最好用清洗剂对电路的表面进行清洗，以防电路板表面附着的铁屑使电路短路。

注意：加热时应尽量避免让烙铁头长时间停留在一个地方，以免导致局部过热，损坏铜箔或元器件。

焊接完成后的 PCB 如图 1 - 65 所示。

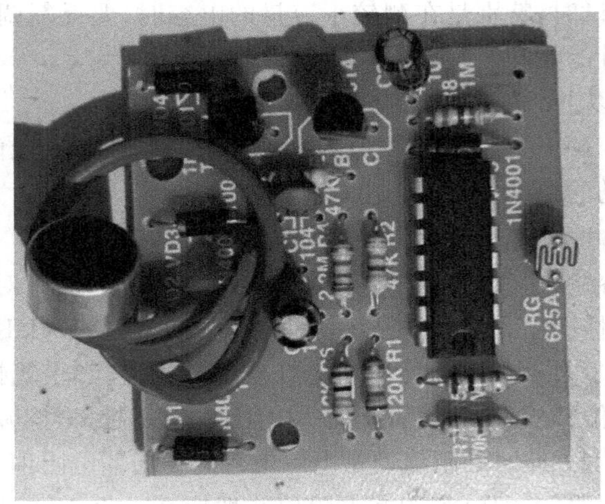

图 1 - 65　PCB 焊接完成图

2. 元器件的装配

(1) 光敏电阻要装在指定位置,确保能对准外壳上的孔,从而能较好地感应环境光线。

(2) 驻极体话筒要装在指定位置,确保能对准外壳上的孔,从而能较好地感应环境声音。

(3) 电阻及二极管要紧贴电路板安装,三极管、晶闸管、电容安装得不能太高,以免影响外壳装配。

(4) 两个接线柱分别接在电灯的开关位上。

(5) 盖后盖,上螺钉。盖后盖前需检查:

① 所有与面板孔嵌装的元器件是否正确到位;

② 导线不可紧靠铁芯;

③ 是否有导线压住螺钉孔或散露在盖外。后盖螺钉的松紧应适度,若发现盖不上或盖不严,切不可硬拧螺钉,应开盖检查处理后再上螺钉。

PCB 装配完成后如图 1 - 66 所示。

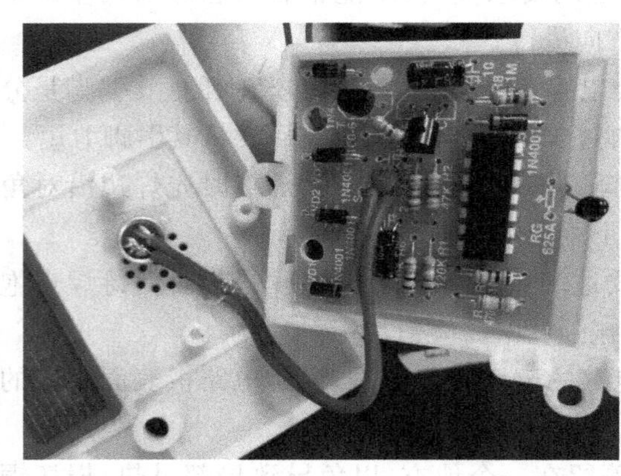

(a) 电路板正面

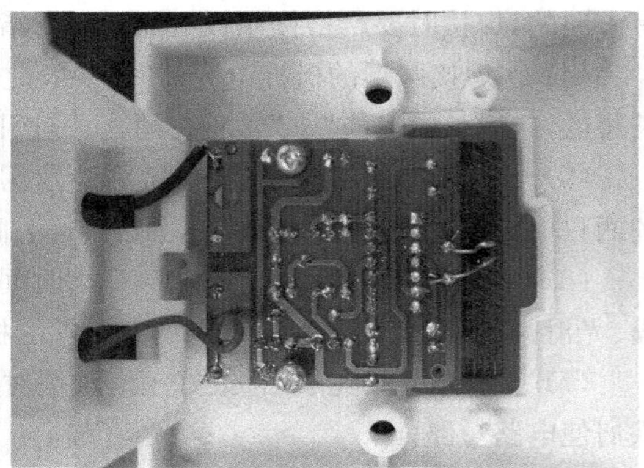

(b) 电路板反面

图 1 - 66　PCB 装配完成图

3. 功能调试

如图 1－67 所示，将开关与灯泡连接进行功能调试。将光敏电阻的光源挡住，用手轻拍驻极体，灯泡应该点亮，停止轻拍后过一会，灯泡自动熄灭。用光照射光敏电阻，再用手重拍驻极体，灯泡不亮。如果能实现上述功能，说明声光控延时开关功能实现，调试成功。

图 1－67　声光控延时开关功能调试图

项目 2　智能充电器的设计与制作

项目目标

（1）熟悉智能充电器电路原理图的设计。

（2）掌握智能充电器 PCB 的设计。

（3）掌握智能充电器的装配和调试。

项目任务

（1）智能充电器的工作原理。

（2）智能充电器 PCB 的设计。

（3）智能充电器的装配和调试。

项目相关知识

下面介绍智能充电器的功能及主要参数。

（1）直流稳压电源主要参数如下：

① 输入电压：交流 220 V；

② 输出电压：直流 3 V 和 6 V；

③ 最大输出电流：500 mA。

（2）电池充电器主要参数如下：

① 左通道（E1、E2）充电电流：50～60 mA（普通充电）；

② 右通道（E3、E4）充电电流：110～130 mA（快速充电）。

（3）两通道可以同时使用，各可以充 5 号或 7 号电池两节（串接）。稳压电源和充电器可以同时使用，只要两者电流之和不超过 500 mA。

智能充电器的实物如图 2－1 所示。

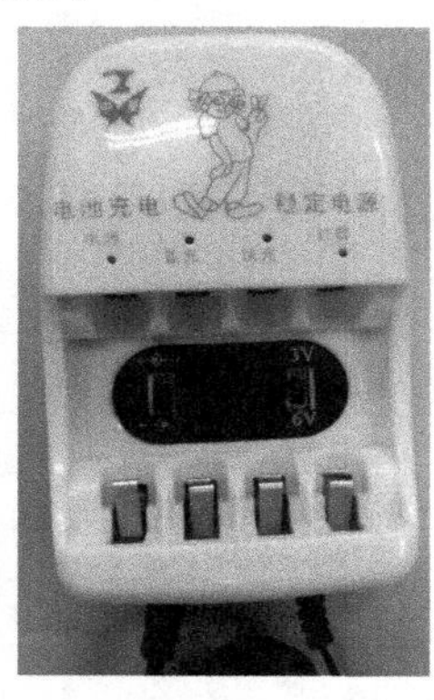

图 2－1　智能充电器实物图

任务 2.1　智能充电器电路原理图的设计

任务目标

（1）熟悉智能充电器的工作原理。

（2）熟练绘制智能充电器的电路原理图。

任务内容

（1）学习智能充电器的工作原理。

（2）绘制智能充电器电路原理图。

任务相关知识

智能充电器的电路原理图如图 2－2 所示，其工作原因如下：接通电源，绿色通电指示灯（LED_2）亮；空载时，测量通过输出的直流电压，其值应略高于额定电压值；拨动 S_2 开关，输出极性应作相应变化；当负载电流在额定值 150 mA 时，输出电压与规定值的误差应不超过±10%；当负载电流增大到一定值时，LED_1 绿色指示灯逐渐变亮，LED_2 逐渐变暗，同时输出电压下降；当电流增大到 500 mA 左右时，保护电路起作用，LED_1 亮，LED_2 灭，若负载电流减小则电路恢复正常；若稳压电源的负载在 150 mA 时，输出电压与规定值的误差超过±10%时，3 V 档更换 R_4、R_6 电阻，6 V 档更换 R_5 电阻，阻值增大则电压升高，阻值减小则电压降低；若要改变充电电流值，可更换 R_7（R_9），阻值增大则充电电流减小，阻值减小则充电电流增大。

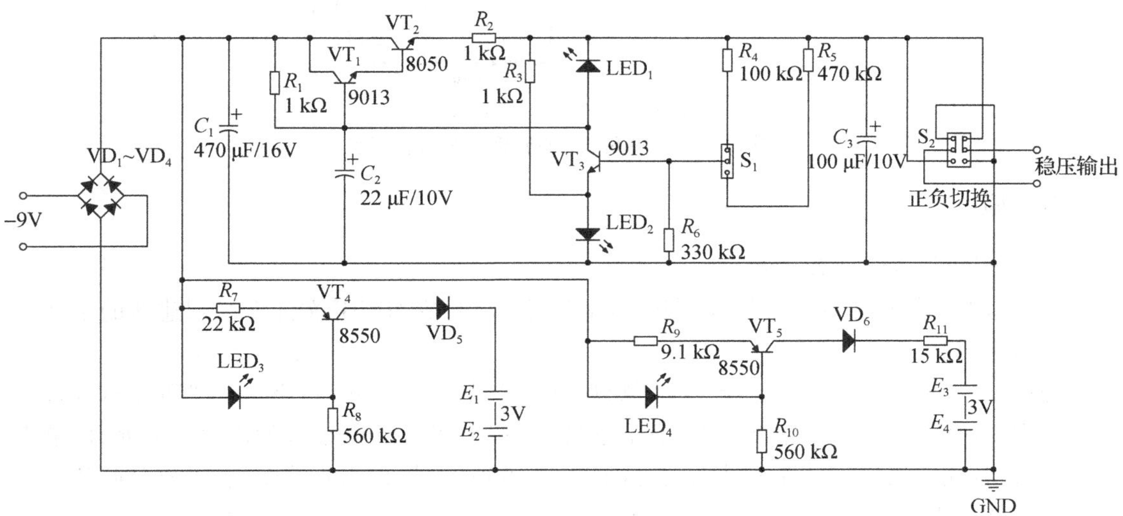

图 2－2　智能充电器的电路原理图

对于智能充电器电路，考虑到制版及实物外壳的限制，需要自己制作发光二极管（LED灯）、二极管、开关 S_1 和 S_2 四个元件的相关原理图符号和封装。LED 灯和二极管的原理图符号和封装如图 2－3 所示，开关 S_1 和 S_2 的原理图符号和封装如图 2－4 所示。

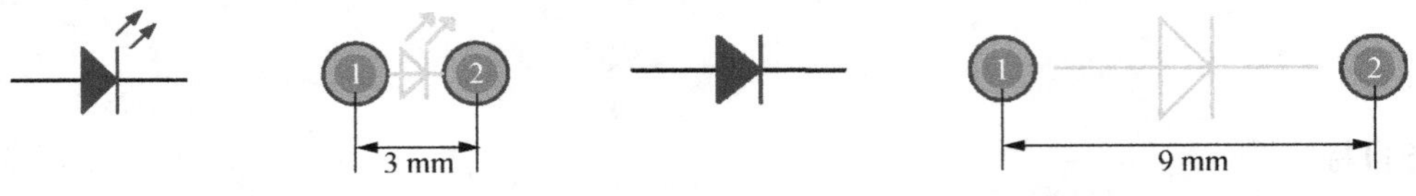

（a）LED 灯的原理图符号和封装　　（b）二极管的原理图符号和封装

图 2－3　LED 灯、二极管的原理图符号和封装

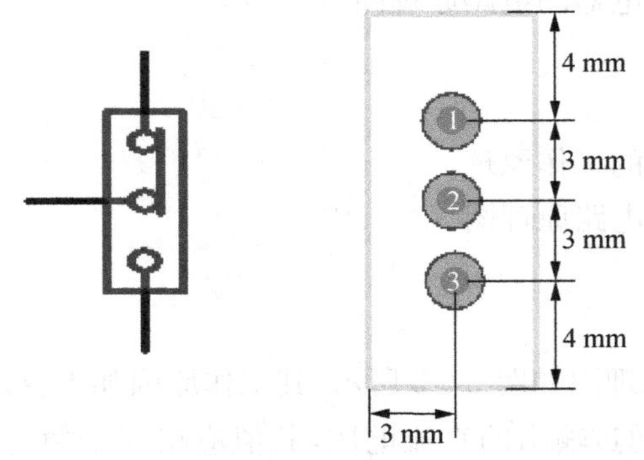

（a）开关 S_1 的原理图符号和封装

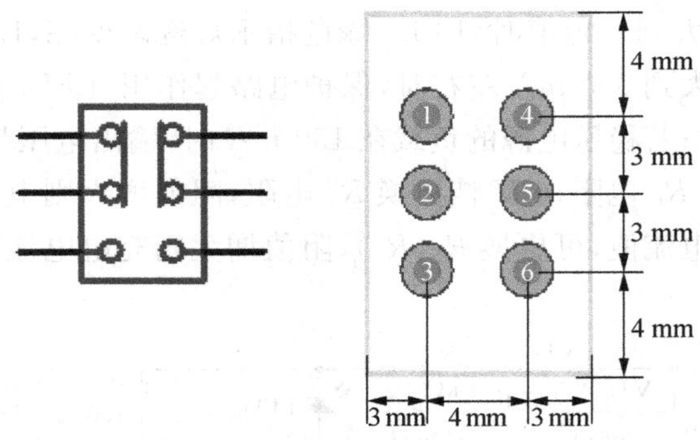

（b）开关 S_2 的原理图符号和封装

图 2－4　开关 S_1、S_2 的原理图符号和封装

任务实施

一、创建集成元件库文件

首先，在计算机的任意盘符下创建“PCB”文件夹，再在“PCB”文件夹里创建新的子文件夹，命名为“智能充电器”。

然后，打开 Altium Designer 14.3 软件，执行菜单命令“File”|“New”|“Project”，打开“New Project”界面，自制集成元件库并命名为“ZNCDQ. LibPkg”，如图 2－5 所示，单击“OK”按钮，完成集成元件库文件的创建，如图 2－6 所示，将集成元件库文件保存到“智能充电器”文件夹中。

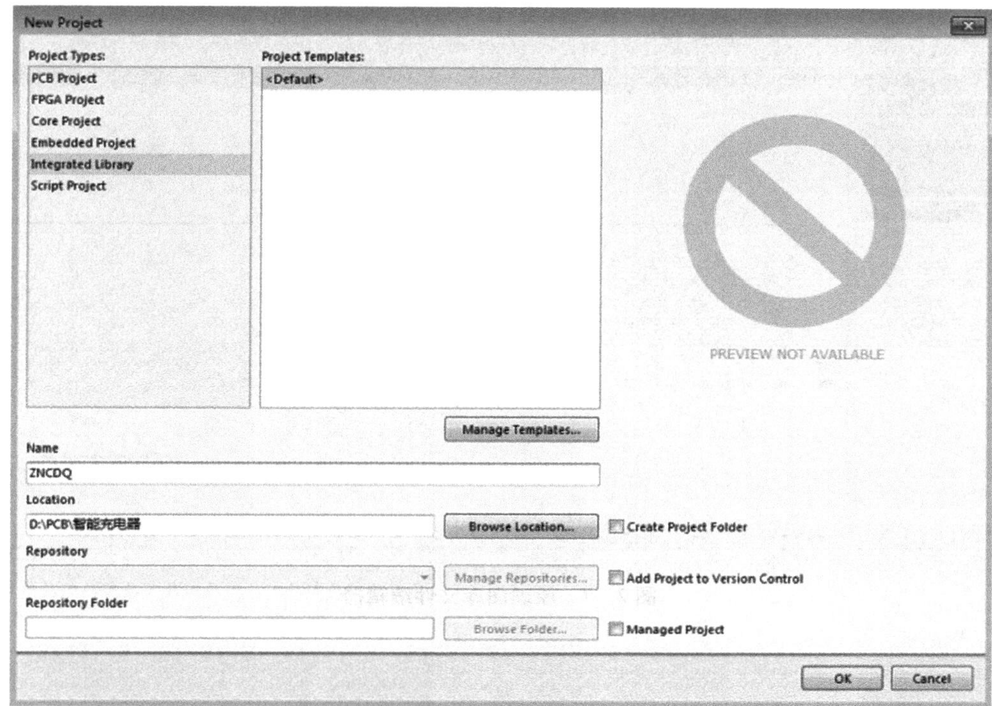

图 2－5　“New Project”界面

图 2－6　创建完成的集成元件库文件

二、创建原理图库文件并添加原理图符号

1. 创建原理图库文件

执行菜单命令“File”|“New”|“Library”|“Schematic Library”，生成一个原理图库文件，默认名称为“SchLib1. SchLib”，同时启动原理图库文件编辑器，如图 2－7 所示，该原理图库文件被自动加载到“ZNCDQ. LibPkg”工程下，将该库文件保存为“ZNCDQ. SchLib”，如图 2－8所示。

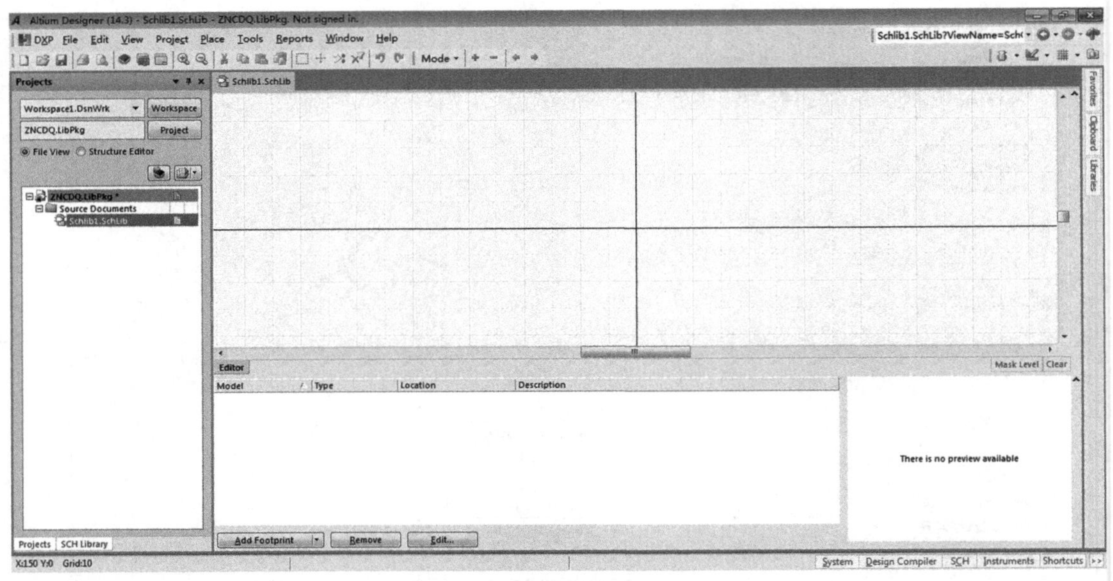

图 2-7　原理图库文件编辑器

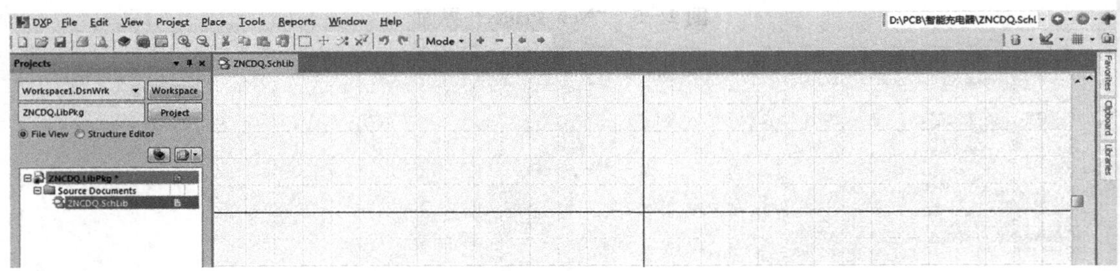

图 2-8　“ZNCDQ. SchLib”文件

2. 创建 LED 灯的原理图符号

在原理图库文件编辑器中执行菜单命令“Tools”|“New Component”，创建一个新元件，将其命名为“LED”，按照图 2-3(a)所示绘制 LED 灯的原理图符号，绘制结果如图 2-9 所示，并且按照图 2-10 所示修改 LED 灯的属性参数。

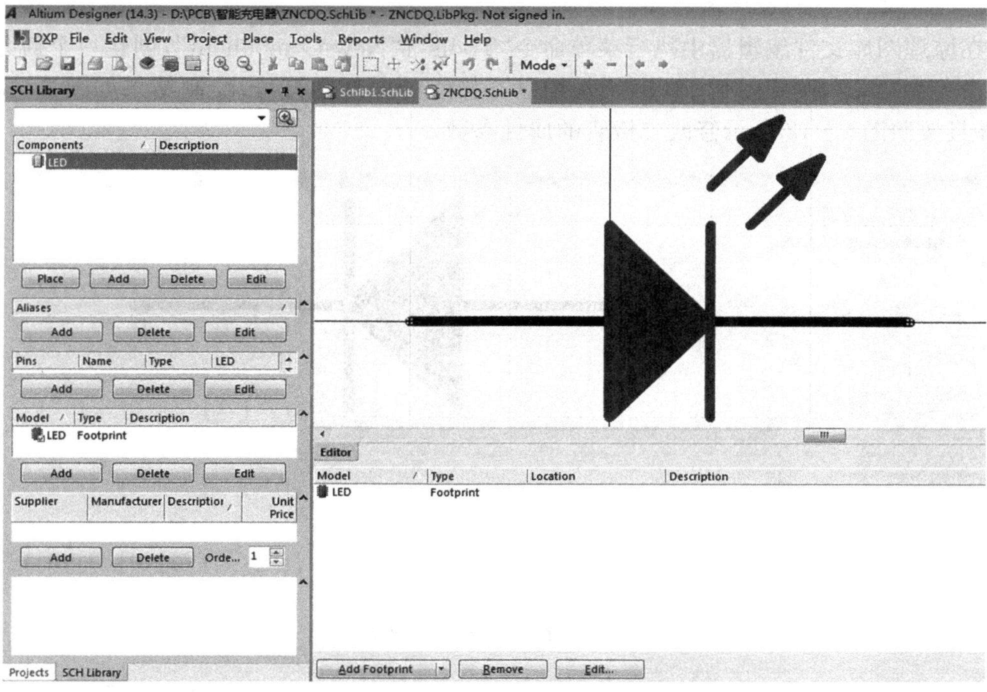

图 2-9　新建 LED 灯的原理图符号

Library Component Properties

Properties

Default Designator　LED ?　Visible　Locked

Default Comment　Visible

Part 1/1　Locked

Description

Type　Standard

Library Link

Symbol Reference　LED

Graphical

Mode　Normal　Lock Pins

Show All Pins On Sheet (Even if Hidden)

Local Colors

Parameters

Visible	Name	Value	Type

Add...　Remove...　Edit...　Add as Rule...

Models

Name	Type	Description	Vault	Item Rev...	Revision...

Add...　Remove...　Edit...

Edit Pins...　OK　Cancel

图 2-10　LED 灯的属性参数

3. 创建二极管的原理图符号

在原理图库文件编辑器中执行菜单命令“Tools”|“New Component”，创建一个新元件，将其命名为“VD”，按照图 2-3(b)所示绘制二极管的原理图符号，绘制结果如图 2-11 所示，并且按照图 2-12 所示修改二极管的属性参数。

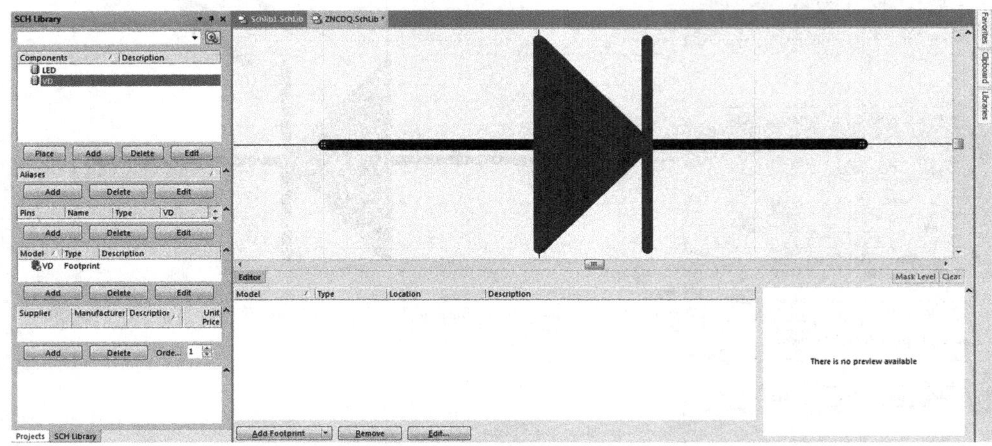

图 2-11　新建二极管原理图符号

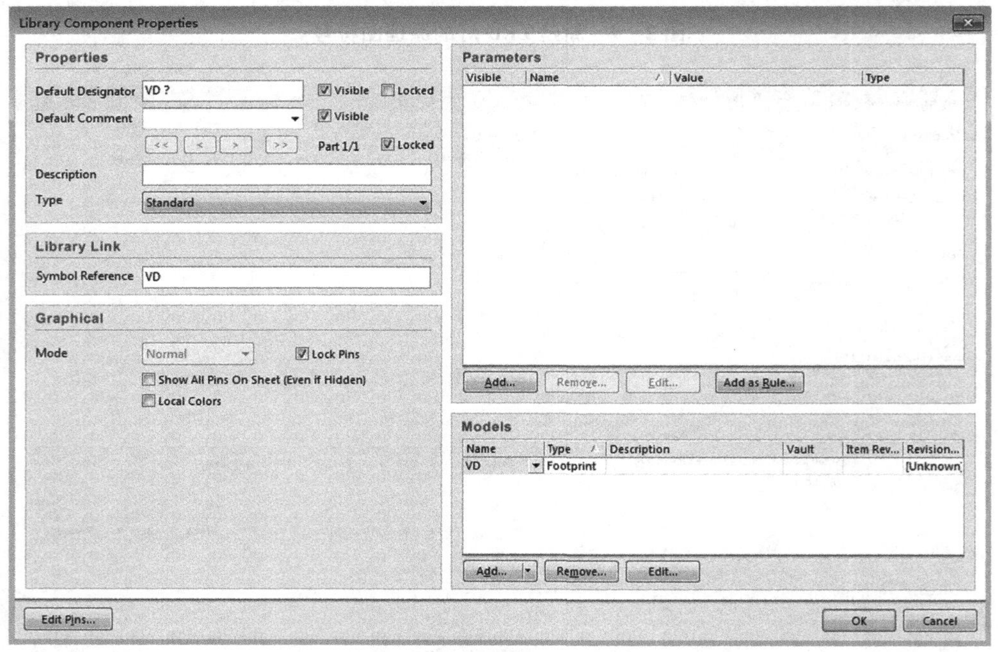

图 2-12　二极管的属性参数

4. 创建开关 S_1 的原理图符号

在原理图库文件编辑器中执行菜单命令“Tools”|“New Component”，创建一个新元件，将其命名为“SWITCH-3”，按照图 2-4(a)所示绘制开关 S_1 的原理图符号，绘制结果如图

2－13所示，并且按照图 2－14 所示修改 S_1 的属性参数。

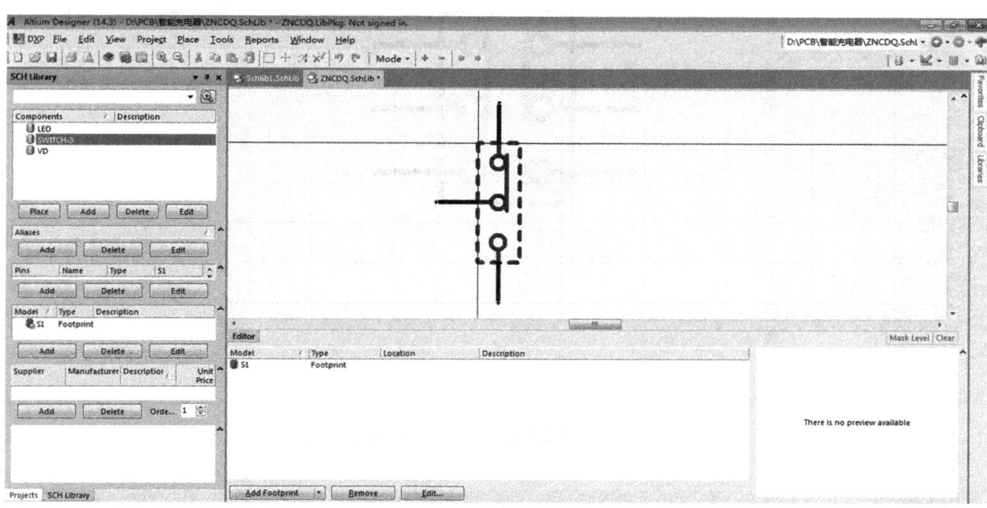

图 2－13　新建开关 S_1 的原理图符号

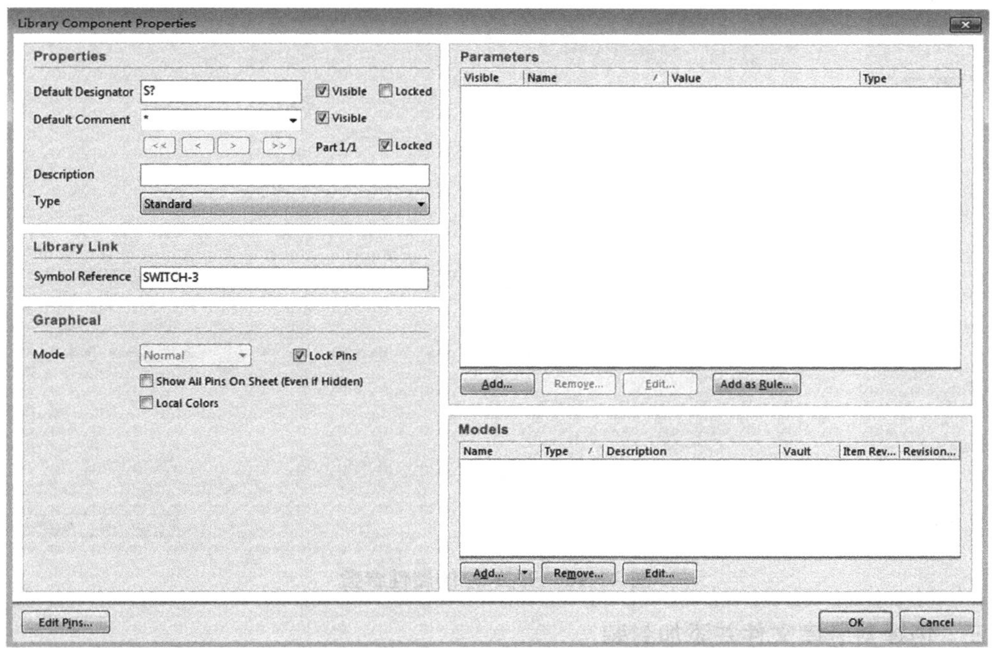

图 2－14　开关 S_1 的属性参数

5. 创建开关 S_2 的原理图符号

在原理图库文件编辑器中执行菜单命令“Tools”|“New Component”，创建一个新元件，将其命名为“SWITCH－6”，按照图 2－4(b)所示绘制开关 S_2 的原理图符号，绘制结果如图 2－15 所示，并且按照图 2－16 所示修改 S_2 的属性参数。

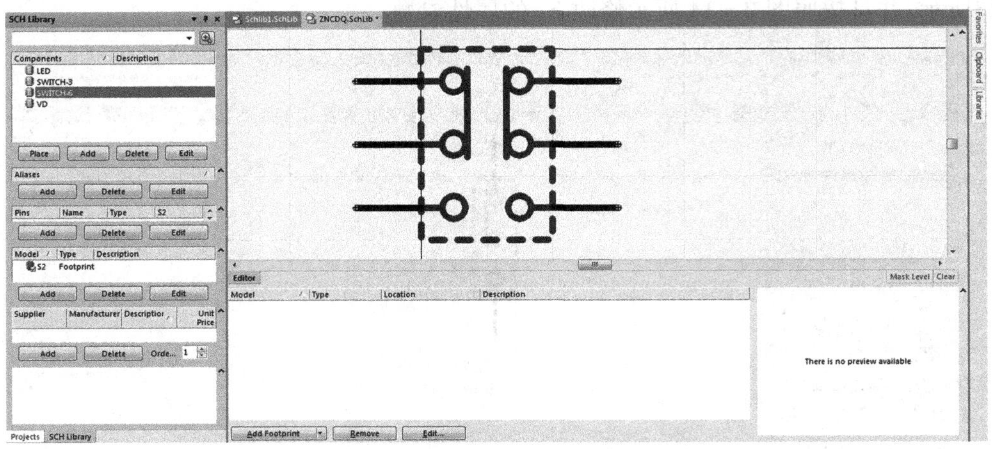

图 2-15　新建开关 S_2 的原理图符号

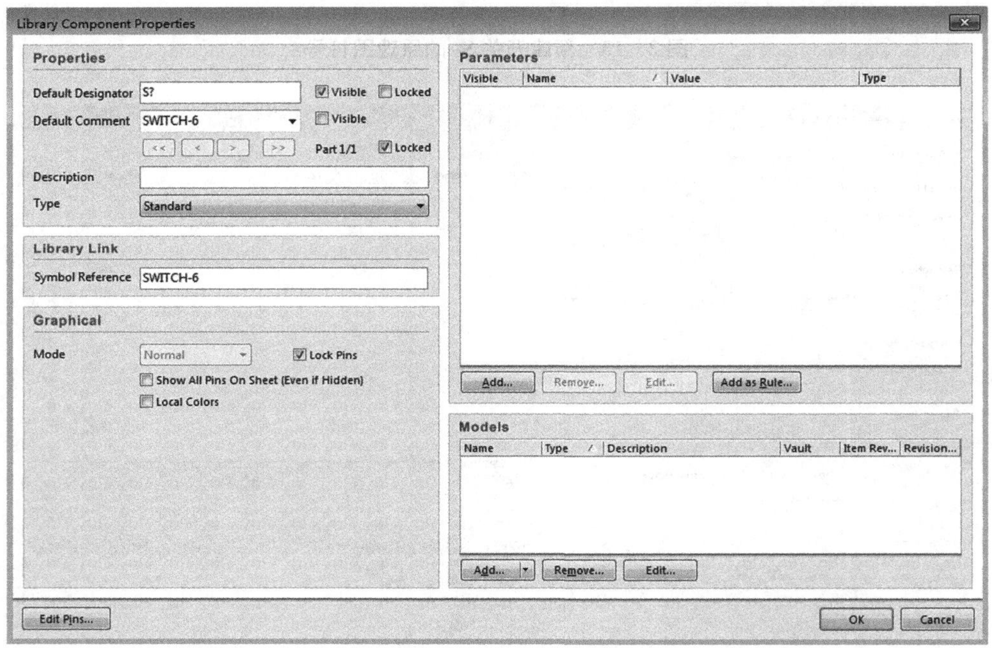

图 2-16　开关 S_2 的属性参数

三、创建封装库文件并添加封装

1. 创建封装库文件

执行菜单命令“File”|“New”|“Library”|“PCB Library”，系统生成一个封装库文件，默认名称为“PcbLib1. PcbLib”，同时启动封装库文件编辑器，该库文件被自动加载到“ZNCDQ. LibPkg”工程下，如图 2-17 所示，将该库文件另存为“ZNCDQ . PcbLib”，如图 2-18 所示。

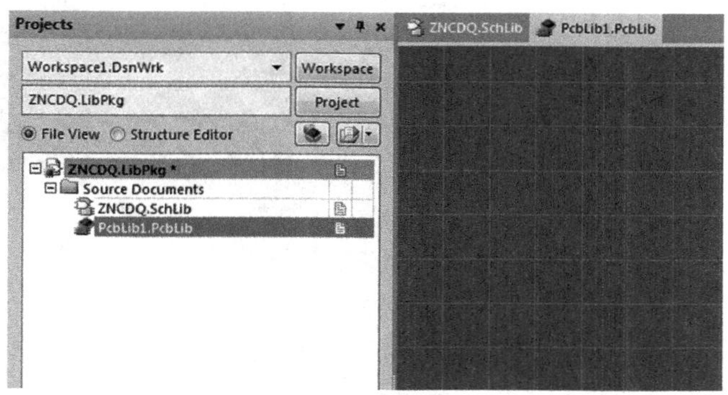

图 2 - 17　创建新的封装库文件

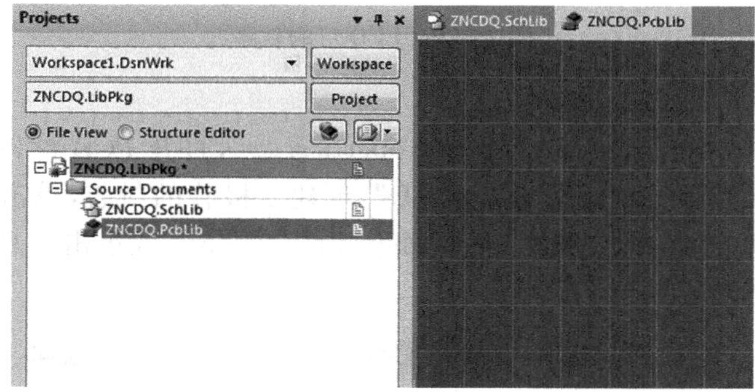

图 2 - 18　“ZNCDQ. PcbLib”文件

2. 创建 LED 灯的封装

执行菜单命令“Tools”|“Component Properties...”，打开 PCB 封装参数设置对话框，如图 2 - 19 所示。在名称文本框中输入“LED”，创建 LED 灯的封装，单击“OK”按钮。如图 2 - 20 所示，绘制 LED 灯的封装。执行菜单命令“File”|“Save”或单击工具栏中的保存按钮，保存创建好的封装。

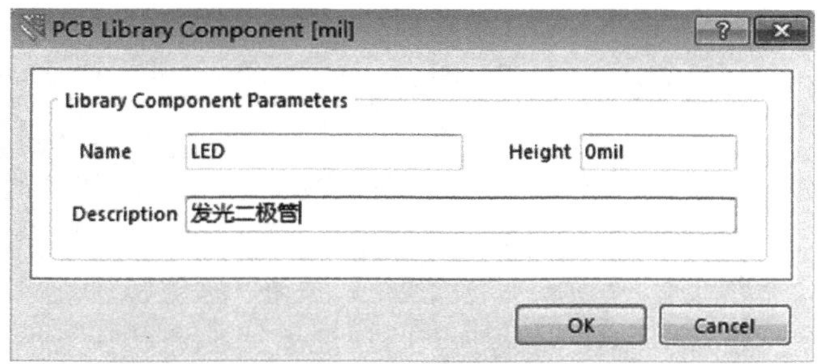

图 2 - 19　LED 灯的 PCB 封装参数设置对话框

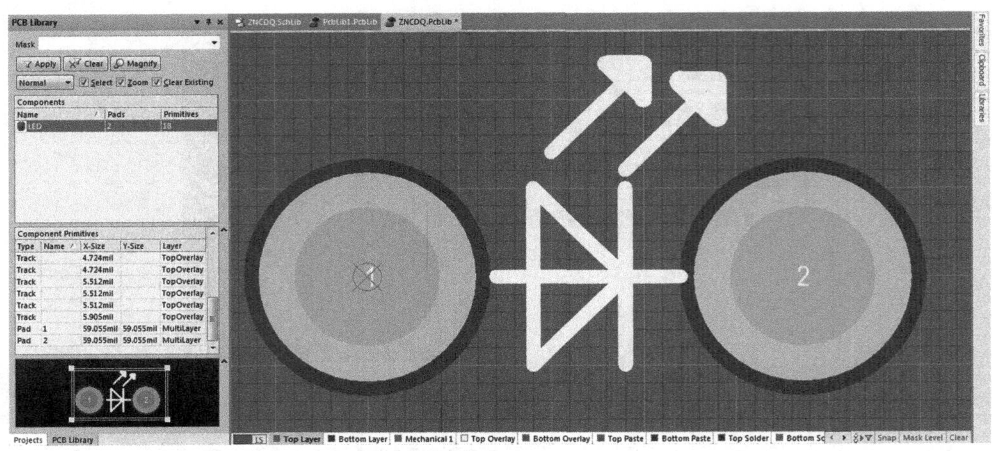

图 2-20　LED 灯的封装

3. 创建二极管的封装

执行菜单命令"Tools"|"Component Properties..."，打开 PCB 封装参数设置对话框，如图 2-21 所示。在名称文本框中输入"VD"，创建二极管的封装，单击"OK"按钮。如图 2-22所示，绘制二极管的封装。执行菜单命令"File"|"Save"或单击工具栏中的保存按钮，保存创建好的封装。

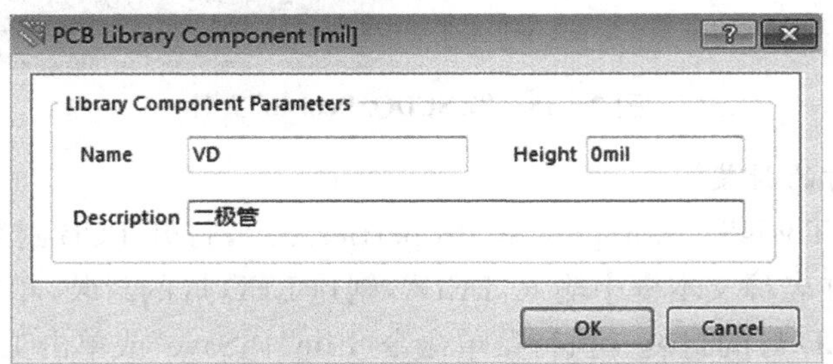

图 2-21　二极管的 PCB 封装参数设置对话框

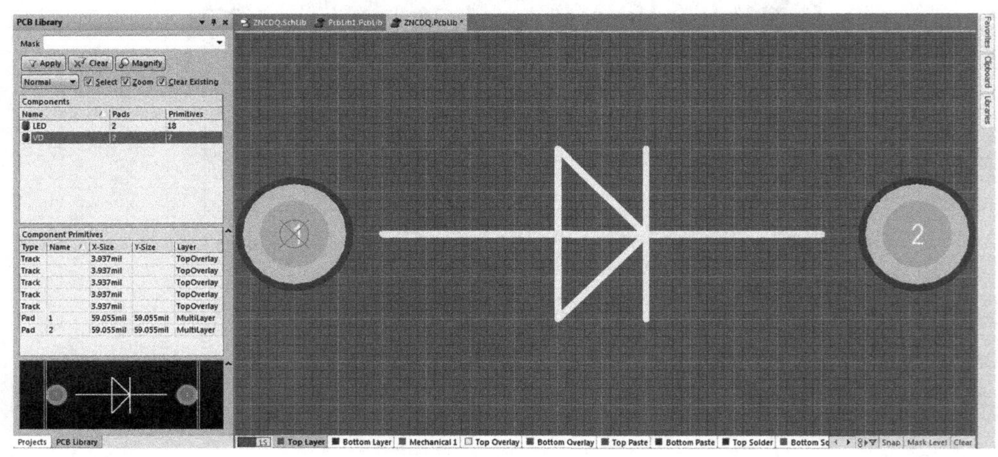

图 2-22　二极管的封装

4. 创建开关 S_1 的封装

执行菜单命令“Tools”|“Component Properties...”，打开 PCB 封装参数设置对话框，如图 2-23 所示。在名称文本框中输入“S_1”，创建开关 S_1 的封装，单击“OK”按钮。如图 2-24 所示，绘制开关 S_1 的封装。执行菜单命令“File”|“Save”或单击工具栏中的保存按钮，保存创建好的封装。

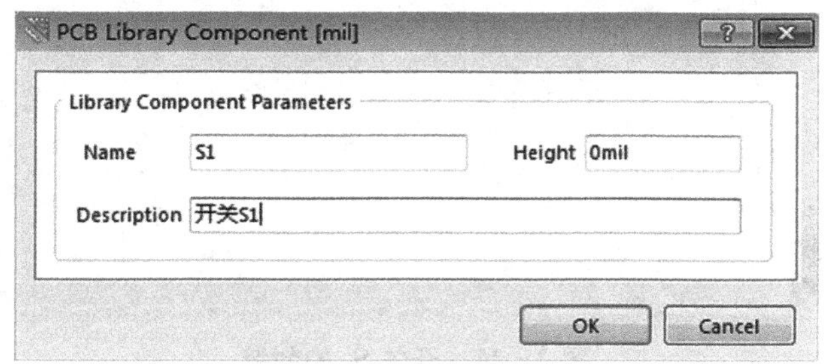

图 2-23　开关 S_1 的 PCB 封装参数设置对话框

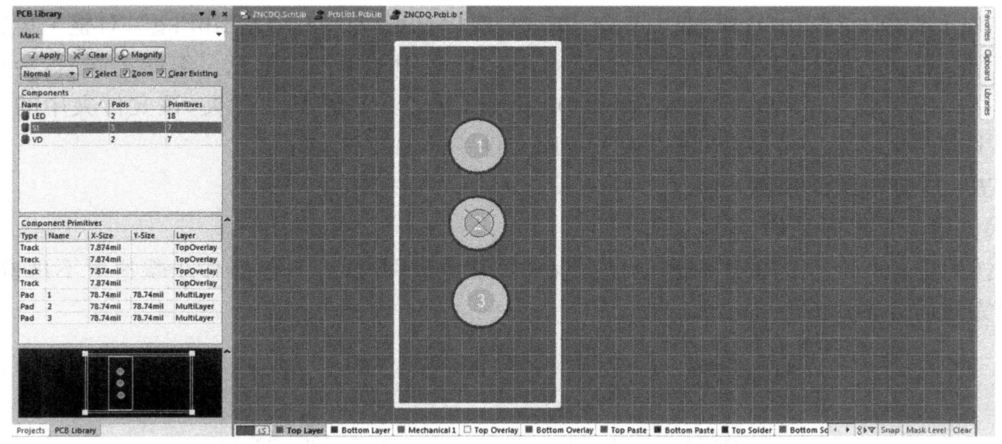

图 2-24　开关 S_1 的封装

5. 创建开关 S_2 的封装

执行菜单命令“Tools”|“Component Properties...”，打开 PCB 封装参数设置对话框，如图 2-25 所示。在名称文本框中输入“S_2”，创建开关 S_2 的封装，单击“OK”按钮。如图 2-26 所示，绘制开关 S_2 的封装。执行菜单命令“File”|“Save”或单击工具栏中的保存按钮，保存创建好的封装。

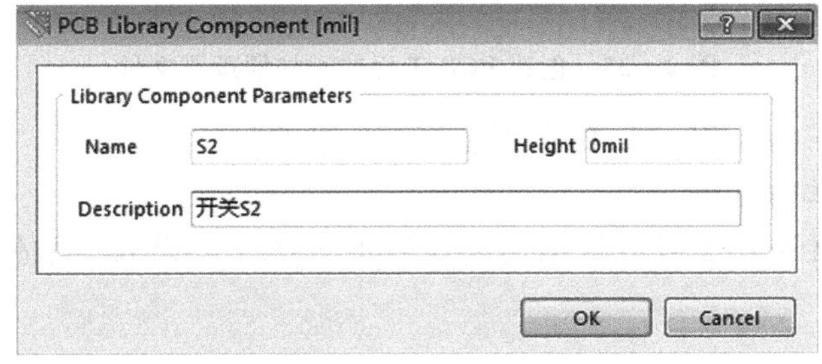

图 2-25　开关 S_2 的 PCB 封装参数设置对话框

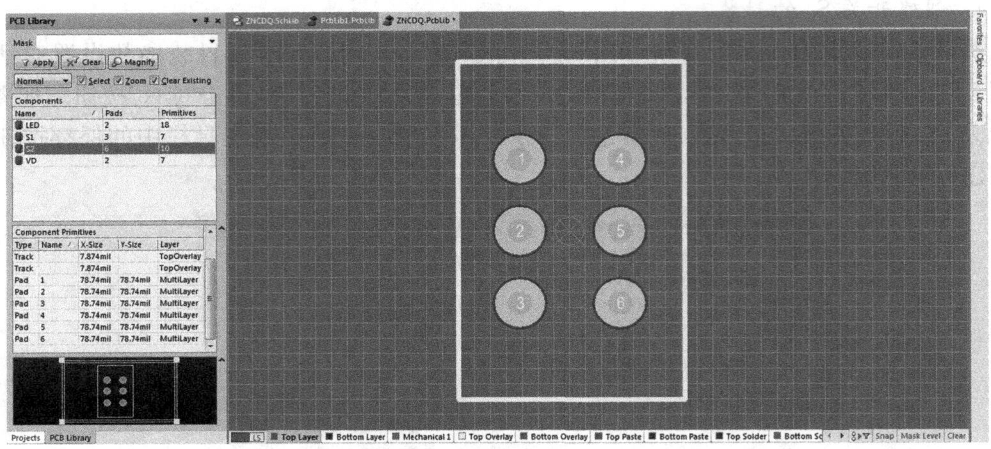

图 2-26　开关 S_2 的封装

四、编译集成元件库

执行菜单命令“Project”|“Compile Integrated Library ZNCDQ. LibPkg”，对整个集成元件库进行编译。倘若编译错误，会在“Messages”面板中显示错误信息。编译无误后，会在项目文件夹中生成一个新的名为“Project Outputs for ZNCDQ”的文件夹，该文件夹中的文件即为生成的集成库文件，用户可以像利用库文件一样加载该文件。

五、绘制电路原理图

1. 创建原理图文件

按照项目 1 介绍的方法创建项目工程并添加原理图文件，具体操作步骤这里不再赘述。创建完成后如图 2-27 所示。

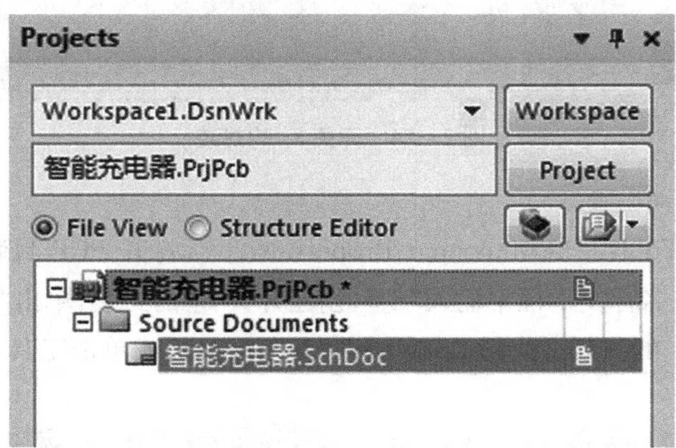

图 2-27　创建 PCB 工程并添加原理图文件

执行菜单命令“File”|“Save”，保存所建工程及原理图。

2. 设置原理图工作环境

按照项目 1 介绍的方法可以根据需要设置原理图工作环境，具体操作步骤这里不再赘述。

3. 加载集成元件库

按照项目 1 介绍的方法加载集成元件库，加载完成后如图 2－28 所示。

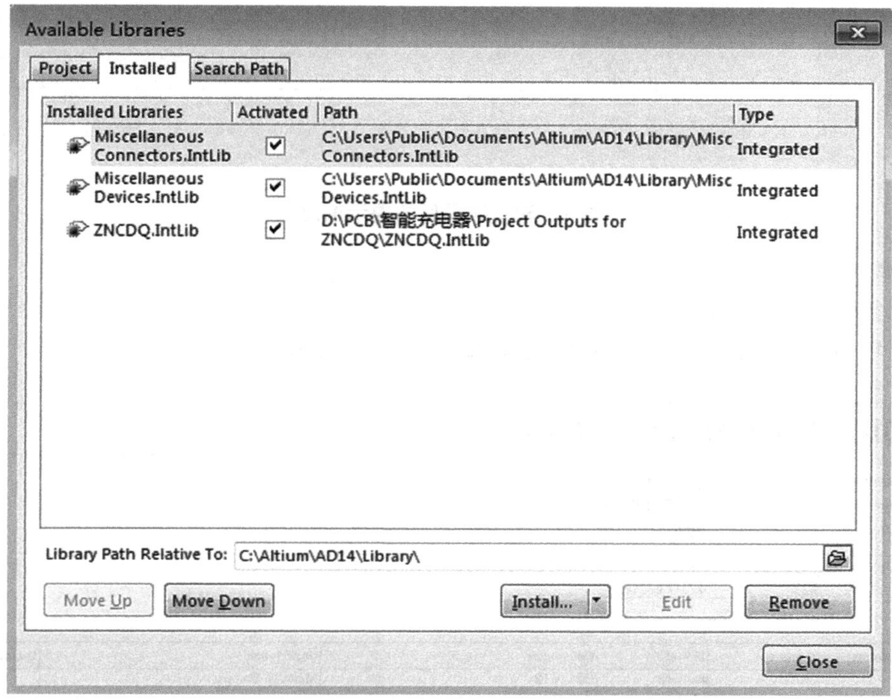

图 2－28　加载 ZNCDQ. IntLib 集成元件库

4. 元件布局、布线与编译

一一查找智能充电器所需元件并放置到原理图编辑界面，修改相关参数，然后进行元件的布局与连线，图 2－29 所示即为绘制完成的电路原理图。

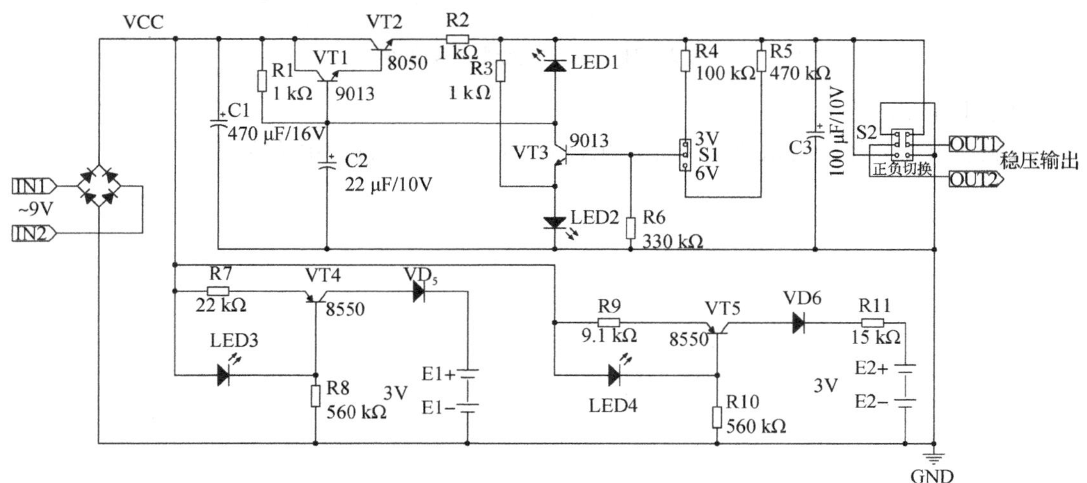

图 2－29　绘制完成的智能充电器电路原理图

执行菜单命令“Project”|“Compile PCB Project 智能充电器. PrjPcb”，对整个工程中所有的文件进行编译，编译完成后系统会在“Messages”面板中提示相关的信息，如图 2 - 30 所示，可见编译成功，无错误。

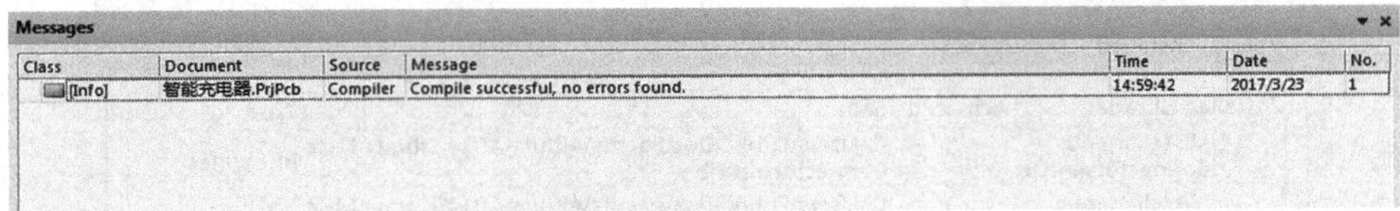

Messages

Class	Document	Source	Message	Time	Date	No.
[Info]	智能充电器.PrjPcb	Compiler	Compile successful, no errors found.	14:59:42	2017/3/23	1

图 2 - 30　编译后的提示信息

5. 输出电路原理图相关文件

1）生成元件报表文件

按照项目 1 介绍的方法生成元件报表，如图 2 - 31 所示。

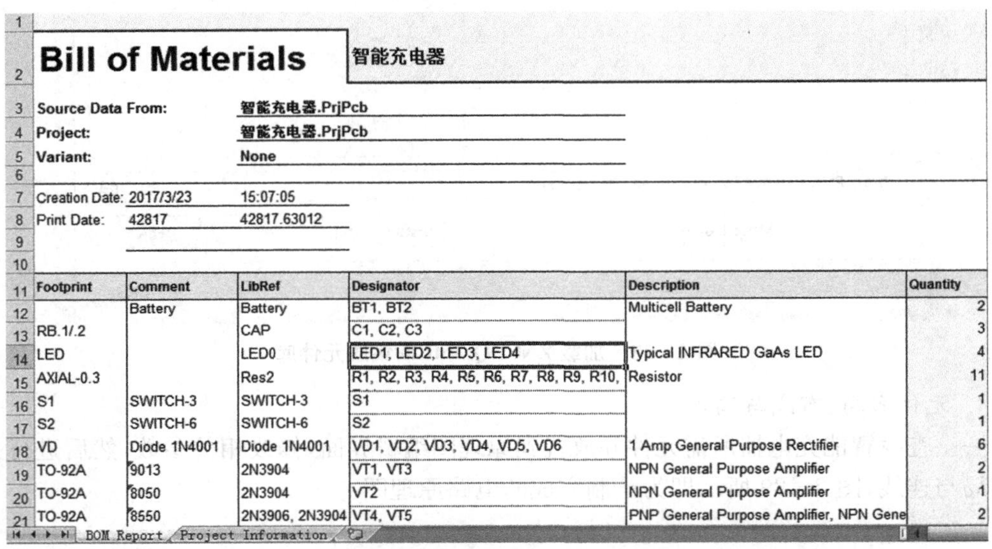

Bill of Materials　智能充电器

Source Data From: 智能充电器.PrjPcb

Project: 智能充电器.PrjPcb

Variant: None

Creation Date: 2017/3/23　15:07:05

Print Date: 42817　42817.63012

Footprint	Comment	LibRef	Designator	Description	Quantity
	Battery	Battery	BT1, BT2	Multicell Battery	2
RB.1/.2		CAP	C1, C2, C3		3
LED		LED0	LED1, LED2, LED3, LED4	Typical INFRARED GaAs LED	4
AXIAL-0.3		Res2	R1, R2, R3, R4, R5, R6, R7, R8, R9, R10,	Resistor	11
S1	SWITCH-3	SWITCH-3	S1		1
S2	SWITCH-6	SWITCH-6	S2		1
VD	Diode 1N4001	Diode 1N4001	VD1, VD2, VD3, VD4, VD5, VD6	1 Amp General Purpose Rectifier	6
TO-92A	9013	2N3904	VT1, VT3	NPN General Purpose Amplifier	2
TO-92A	8050	2N3904	VT2	NPN General Purpose Amplifier	1
TO-92A	8550	2N3906, 2N3904	VT4, VT5	PNP General Purpose Amplifier, NPN Gene	2

BOM Report　Project Information

图 2 - 31　生成的元件报表文件

2）打印输出

按照项目 1 介绍的方法进行打印输出设置，图 2 - 32 为打印预览窗口。

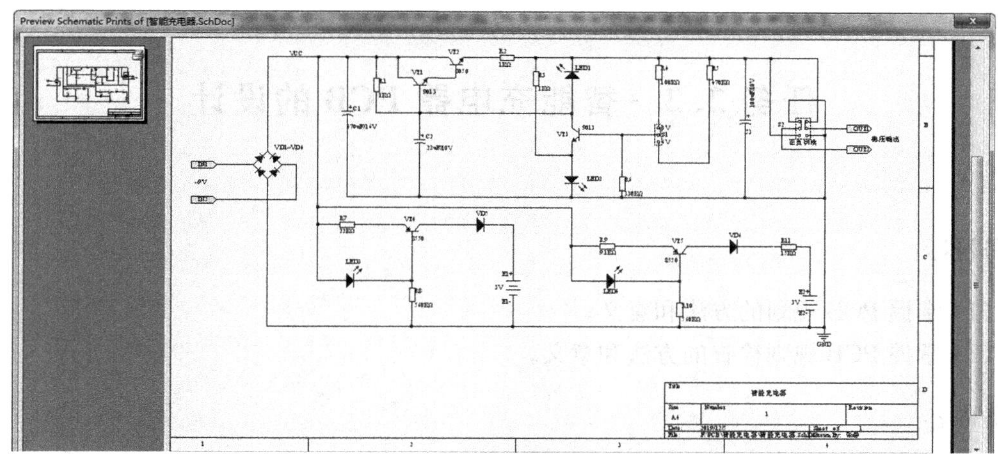

图 2-32　打印预览窗口

3）输出 PDF 文档

按照项目 1 介绍的方法生成原理图的 PDF 文档，如图 2-33 所示。

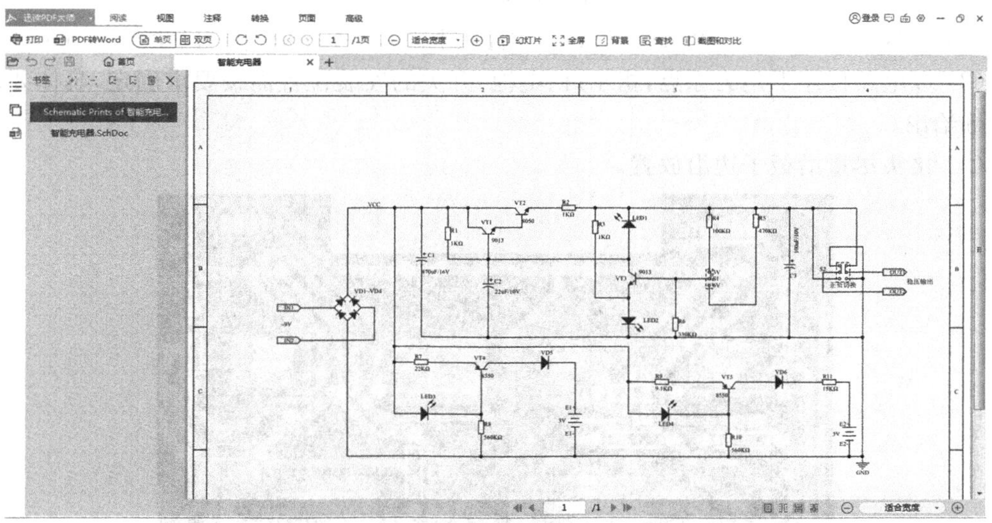

图 2-33　生成的 PDF 文档

任务 2.2　智能充电器 PCB 的设计

任务目标

(1) 掌握 PCB 规划的方法和意义。

(2) 掌握 PCB 规则检查的方法和意义。

任务内容

绘制智能充电器的 PCB。

任务相关知识

如图 2－34 所示为智能充电器的 PCB，要求如下：

(1) PCB 的长宽尺寸为 68 mm×72 mm，电路板上部有一个矩形凹槽，尺寸为 32 mm×6 mm。

(2) 以电路板左下角为原点，指示灯、电池、开关的安装位置需按要求固定，具体要求后文详细给出。

(3) 接头尽量沿板子边沿放置。

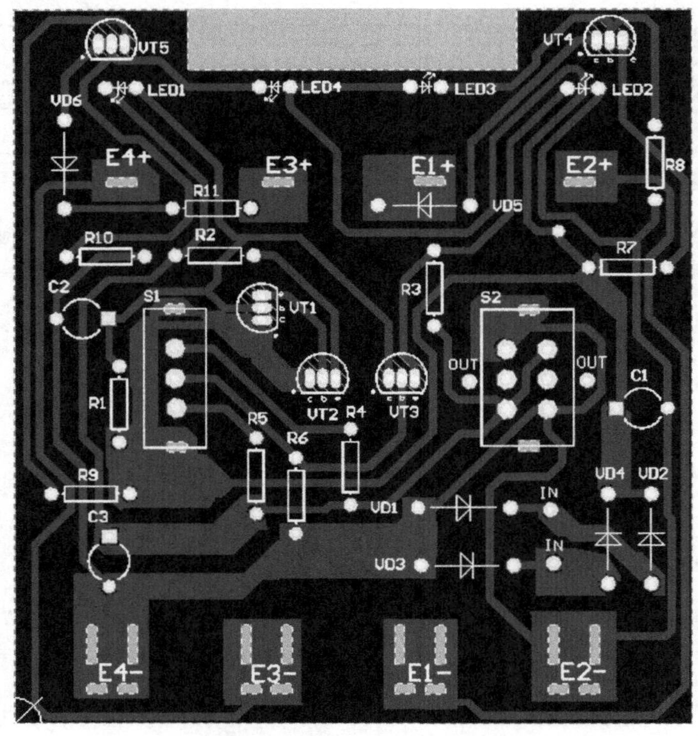

图 2－34　智能充电器的 PCB

任务实施

一、规划 PCB

创建新的 PCB 文件，命名为“智能充电器. PcbDoc”，将其添加到“智能充电器. PrjPcb”工程中，并将该 PCB 文件保存到“智能充电器”文件夹中。智能充电器 PCB 的外形轮廓具体尺寸要求如图 2－35 所示。

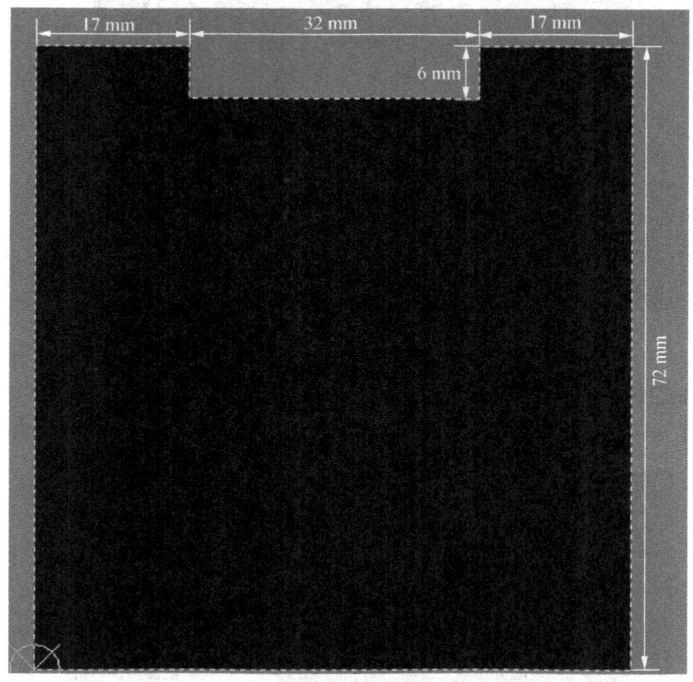

图 2－35　智能充电器 PCB 的外形轮廓

二、固定 LED 灯的位置

根据智能充电器外壳指示灯的位置，固定 4 个 LED 灯在电路板上的位置，如图 2－36 所示。

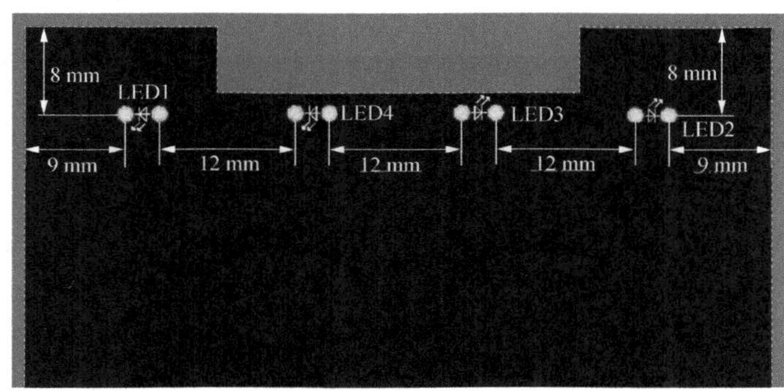

图 2－36　4 个 LED 灯的位置

三、固定两个拨动开关的位置

智能充电器有两个拨动开关 S_1 和 S_2，它们在 PCB 上的位置如图 2-37 所示。

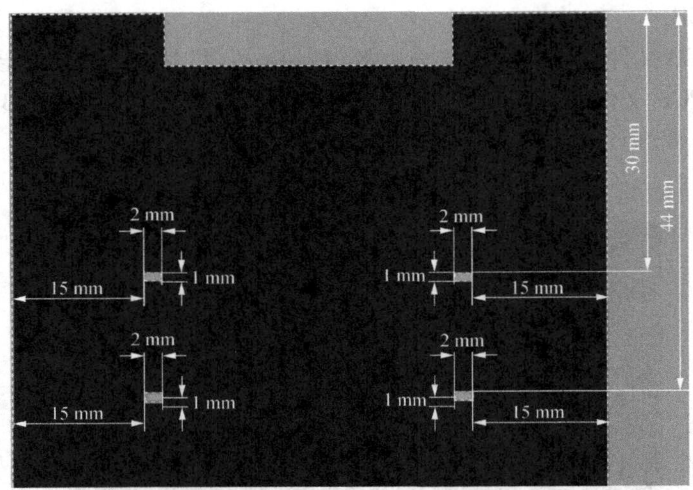

图 2-37　两个拨动开关的位置

四、固定电池的位置

智能充电器主要用于对电池进行充电，电池的正负极在 PCB 上的位置如图 2-38 所示。

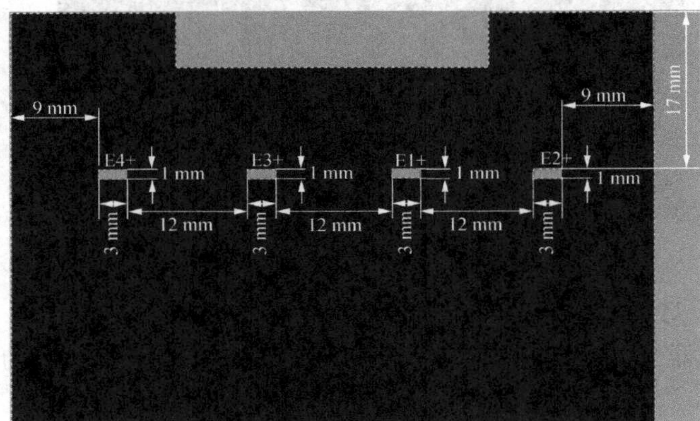

(a) 电池正极的位置

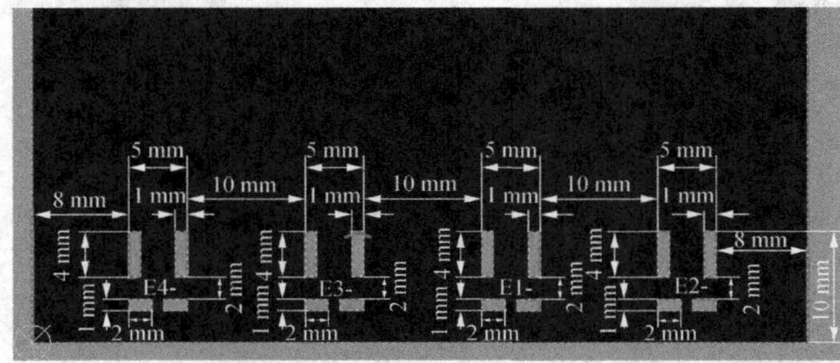

(b) 电池负极的位置

图 2-38　电池正负极的位置

五、从原理图加载网络表和元件封装到 PCB

（1）编译原理图文件，修改错误，忽略对布线无影响的警告。

（2）执行菜单命令“Design”|“Import PCB Document 智能充电器. PrjPcb”，加载元件封装和网络表，注意根据错误提示设置好元件库。加载元件封装和网络表后的 PCB 如图 2－39 所示。

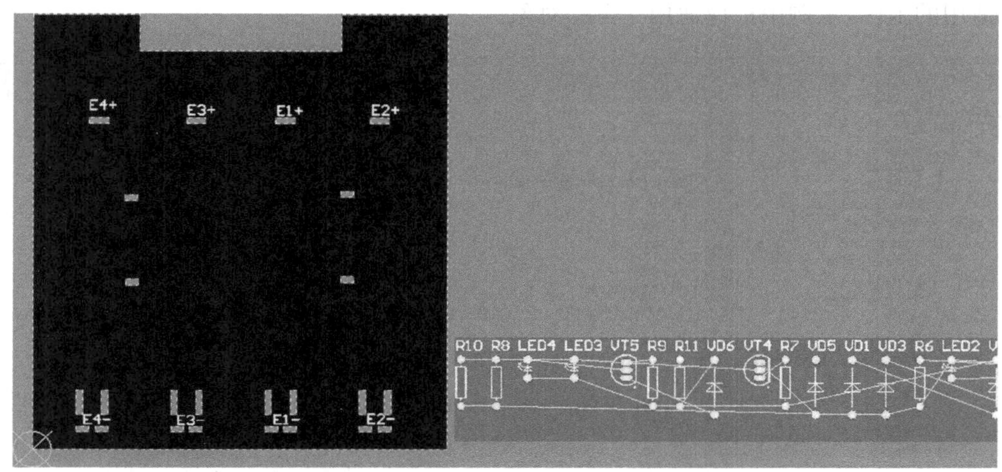

图 2－39　加载元件封装和网络表后的 PCB

六、手工布局调整

通过旋转元件进行手工布局调整，注意减少飞线的交叉，如图 2－40 所示。

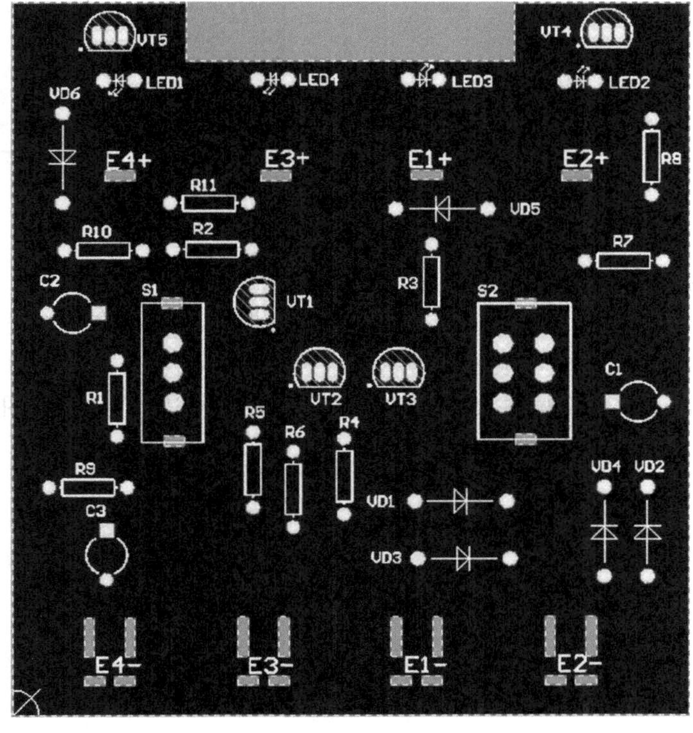

图 2－40　进行手工布局调整后的元件位置

七、设置布线规则

执行菜单命令“Designer”|“Rules”，弹出“PCB Rules and Constraints Editor”对话框，选中“Routing”选项卡下的“Width”选项可以设置线宽限制规则，如图 2－41 所示，其中“Preferred Width”(优选宽度)即为进入连线状态时系统默认的线宽。本例中“Min Width”(最小宽度)为 10mil，“Max Width”(最大宽度)为 30mil，“Preferred Width”为 20mil。还可以设置规则适用的范围，本例中选择适用于全部对象。

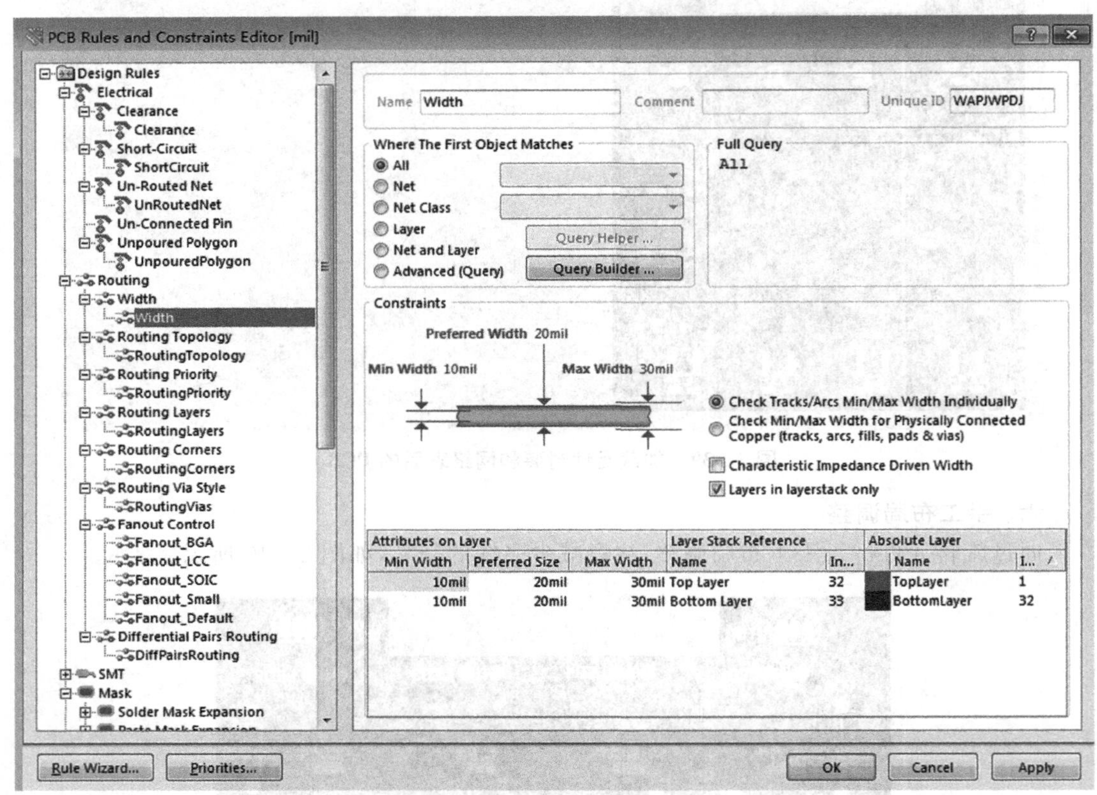

图 2－41　设置线宽限制规则

八、手工布线

执行菜单命令“Place”|“Interactive Routing”，根据网络飞线进行连线，线路连通后，该线上的飞线将消失，连线宽度可根据线所属网络进行选择。手工布线后的 PCB 如图 2－42 所示。布线完成后需进行敷铜，主要是对电池的正负极进行连接敷铜，如图 2－43 所示。图 2－44 为 PCB 的 3D 效果图。

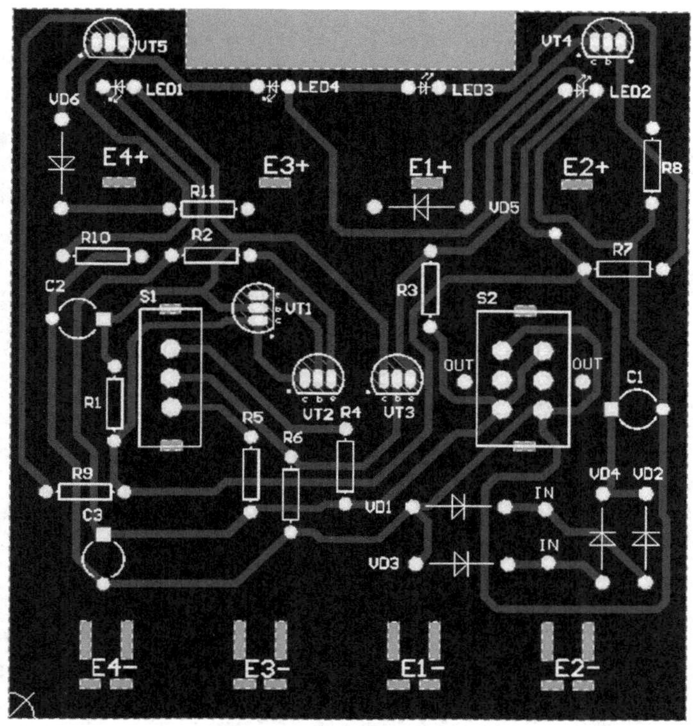

图 2 - 42　手工布线后的 PCB

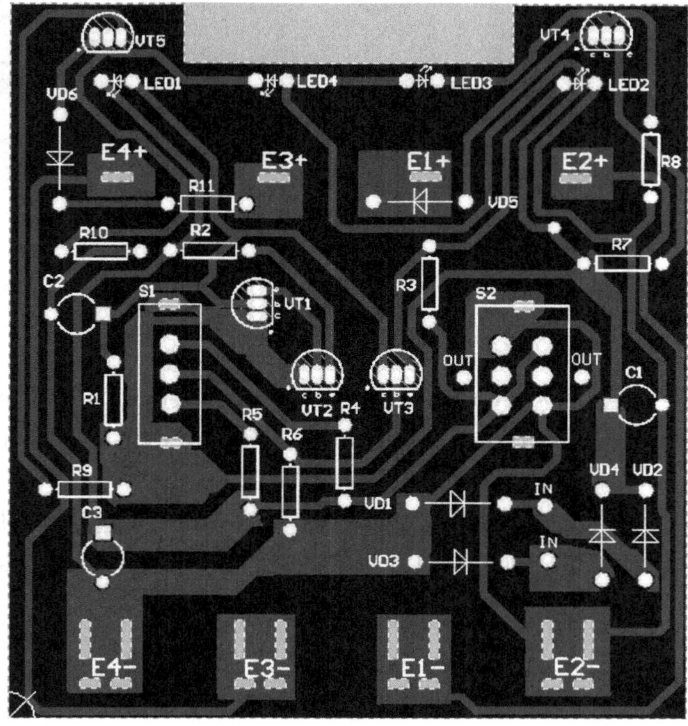

图 2 - 43　敷铜之后的 PCB

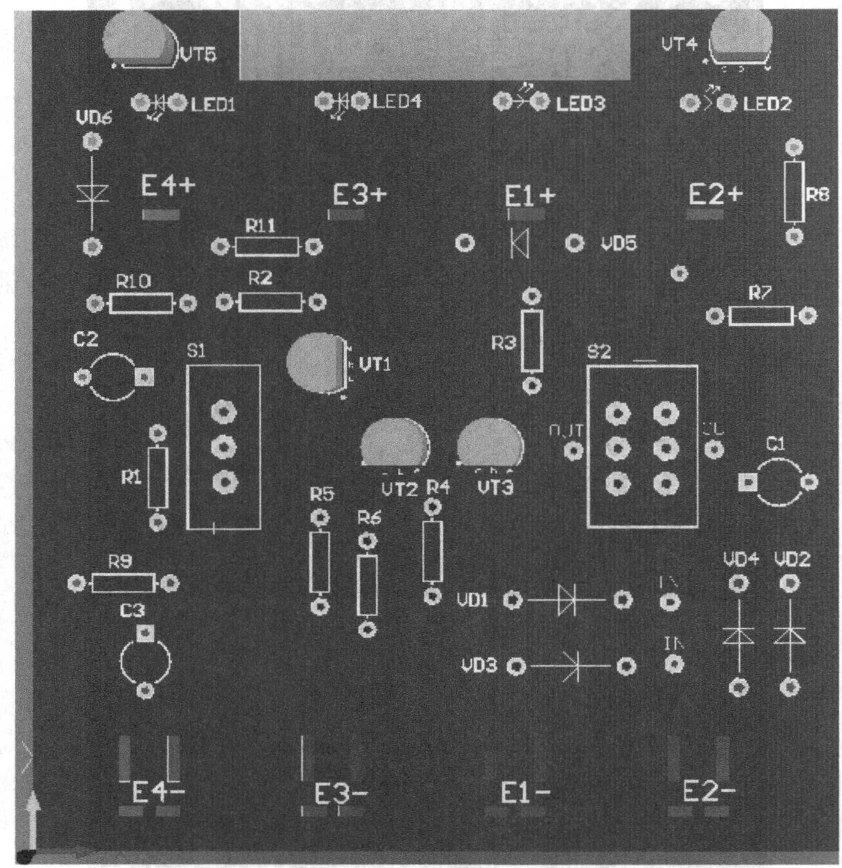

图 2-44　PCB 的 3D 效果图

九、设计规则检查

执行菜单命令“Tools”|“Design Rule Check”，进入“Design Rule Checker”（DRC，设计规则校验）对话框，其中“Report Options”选项卡中的各选项采用系统默认设置，但违规次数的上限值需设为 100，以便加快 DRC 的进程。

单击“Run Design Rule Check”按钮，开始运行批处理 DRC。运行结束后，系统在当前工程的“Documents”文件夹下自动生成网页形式的设计规则校验报告“Design Rule Check-MCU. html”并显示在工作窗口中，如图 2-45 所示。

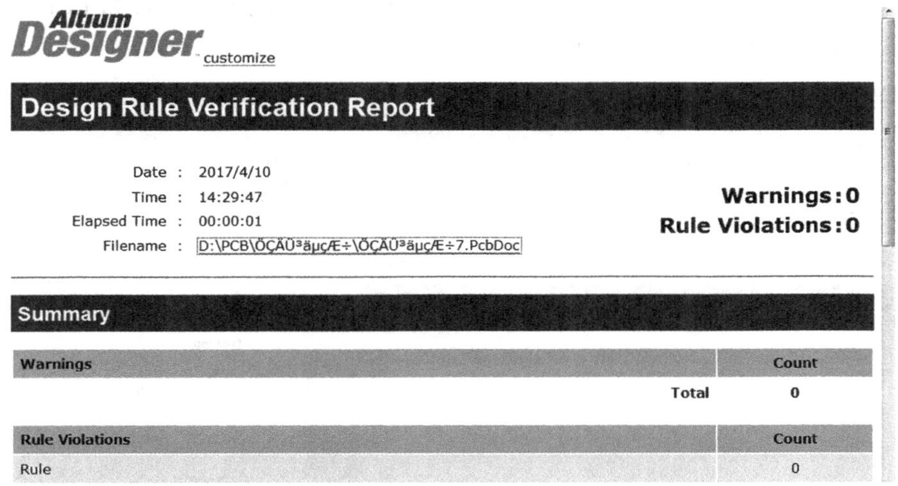

图 2－45　网页形式的设计规则校验报告

十、输出设计文件

在"智能充电器"工程中新建一个 Output Job 文件，并输出符合下列要求的文件：

① 原理图与 PCB 的 PDF 文档；

② PCB 的 Gerber 文件，包含所有使用的层，单位为 Inch，精度为 2∶4；

③ PCB 的 NC Drill 文件，单位为 Inch，精度为 2∶4；

④ PCB 的 STEP 文件。

1. 输出原理图与 PCB 的 PDF 文档

打开"智能充电器. PcbDoc"文件，执行菜单命令"File"|"New"|"Output Job File"，创建一个新的 Output Job 文件，如图 2－46 所示。

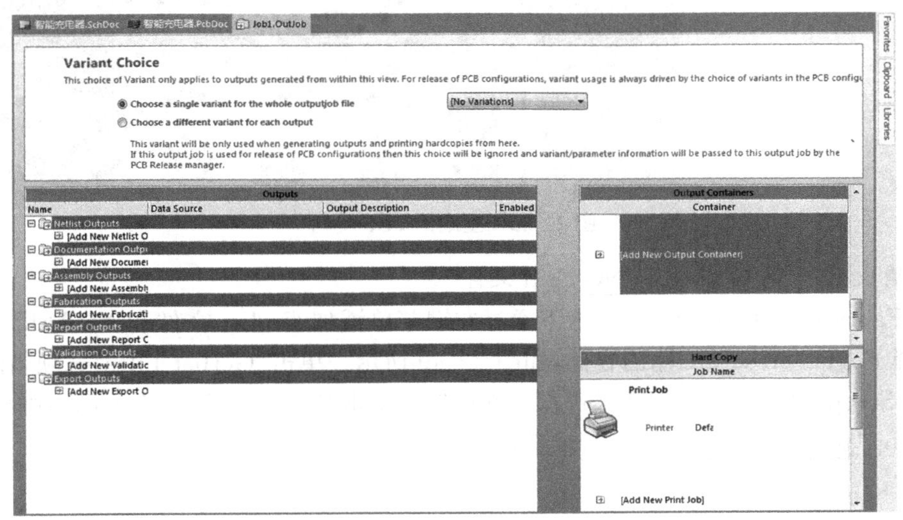

图 2－46　新建 Output Job 文件

在“Documentation Outputs”选项卡下通过右键菜单添加原理图文件和PCB文件，并为其选择PDF输出容器，如图2-47所示。

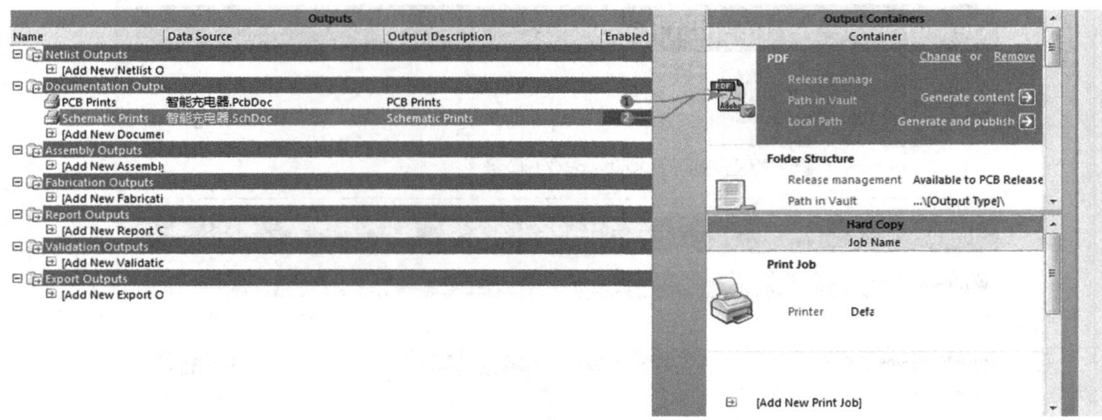

图2-47 为Output Job文件添加原理图和PCB文件

单击“Generate content”按钮，生成PDF文档，如图2-48所示。

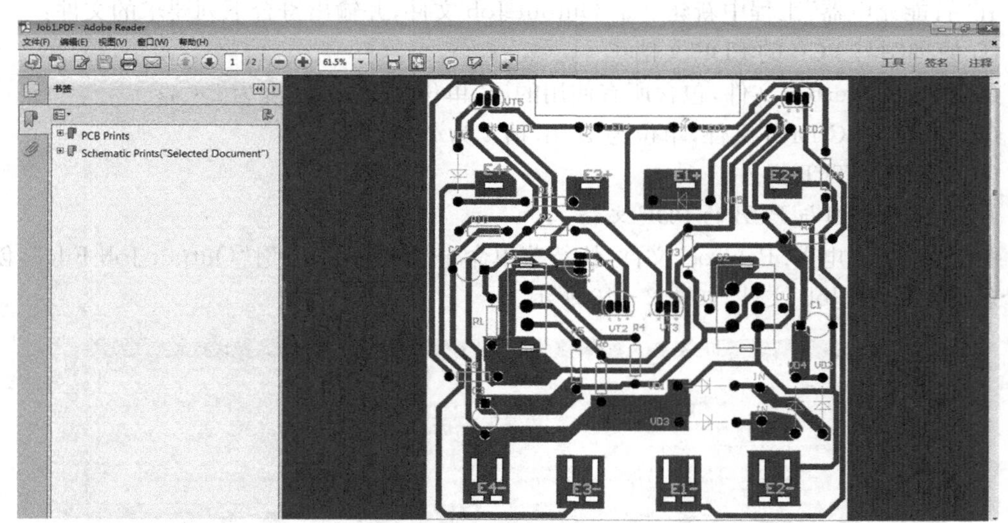

图2-48 生成的PDF文档

2. 输出PCB的Gerber和NC Drill文件

在“Fabrication Outputs”选项卡下通过右键菜单添加Gerber文件和NC Drill文件，并为其选择Folder Structure输出容器，如图2-49所示。单击“Gerber Files”选项，在弹出的“Gerber Setup”对话框中根据要求进行参数设置。单击“NC Drill Files”选项，在弹出的“NC Drill Setup”对话框中根据要求进行参数设置。

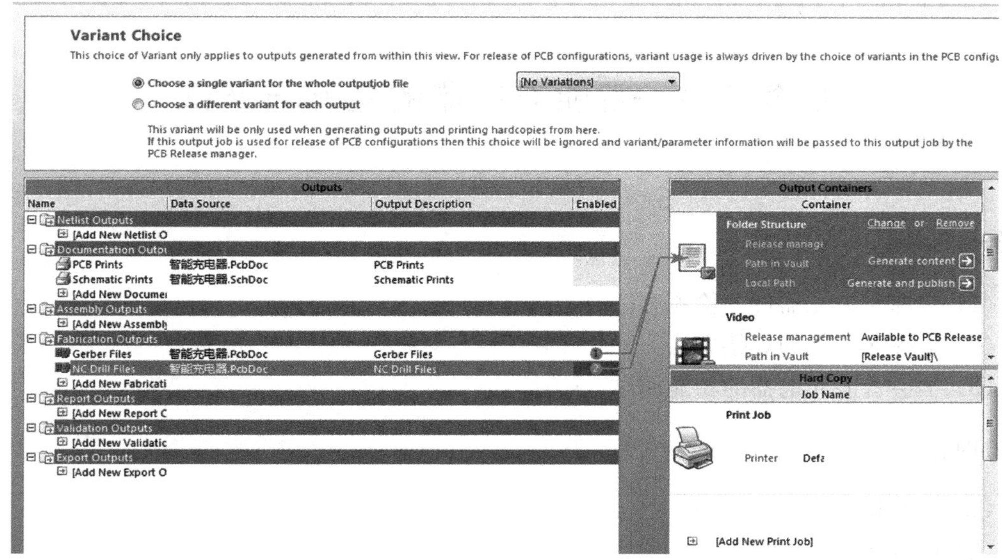

图 2-49 为 Output Job 文件添加 Gerber 和 NC Drill 文件

3. 输出 STEP 文件

在"Export Outputs"选项卡下通过右键菜单添加 STEP 文件,并为其选择 Folder Structure 输出容器,如图 2-50 所示。

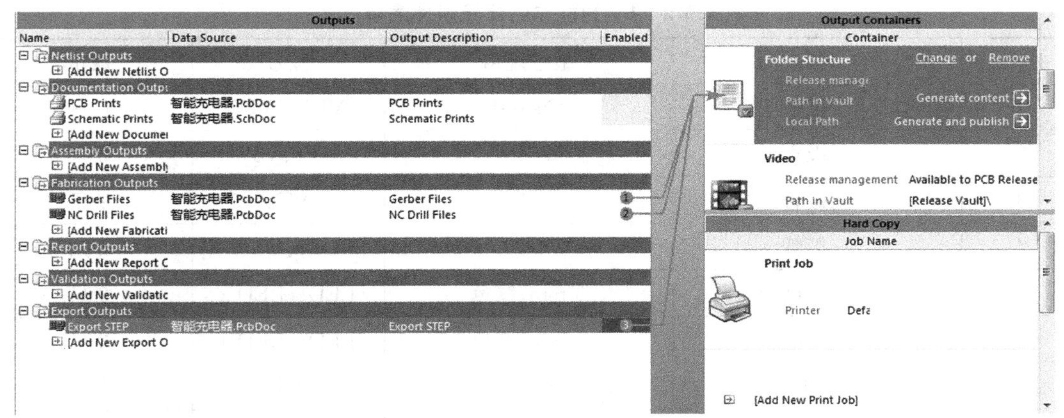

图 2-50 为 Output Job 文件添加 STEP 文件

单击"Generate content"按钮,生成输出文件。系统自动生成一个"Project Outputs for 智能充电器"文件夹,该文件夹包含所有输出文件,如图 2-51 所示。

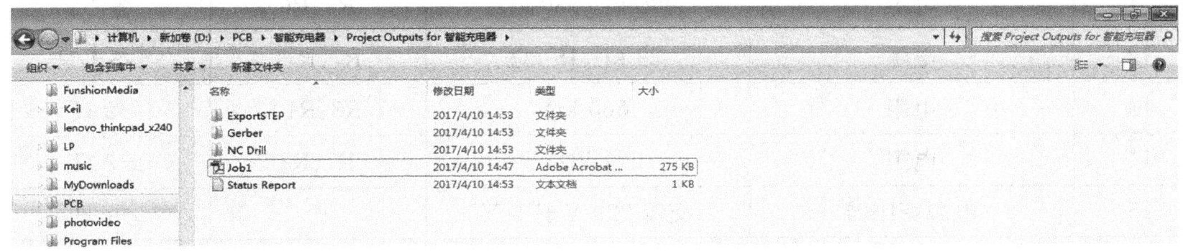

图 2-51 "Project Outputs for 智能充电器"文件夹

任务 2.3　智能充电器的装配与调试

任务目标

(1) 掌握相关元器件的检测方法。
(2) 掌握元器件的焊接方法。
(3) 学会智能充电器的功能调试。

任务内容

(1) 检测相关元器件。
(2) 焊接元器件。
(3) 对智能充电器进行功能调试。

任务相关知识

智能充电器的元器件清单如表 2-1 所示，对照清单，先清点所有元器件。

表 2-1　智能充电器元器件清单

序号	名称	型号规格	位号	数量
1	二极管	1N4001	VD1～VD6	6 只
2	三极管	9013	VT1、VT3	2 只
3	三极管	8050	VT2	1 只
4	三极管	8550	VT4、VT 5	2 只
5	发光二极管	3 mm，绿色	LED1、LED 2	2 只
6	发光二极管	3 mm，红色	LED3、LED 4	2 只
7	电解电容	470 μF/16 V(小)	C1	1 只
8	电解电容	22 μF/10 V	C2	1 只
9	电解电容	100 μF/10 V	C3	1 只
10	电阻	1 kΩ、100 kΩ、9.1 kΩ	R2、R4、R9	各 1 只
11	电阻	470 kΩ、330 kΩ	R5、R6	各 1 只
12	电阻	22 kΩ、15 kΩ	R7、R11	各 1 只
13	电阻	560 kΩ	R8、R10	2 只
14	电阻	1 kΩ	R1、R3	2 只
15	电源变压器	交流 220 V 转 9 V		1 只

续表2－1

序号	名称	型号规格	位号	数量
16	直脚开关	SS－12D10	S1	1只
17	直脚开关	SK－22D07	S2	1只
18	正极片			4个
19	5、7号负极磷铜片			8片
20	电路板			1块
21	电源插头输入线	1 m		1根
22	十字插头输出线	0.8 m		1根
23	热塑套管	2 cm		2根
24	外壳上盖、下盖			1套
25	自攻螺丝	ϕ3 mm×6 mm		2颗
26	自攻螺丝	ϕ3 mm×8 mm		3颗

任务实施

一、元器件的检测

根据表 2－1 可以看出，本项目中使用的元器件主要有二极管、三极管、发光二极管、电解电容、电阻等，这些元器件的检测在项目 1 中都已经介绍过，这里不再赘述，焊接装配前请参照项目 1 的相关介绍进行检测。

二、元器件的焊接、装配与调试

元器件的焊接与装配(简称焊装)需按步骤进行，只有完成了上一步才能进行下一步，一般应先焊装低矮、耐热元器件。若有需与 PCB 紧固的较大型元器件，或与面板上孔、槽相嵌装的元件，也需给予特别的注意。

1. 焊装步骤

(1) 清查元器件的数量与质量，对于不合格元器件应及时更换。

(2) 确定元器件的安装方式、安装高度，这一般由该元器件在电路中的作用、PCB 与外壳间的距离以及该元器件两安装孔之间的距离所决定。

(3) 进行引脚处理，即对元器件的引脚弯曲成型并进行烫锡处理。成型时不得从引脚根部弯曲(应大于 1.5mm，卧装需从根部弯曲的元件时请小心弯曲)，尽量把有字符的元器件面置于易于观察的位置，字符应从左到右(卧式)、从下到上(直立式)排列。

(4) 插装：根据元器件位号对号插装，不可插错，对于有极性的元器件(如二极管、三极管、电解电容等)，插孔时应特别小心。

(5) 焊接：各焊点加热时间及用锡量要适当，对耐热性差的元器件应使用工具辅助散热；防止虚焊、错焊，避免因拖锡而造成短路。

(6) 焊后处理：剪去多余引脚线，检查所有焊点，对缺陷进行修补，必要时用无水酒精清洗 PCB，如图 2－52 所示为 PCB 焊接完成图。

图 2－52　PCB 焊接完成图

（7）盖后盖，上螺钉。盖后盖前需检查：

①所有与面板孔嵌装的元器件是否正确到位；

②变压器是否坐落在安装槽内；

③导线不可紧靠铁芯；

④是否有导线压住螺钉孔或散露在盖外。后盖螺钉的松紧应适度，若发现盖不上或盖不严，切不可硬拧螺钉，应开盖检查处理后再上螺钉。

如图 2－53 所示为 PCB 装配完成图。

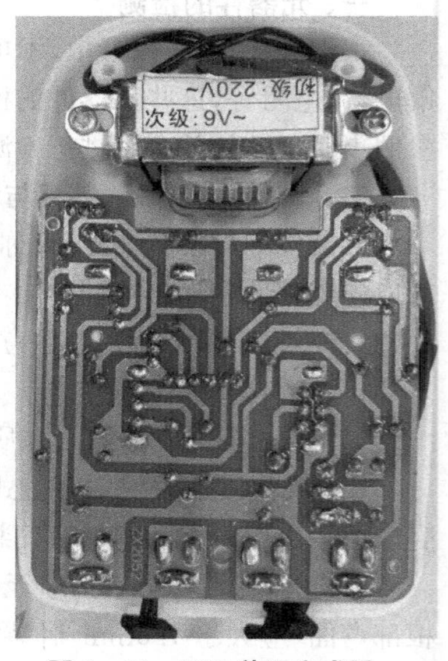

图 2－53　PCB 装配完成图

2．*焊装提示*

（1）注意所有与面板孔嵌装元件的高度与孔的配合（如发光二极管的圆顶部应与面板孔齐平，面板与拨动 S1、S2 开关是否灵活到位）。

（2）VT1、VT2、VT3 采用横装（即卧式），焊接时引脚线稍留长一些。

（3）由于空间不够，C1、C2、C3 一定要采用卧装。

（4）VT4、VT5、LED1、LED2、LED3、LED4 采用直立装，其他元器件一律采用卧装。

（5）整流二极管全部采用卧装。电源变压器的初级在与电源插头输入线相连时一定要套上热缩管，然后用烙铁将热缩管缩紧，使接头处不外露，以保证安全；次级直接焊在电路板上。

（6）为了便于焊装，可根据具体情况采用分类、分片焊装。

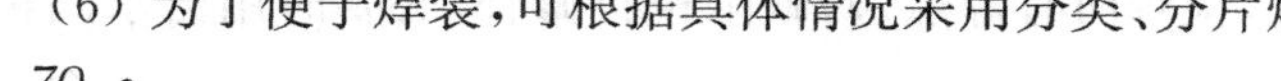

3. 功能调试

焊装完毕，按原理图、PCB 装配图及工艺要求检查整体安装情况，着重检查电源线、变压器连线及 PCB 上相邻导线或焊点有无短路及缺陷，一切正常时用万用表电阻档测得电源插头两引脚间的电阻若大于 500Ω，即可通电检测。

1）测试

根据智能充电器的电路工作原理，分别对电源、空载电压、输出电极、负载能力、过载保护、充电电流进行测试。

注意：充电通道内不装电池，置万用表于直流电流档，当正负表笔分别短时触及所测通道的正负极时（两节电池为一组），被测通道充电指示灯亮，所显示的电流值即为充电电流值。

2）调整

（1）若稳压电源的负载在 150 mA 时，输出电压误差大于规定值的±10%时，3 V 档更换 R4，6 V 档更换 R5，阻值增大电压升高，阻值减小电压降低。

（2）若要改变充电电流值，可更换 R7（R9），阻值增大，充电电流减小，阻值减小，充电电流增大。

项目3　数字万年历的设计与制作

项目目标

(1) 熟悉数字万年历电路原理图的设计。
(2) 掌握数字万年历PCB的设计。
(3) 掌握数字万年历的装配和调试。

项目任务

(1) 数字万年历的工作原理。
(2) 数字万年历的PCB的设计。
(3) 数字万年历的装配和调试。

项目相关知识

数字万年历采用一枚专用软封装的时钟芯片，驱动15只红色共阳极数码管，可同时显示公历年、月、日、时、分、星期以及农历月、日信息，还有秒点显示和整点报时、定时闹钟功能，使用220 V市电供电，预留有备用电池座，外形尺寸为 长21 cm、宽14.5 cm、厚3 cm，最厚处6 cm，适合放置在办公桌上使用，具有很好的实用性。数字万年历的实物外观如图3-1所示。

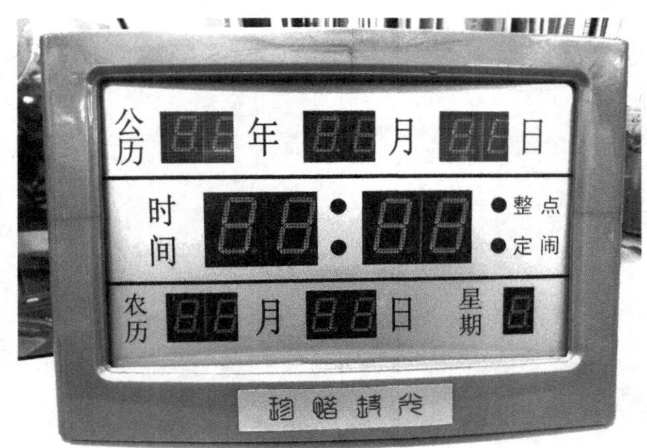

图3-1　数字万年历实物图

任务 3.1　数字万年历电路原理图的设计

任务目标

(1) 熟悉数字万年历的工作原理。

(2) 熟练绘制数字万年历的电路原理图。

任务内容

(1) 学习数字万年历的工作原理。

(2) 绘制数字万年历的电路原理图。

任务相关知识

数字万年历的电路原理图如图 3－2 所示，从图中可以看出，IC_1 是一枚专用时钟芯片，芯片使用 32 768 Hz 的晶振，为芯片提供时基频率信号，经过芯片内部处理后，驱动各数码管显示。芯片采用了动态扫描的输出方式，由于人眼存在视觉暂留现象，且扫描速度比较快，因此看上去所有数码管都是在显示的。这种方式可以有效减少芯片的输出引脚数量，简化线路，降低功耗。

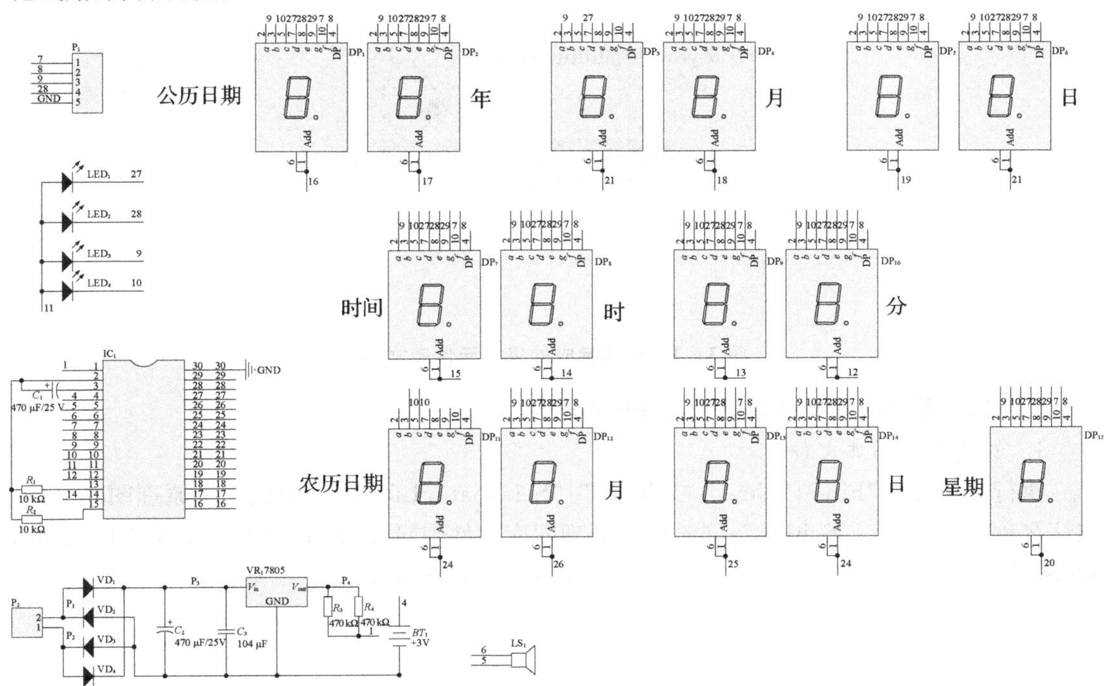

图 3－2　数字万年历的电路原理图

在电源部分中，整流二极管 $VD_1 \sim VD_4$ 组成了桥式整流电路，将变压器输出的交流电转换为直流电，经 C_2、C_3 滤波后，送至三端稳压块 7805，输出 5 V 直流稳压电源，为电路供电。在市电停电时，后备纽扣电池为芯片 IC_1 提供后备电源，保证芯片计时数据不中断。由于芯片自身耗电较低，因此仅依靠纽扣电池也可以维持芯片在很长时间里的内部计时不中断。

驱动喇叭用于整点报时和定时闹钟发声。LED_1、LED_2 是用于秒点显示的发光二极管，LED_3 和 LED_4 分别是用于整点报时显示和定时闹钟显示的发光二极管，均为红色。

在进行数字万年历电路板设计时，首选要进行集成元件库的设计。集成元件库中主要由自己创建的元件有时钟芯片、单个数码管、纽扣电池卡壳、发光二极管、电解电容、轻触开关，其余的三极管、二极管、电阻等元器件可以直接从系统集成库中复制。

任务实施

一、创建集成元件库文件

首先，在计算机的任意盘符下创建“PCB”文件夹，再在“PCB”文件夹里创建新的子文件夹，命名为“数字万年历”。

然后，打开 Altium Designer 14. 3 软件，执行菜单命令“File”|“New”|“Project”，打开“New Project”界面，自制集成元件库并命名为“SZW. LibPkg”，单击“OK”按钮，完成集成元件库文件的创建，如图 3 - 3 所示，将集成元件库文件保存到“数字万年历”文件夹中。

图 3 - 3　创建完成的集成元件库文件

二、创建原理图库文件并添加原理图符号

1. 创建原理图库文件

执行菜单命令“File”|“New”|“Library”|“Schematic Library”，生成一个原理图库文件，默认名称为“SchLib1. SchLib”，同时启动原理图库文件编辑器，该原理图库文件被自动加载到“SZW. LibPkg”工程下，将该库文件保存为“SZW. SchLib”，如图 3 - 4 所示。

图 3－4　"SZW. SchLib"文件

2. 创建时钟芯片的原理图符号

本项目中采用的时钟芯片为 430 单片机，使用时将芯片进行了封装，对外只保留所用引脚。

在原理图库文件编辑器中执行菜单命令"Tools"|"New Component"，创建一个新元件，将其命名为"CLK"，按照图 3－5 所示绘制时钟芯片的原理图符号，并且按照图 3－6 所示修改时钟芯片的属性参数。

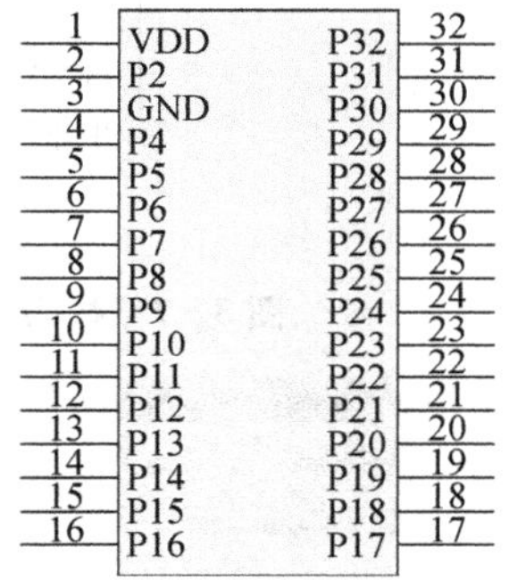

图 3－5　时钟芯片的原理图符号

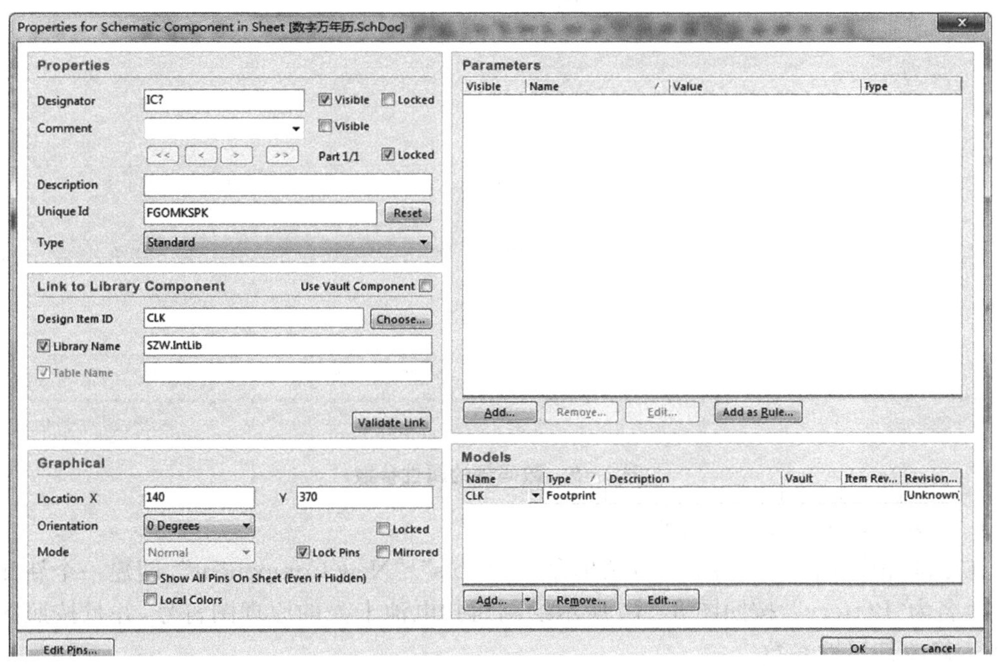

图 3－6　时钟芯片的属性参数

3. 创建数码管的原理图符号

本项目中采用的数码管有两种尺寸，一种是 0.5 英寸，一种是 0.8 英寸，虽然尺寸不一样，但是原理图符号都是一样的。在原理图库文件编辑器中执行菜单命令“Tools”|“New Component”，创建一个新元件，将其命名为“7SEG”，根据图 3-7 绘制数码管的原理图符号，绘制结果如图 3-8 所示，并且按照图 3-9 所示修改数码管的属性参数。

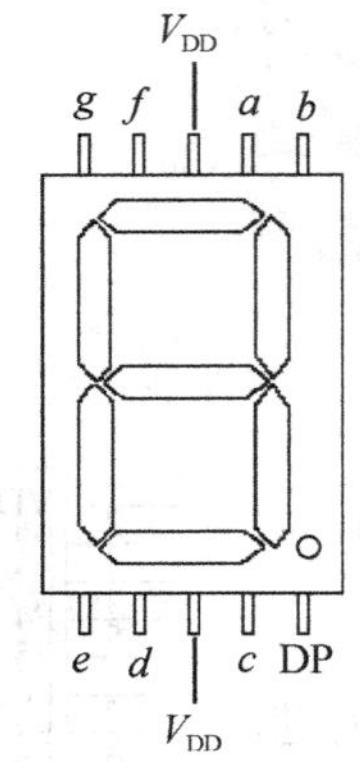

图 3-7　数码管的引脚分布图

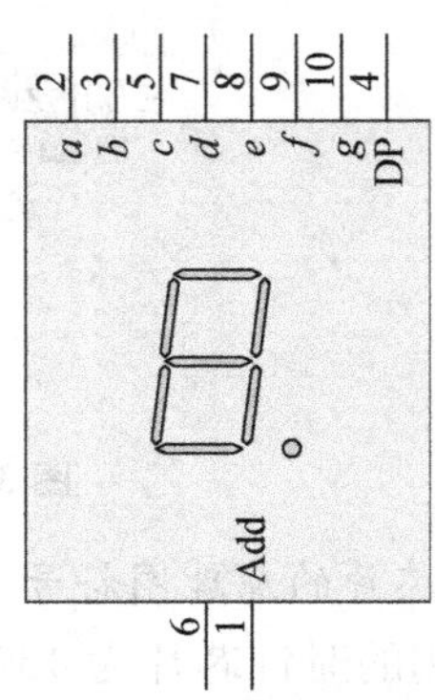

图 3-8　数码管的原理图符号

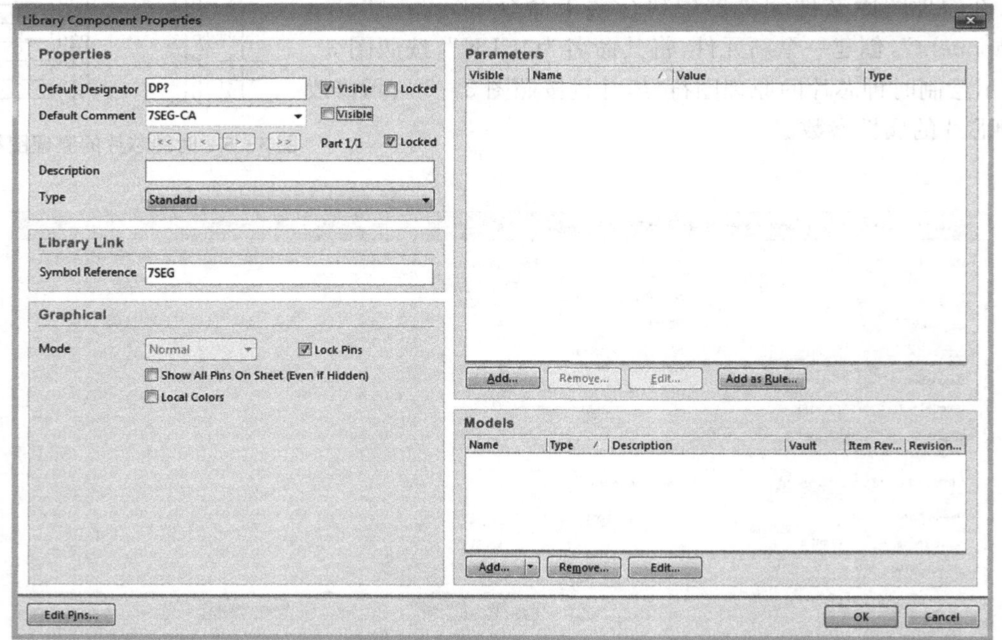

图 3-9　数码管的属性参数

4. 创建纽扣电池卡壳的原理图符号

在原理图库文件编辑器中执行菜单命令“Tools”|“New Component”，创建一个新元件，将其命名为“Battery”，按照图 3-10 所示绘制纽扣电池卡壳的原理图符号，并且按照图 3-11 所示修改其属性参数。

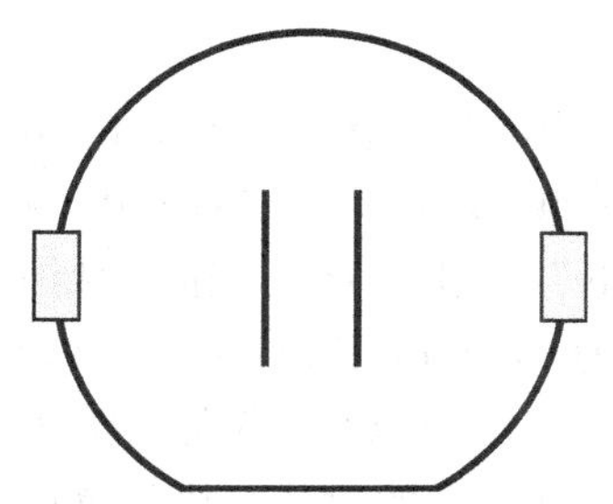

图 3-10　纽扣电池卡壳的原理图符号

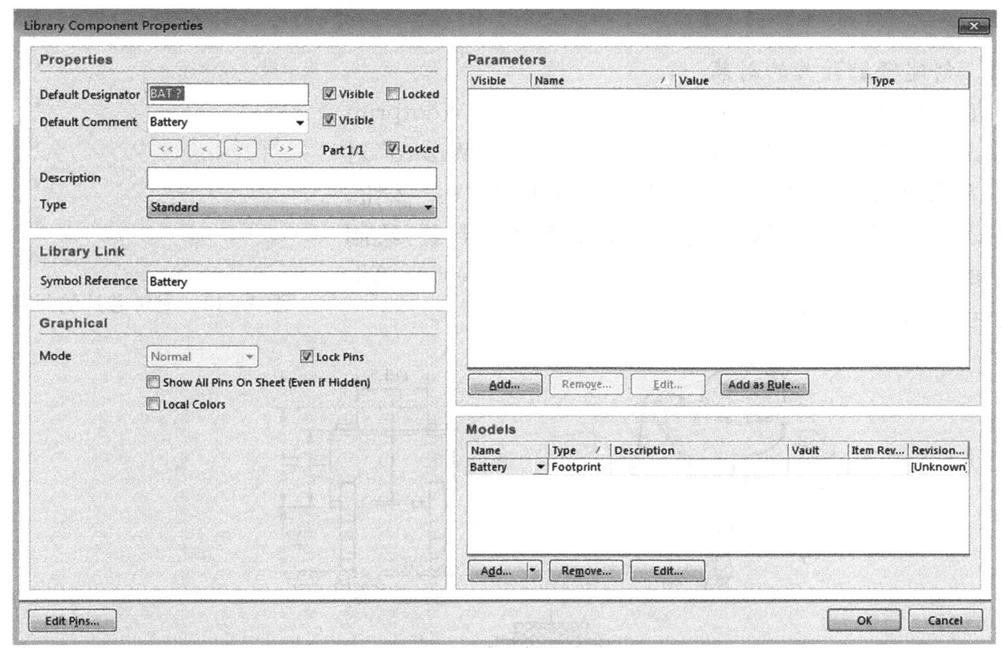

图 3-11　纽扣电池卡壳的属性参数

5. 创建其他元器件的原理图符号

本项目中除了前面介绍的几个元器件外，还有电解电容、发光二极管、轻触开关需由自己创建封装，但是它们的原理图符号可以直接从系统集成库中拷贝，具体步骤这里不再赘述。

三、创建封装库文件并添加封装

1. 创建封装库文件

执行菜单命令“File”|“New”|“Library”|“PCB Library”，系统生成一个封装库文件，默认名称为“PcbLib1. PcbLib”，同时启动封装库文件编辑器，该库文件被自动加载到“SZW. LibPkg”工程下，将该库文件另存为“SZW. PcbLib”，如图 3-12 所示。

图 3-12　“SZW. PcbLib”文件

2. 创建时钟芯片的封装

执行菜单命令“Tools”|“IPC Compliant Footprint Wizard...”,打开“IPC@ Compliant Footprint Wizard”对话框,在名称文本框中输入“CLK”,单击“OK”按钮。时钟芯片的封装为DIP30,芯片尺寸为37.5 mm×17 mm,焊盘孔径为0.51 mm,焊盘间距为2.54 mm,焊盘横向间距为15 mm。如图3-13所示,绘制时钟芯片的封装。执行菜单命令“File”|“Save”或单击工具栏中的保存按钮,保存创建好的封装。

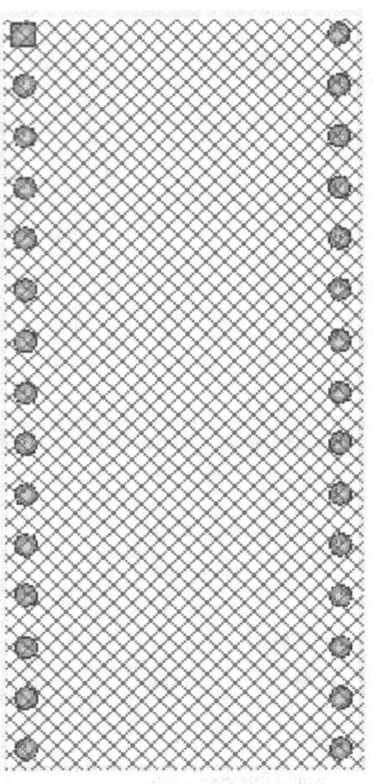

图3-13　时钟芯片的封装

3. 创建轻触开关的封装

执行菜单命令“Tools”|“IPC Compliant Footprint Wizard...”,打开“IPC@ Compliant Footprint Wizard”对话框,在名称文本框中输入“BUTTON”,单击“OK”按钮。按照图3-14所示的封装尺寸绘制轻触开关的封装,绘制结果如图3-15所示。执行菜单命令“File”|“Save”或单击工具栏中的保存按钮,保存创建好的封装。

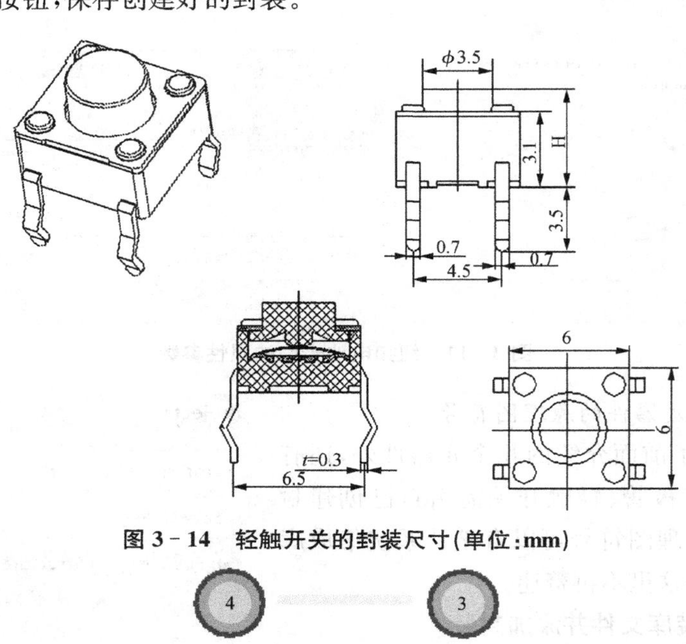

图3-14　轻触开关的封装尺寸(单位:mm)

图3-15　轻触开关的封装

4. 创建数码管的封装

本项目中采用的数码管有两种尺寸，分别是 0.5 英寸和 0.8 英寸，故数码管的封装需要两个。

执行菜单命令“Tools”|“IPC Compliant Footprint Wizard...”，打开“IPC@ Compliant Footprint Wizard”对话框，在名称文本框中输入“7SEG－0.5”，单击“OK”按钮。按照图 3－16 所示的封装尺寸绘制 0.5 英寸数码管的封装，绘制结果如图 3－17 所示。执行菜单命令“File”|“Save”或单击工具栏中的保存按钮，保存创建好的封装。

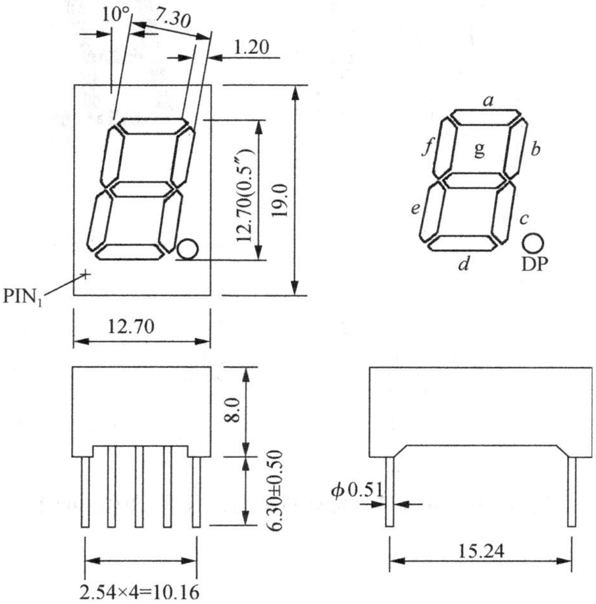

图 3－16　0.5 英寸数码管的封装尺寸(单位:mm)

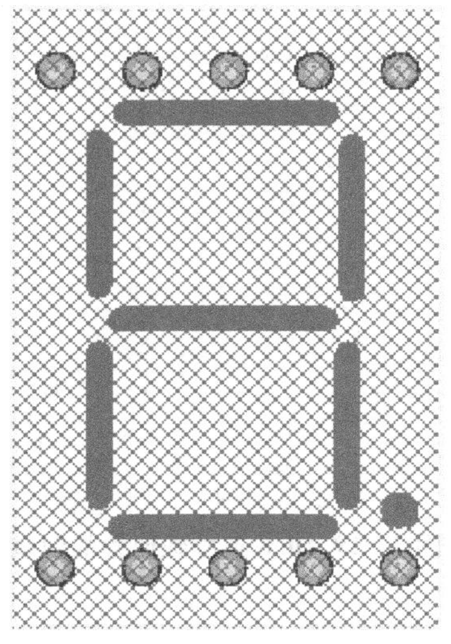

图 3－17　0.5 英寸数码管的封装

执行菜单命令"Tools"|"IPC Compliant Footprint Wizard..."，打开"IPC@ Compliant Footprint Wizard"对话框，在名称文本框中输入"7SEG－0.8"，单击"OK"按钮。按照图 3－18 所示的封装尺寸绘制 0.8 英寸数码管的封装，绘制结果如图 3－19 所示。执行菜单命令"File"|"Save"或单击工具栏中的保存按钮，保存创建好的封装。

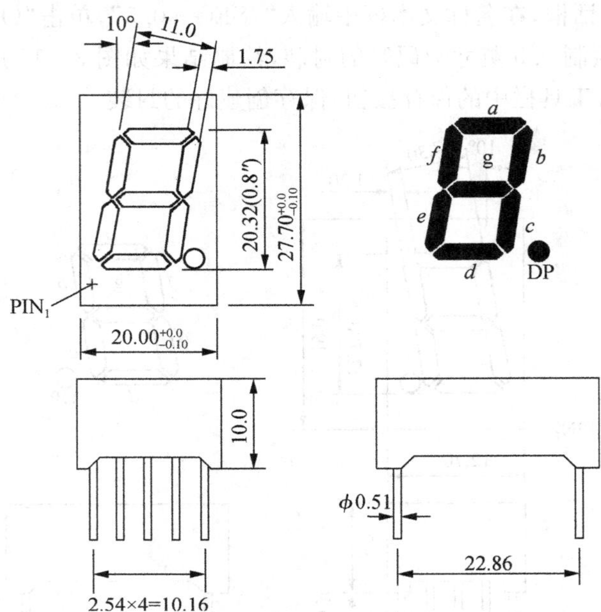

图 3－18　0.8 英寸数码管的封装尺寸(单位:mm)

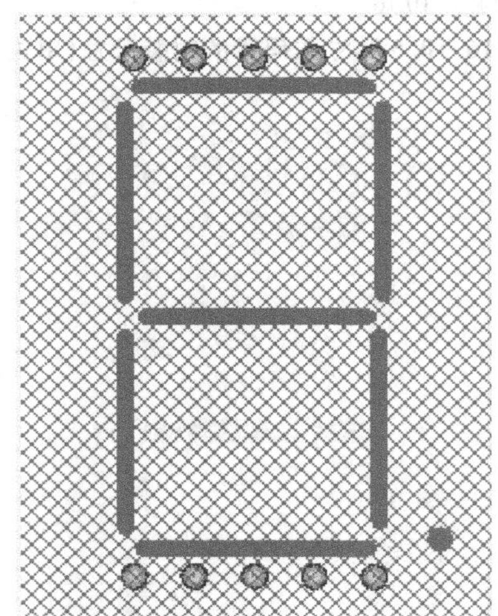

图 3－19　0.8 英寸数码管的封装

5. 创建纽扣电池卡壳的封装

执行菜单命令“Tools”|“IPC Compliant Footprint Wizard...”，打开“IPC@ Compliant Footprint Wizard”对话框，在名称文本框中输入“Battery”，单击“OK”按钮。纽扣电池卡壳的外形为圆形，直径为 10mm，两端有两个长方形安装孔，安装孔尺寸为 1mm×4mm，卡壳中间用于连接地线。绘制完成的封装符号按照图 3-20 所示绘制纽扣电池卡壳的封装。执行菜单命令“File”|“Save”或单击工具栏中的保存按钮，保存创建好的封装。

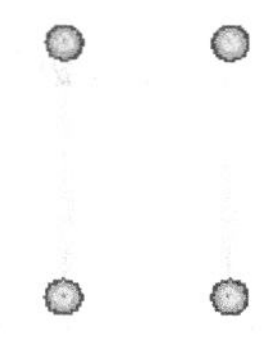

图 3-20　纽扣电池卡壳的封装

6. 创建发光二极管的封装

执行菜单命令“Tools”|“IPC Compliant Footprint Wizard...”，打开“IPC@ Compliant Footprint Wizard”对话框，在名称文本框中输入“LED”，单击“OK”按钮。按照图 3-21 所示尺寸绘制发光二极管的封装，绘制结果如图 3-22 所示。执行菜单命令“File”|“Save”或单击工具栏中的保存按钮，保存创建好的封装。

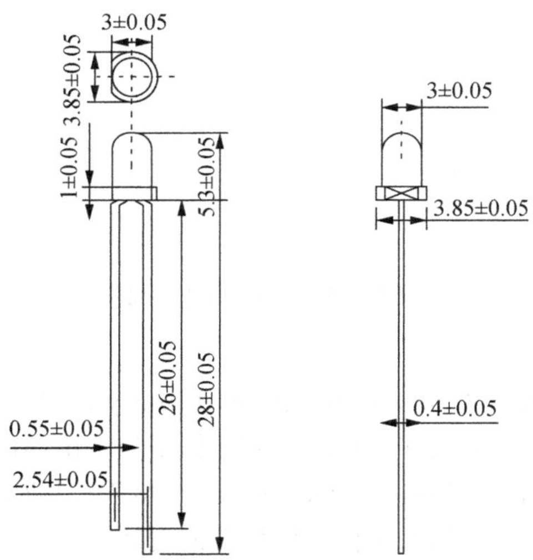

图 3-21　发光二极管的封装尺寸(单位:mm)

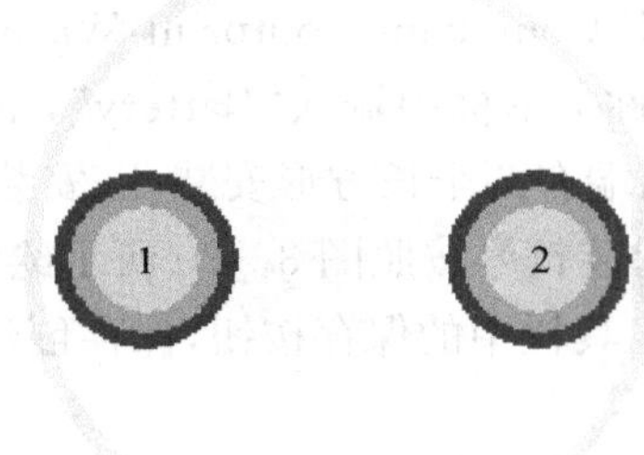

图 3－22　发光二极管的封装

7. 创建电解电容的封装

执行菜单命令“Tools”|“IPC Compliant Footprint Wizard...”，打开“IPC@ Compliant Footprint Wizard”对话框，在名称文本框中输入“CAP”，单击“OK”按钮。本项目中的电解电容需要卧装，焊盘内径为 0.6 mm，按照图 3－23 所示绘制电解电容的封装。执行菜单命令“File”|“Save”或单击工具栏中的保存按钮，保存创建好的封装。

图 3－23　电解电容的封装

四、编译集成元件库

执行菜单命令“Project”|“Compile Integrated Library SZW. LibPkg”，对整个集成元件库进行编译，倘若编译错误的话会在“Messages”面板中显示错误信息。编译无误后，会在项目文件夹中生成一个新的名为“Project Outputs for SZW”文件夹，该文件夹中的文件即为生成的集成库文件，用户可以像利用库文件一样加载该文件。

五、绘制电路原理图

1. 创建原理图文件并设置原理图工作环境

在本项目中，为了安装方便，将按键放在单独的开关板 PCB 上，故在设计原理图时也分成两部分进行。

按照前文介绍的方法创建 PCB 工程，命名为“数字万年历”，并为工程添加原理图文件“数字万年历”，如图 3－24 所示。执行菜单命令“File”|“Save”，保存所建工程及原理图。原理图工作环境参照项目 1 的相关内容进行设置，这里不再赘述。

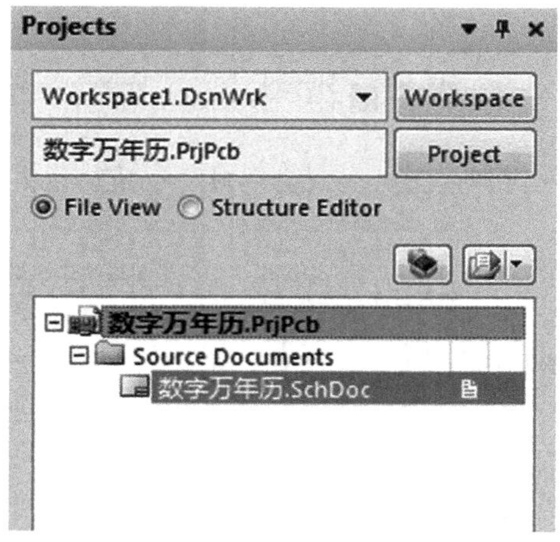

图 3－24　创建 PCB 工程并添加原理图文件

2. 加载集成元件库

按照项目 1 介绍的方法加载集成元件库，加载完成后如图 3－25 所示。

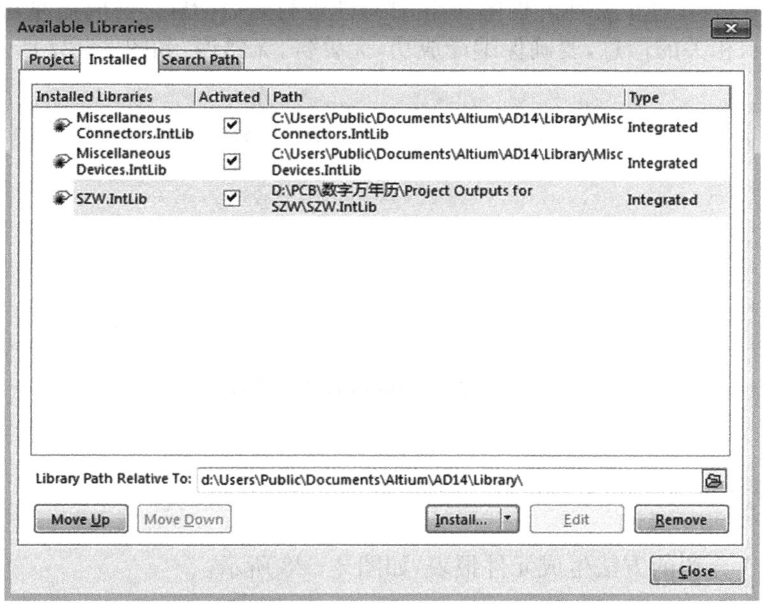

图 3－25　加载 SZW. IntLib 集成元件库

3. 元件布局、布线与编译

一一查找数字万年历所需元件并放置到原理图编辑界面，修改相关参数，然后进行元件的布局与连线，图 3－26 所示即为绘制完成的电路原理图。

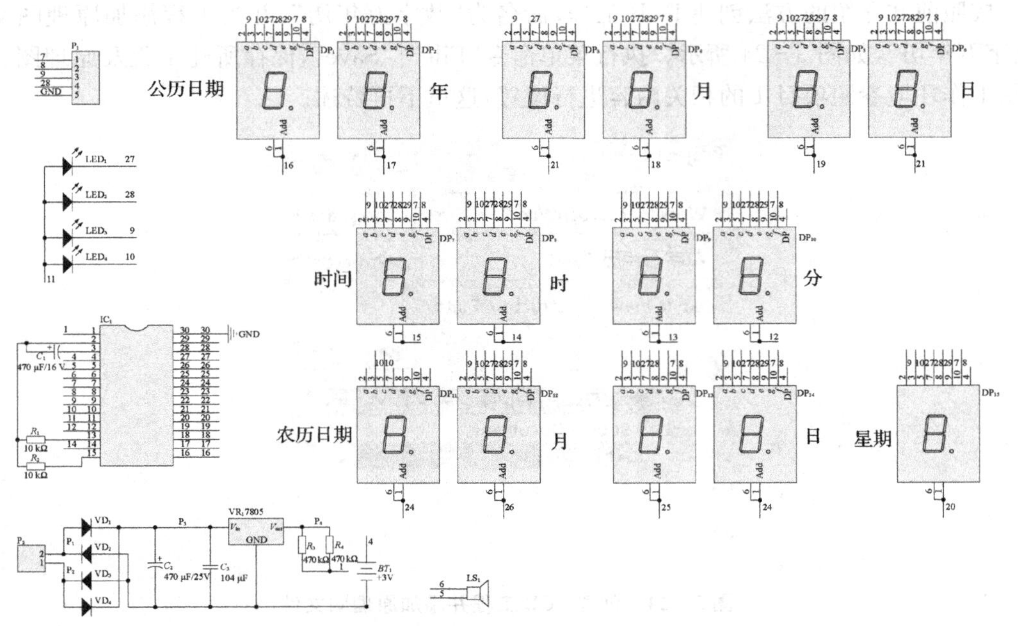

图 3-26 绘制完成的数字万年历电路原理图

按照项目 1 介绍的方法对工程中所有的文件进行编译，编译完成后系统会在“Messages”面板中提示相关的信息，要确保编译成功，无警告，无错误，如图 3-27 所示。

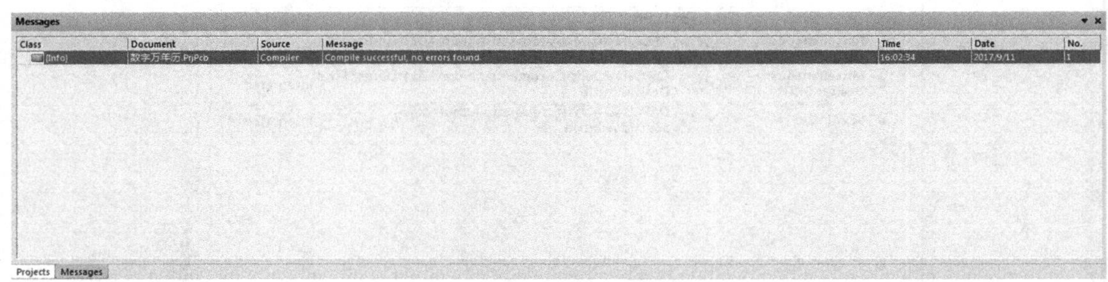

图 3-27 编译后的提示信息

4. 输出电路原理图相关文件

1）生成元件报表文件

按照项目 1 介绍的方法生成元件报表，如图 3-28 所示。

J19

	A	B	C	D	E	F
3	Source Data From:		数字万年历.PrjPcb			
4	Project:		数字万年历.PrjPcb			
5	Variant:		None			
6						
7	Creation Date	2017/9/13	9:58:00			
8	Print Date:	43804	43804.58293			
9						
10						
11	**Footprint**	**Comment**	**LibRef**	**Designator**	**Description**	**Quantity**
12	Battery	+3V	Battery	BT1	Multicell Battery	1
13	CAP	Cap Pol1	Cap Pol1	C1, C2	Polarized Capacitor (Radial)	2
14	RAD-0.1	Cap	Cap	C3	Capacitor	1
15	LED	LED1	LED0	LED1	Typical INFRARED GaAs LED	1
16	LED	LED2	LED0	LED2	Typical INFRARED GaAs LED	1
17	LED	LED3	LED0	LED3	Typical INFRARED GaAs LED	1
18	LED	LED4	LED0	LED4	Typical INFRARED GaAs LED	1
19	DO-41	Diode 1N4007	Diode 1N4007	VD1, VD2,VD3, VD4	1 Amp General Purpose Rectifier	4
20	7SEG-0.5	7SEG-CA	7SEG	DP1, DP2, DP3, DP4, DP5, DP6, DP11, DP12, DP13, DP14, DP15		11
21	7SEG-0.8	7SEG-CA	7SEG-0.8	DP7, DP8, DP9, DP10		4
22	PIN2	Speaker	Speaker	LS1	Loudspeaker	1
23	HDR1X5	Header 5	Header 5	P1	Header, 5-Pin	1
24	HDR1X2	Header 2	Header 2	P2	Header, 2-Pin	1
25	AXIAL-0.4	Res2	Res2	R1, R2, R3, R4	Resistor	4
26	CLK	CLK	CLK	U1		1
27	TO-220AB	7805	Volt Reg	VR1	Voltage Regulator	1
28						36
29	Approved		Notes			

图 3－28　“数字万年历”工程的元件报表文件

2）打印输出

按照项目 1 介绍的方法将原理图文件打印输出，这里不再赘述。

3）输出 PDF 文档

按照项目 1 介绍的方法生成原理图的 PDF 文档，这里不再赘述。

六、设计开关板电路原理图

开关板电路只有 4 个按键，其原理图比较简单，具体设计步骤这里不再赘述。开关板电路原理图如图 3－29 所示。

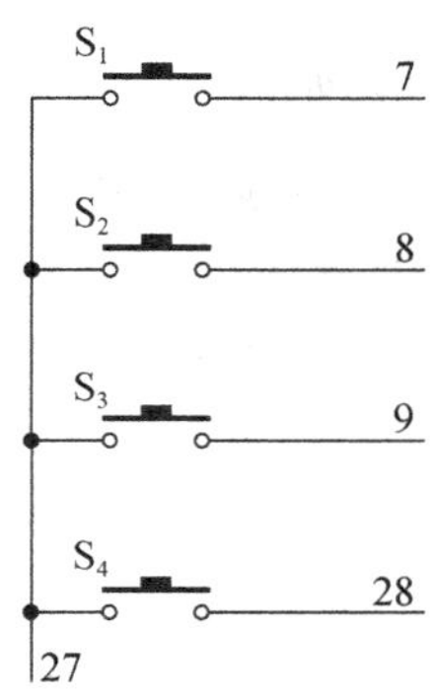

图 3－29　开关板电路原理图

任务 3.2 数字万年历 PCB 的设计

任务目标

(1) 掌握 PCB 规划的方法和意义。

(2) 掌握 PCB 规则检查的方法和意义。

任务内容

绘制数字万年历的 PCB。

任务相关知识

数字万年历 PCB 的要求如下:

(1) PCB 的长宽尺寸为 190 mm×98 mm。

(2) 4 个安装孔的直径为 3 mm,距离 PCB 边沿的坐标为(10 mm,3 mm)(180 mm,3 mm)(180 mm,95 mm)(10 mm,95 mm)。

(3) 接头尽量沿板子边沿放置。

任务实施

一、规划 PCB

创建新的 PCB 文件,命名为“数字万年历. PcbDoc”,将其添加到“数字万年历. PrjPcb”工程中,如图 3－30 所示。如图 3－31 所示为数字万年历 PCB 的外形轮廓。

图 3－30 “数字万年历”工程的 PCB 文件

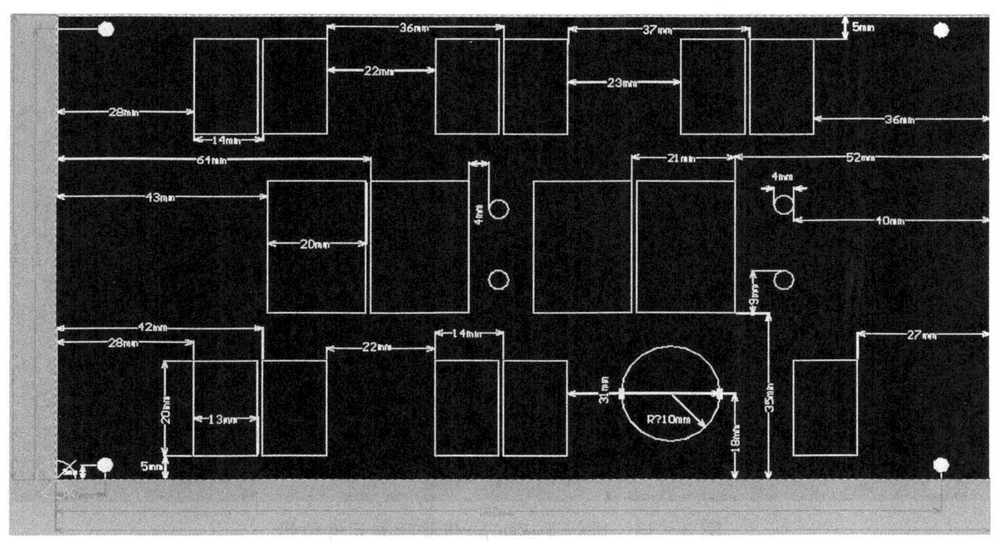

图 3－31　数字万年历 PCB 的外形轮廓

二、从原理图加载网络表和元件封装到 PCB

（1）编译原理图文件，修改错误，忽略对布线无影响的警告。

（2）执行菜单命令“Design”|“Import PCB Document 数字万年历. PrjPcb”，加载元件封装和网络表，注意根据错误提示设置好元件库。加载元件封装和网络表后的 PCB 如图 3－32所示。

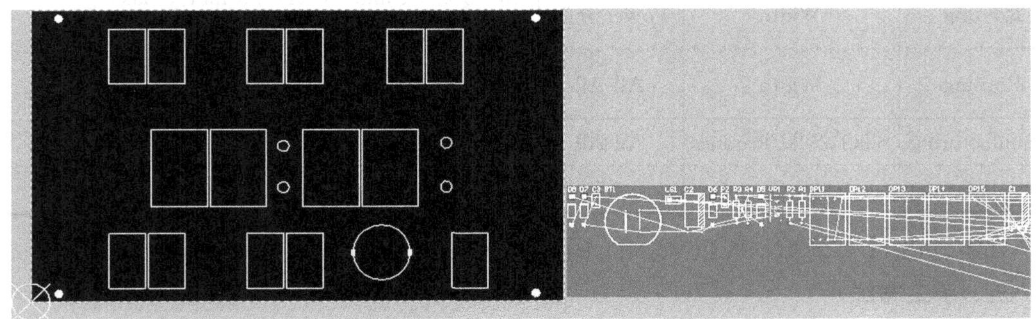

图 3－32　加载元件封装和网络表后的 PCB

三、手工布局调整

通过旋转元件进行手工布局调整，注意减少飞线的交叉，如图 3－33 所示。

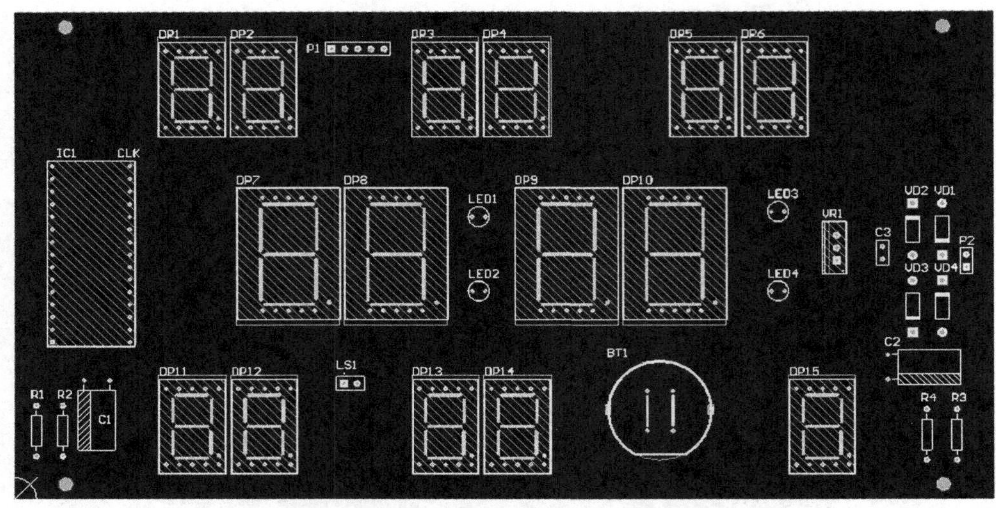

图 3－33　进行手工布局调整后的元件位置

四、设置布线规则

数字万年历 PCB 的布线规则如表 3－1 所示。

表 3－1　数字万年历 PCB 的布线规则

规则类别	规则名称	范围	设定值	优先等级
Electrical	Clearance	All-All	0. 254 mm	1
Electrical	ShortCircuit	All-All	Not Allowed	1
Routing	Width	Power 分类	(Min)0. 254 mm、(Pref)0. 5 mm、(Max) 0. 7 mm	1
Routing	Width	All-All	(Min) 0. 254 mm、(Pref) 0. 305 mm、(Max)0. 381 mm	2
Manufacturing	SilkToSilkClearance	All-All	0. 01 mm	1
Manufacturing	HoleSize	All	(Max)3. 3 mm、(Min)0. 025 mm	

其中，Power 分类包括 VCC、GND、P1、P2、P3 网络。

五、手工布线

PCB 布线要满足如下要求：

(1) 布线不得超出板框。

(2) 尽量在 Top Layer 布线。

(3) 不得构成线路回路(loop)。

(4) 不得有 90°或小于 90°的锐角布线。

(5) 布线不可从芯片引脚间穿出。

手工布线后的 PCB 如图 3－34 所示。布线完成后需进行敷铜，如图 3－35 所示。

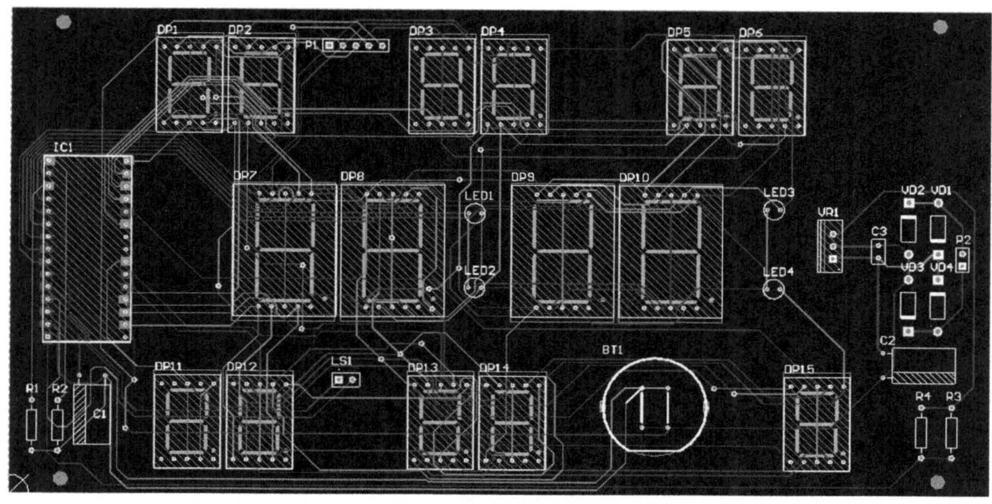

图 3-34　手工布线后的 PCB

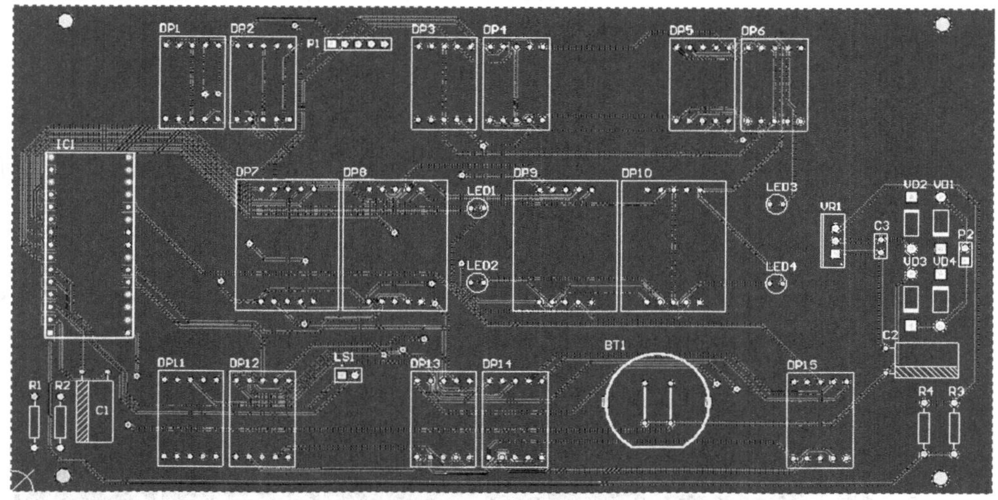

图 3-35　敷铜之后的 PCB

六、设计规则检查

执行菜单命令“Tools”|“Design Rule Check”，进入“Design Rule Checker”(DRC，设计规则校验)对话框，其中“Report Options”选项卡中的各选项采用系统默认设置，但违规次数的上限值需设为 100，以便加快 DRC 的进程。

单击“Run Design Rule Check”按钮，开始运行批处理 DRC。运行结束后，系统在当前工程的“Documents”文件夹下自动生成网页形式的设计规则校验报告“Design Rule Check-MCU. html”并显示在工作窗口中，如图 3-36 所示。

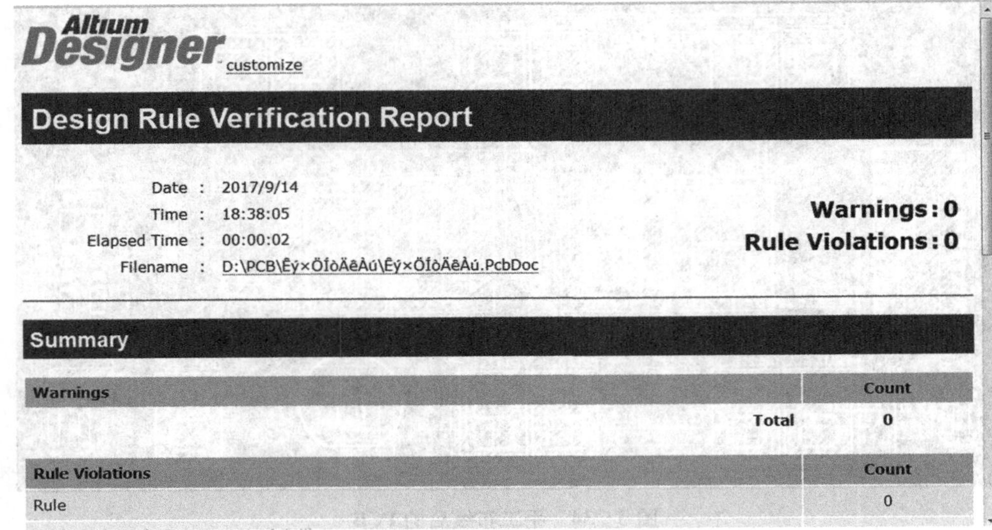

图 3-36　网页形式的设计规则校验报告

七、开关板 PCB 的设计

开关板 PCB 的具体设计要求如下：

(1) PCB 的长宽尺寸为 63 mm×18 mm。

(2) 以 PCB 左下角为原点，两个安装孔的坐标为(3 mm，9 mm)和(60 mm，9 mm)，孔径为 3 mm。

(3) 信号线宽度为 0.5 mm，公共端地线宽度为 0.8 mm。

请参照前面项目中的具体操作步骤进行 PCB 设计，图 3-37 为设计完成的 PCB 图。

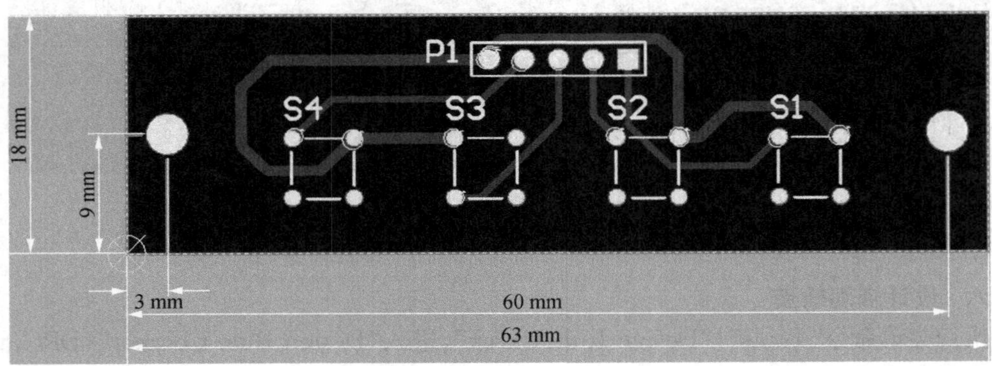

图 3-37　开关板的 PCB 图

八、输出设计文件

在"数字万年历"工程中新建一个 Output Job 文件，并输出符合下列要求的文件：

① 原理图与 PCB 的 PDF 文档；

② PCB 的 Gerbera 文件，包含所有使用的层，单位为 Inch，精度为 2∶4；

③ PCB 的 NC Drill 文件，单位为 Inch，精度为 2∶4；

④ PCB 的 STEP 文件。

这里主要介绍数字万年历 PCB 设计文件的输出，开关板 PCB 设计文件的输出参照此步骤即可完成，在此不再赘述。

1. 输出原理图与 PCB 的 PDF 文档

打开“数字万年历. PcbDoc”文件，执行菜单命令“File”|“New”|“Output Job File”，创建一个新的 Output Job 文件，如图 3 - 38 所示。

Variant Choice

This choice of Variant only applies to outputs generated from within this view. For release of PCB configurations, variant usage is always driven by the choice of variants in the PCB configu

Choose a single variant for the whole outputjob file　[No Variations]

Choose a different variant for each output

This variant will be only used when generating outputs and printing hardcopies from here.
If this output job is used for release of PCB configurations then this choice will be ignored and variant/parameter information will be passed to this output job by the PCB Release manager.

Outputs | Name | Data Source | Output Description | Enabled

Netlist Outputs
[Add New Netlist O
Documentation Outpu
[Add New Documer
Assembly Outputs
[Add New Assembly
Fabrication Outputs
[Add New Fabricati
Report Outputs
[Add New Report C
Validation Outputs
[Add New Validatio
Export Outputs
[Add New Export O

Output Containers | Container
[Add New Output Container]

Hard Copy | Job Name
Print Job
Printer　Defa
[Add New Print Job]

图 3 - 38　新建 Output Job 文件

在“Documentation Outputs”选项卡下通过右键菜单添加原理图文件和 PCB 文件，并为其选择 PDF 输出容器，如图 3 - 39 所示。

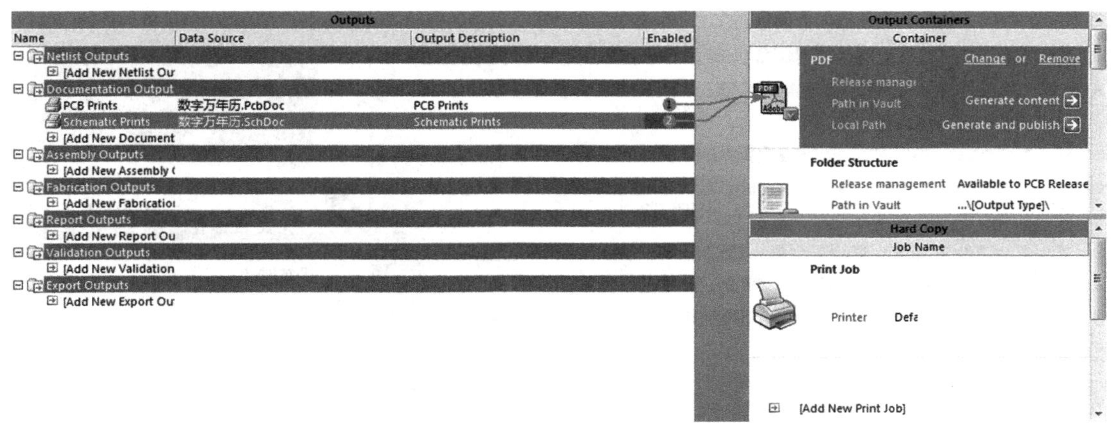

图 3 - 39　为 Output Job 文件添加原理图和 PCB 文件

单击“Generate content”按钮，生成 PDF 文档，如图 3－40 所示。

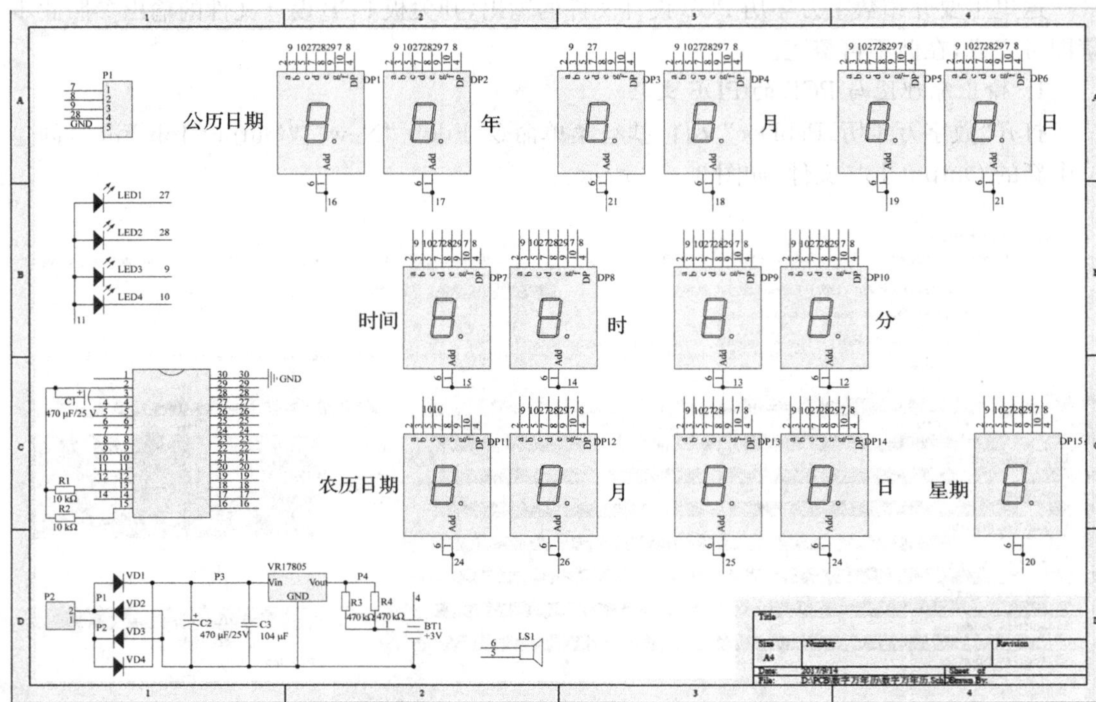

图 3－40　生成的 PDF 文档

2. 输出 PCB 的 Gerber 和 NC Drill 文件

在“Fabrication Outputs”选项卡下通过右键菜单添加 Gerber 文件和 NC Drill 文件，并为其选择 Folder Structure 输出容器，如图 3－41 所示。单击“Gerber Files”选项，在弹出的“Gerber Setup”对话框中根据要求进行参数设置。单击“NC Drill Files”选项，在弹出的“NC Drill Setup”对话框中根据要求进行参数设置。

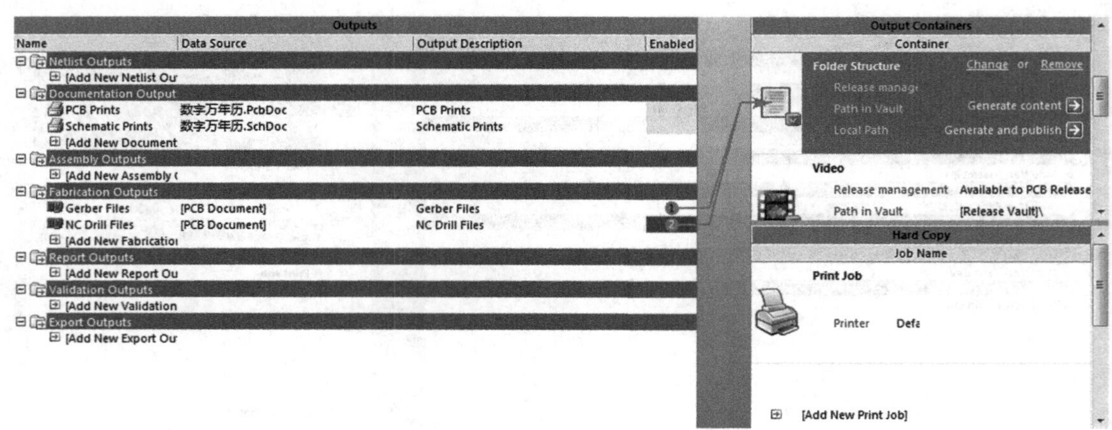

图 3－41　为 Output Job 文件添加 Gerber 和 NC Drill 文件

3. 输出 STEP 文件

在“Export Outputs”选项卡下通过右键菜单添加 STEP 文件，并为其选择 Folder Structure 输出容器，如图 3－42 所示。

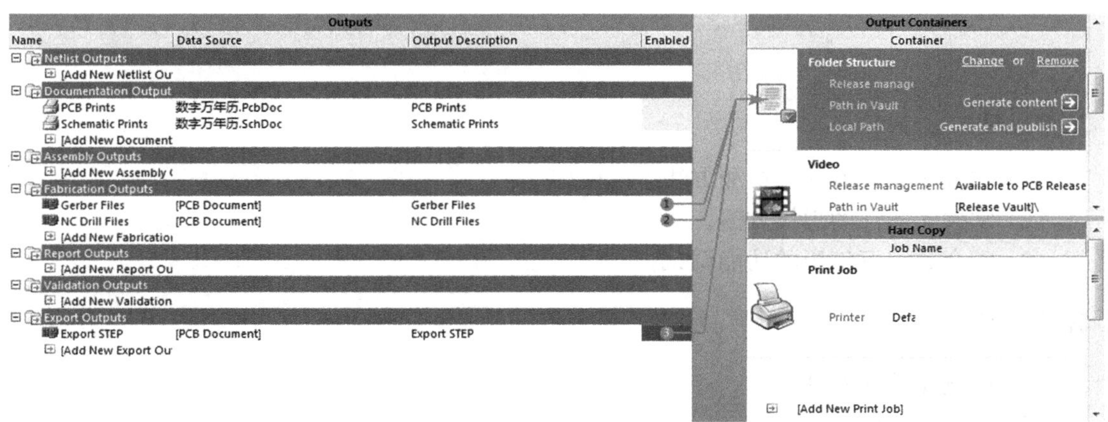

图 3－42　为 Output Job 文件添加 STEP 文件

单击“Generate content”按钮，生成输出文件。系统自动生成一个“Project Outputs for 数字万年历”文件夹，该文件夹包含所有输出文件，如图 3－43 所示。

3 ▸ 数字万年历 ▸ Project Outputs for 数字万年历 ▸

建文件夹

名称	修改日期	类型	大小
_Previews	2017/9/13 14:24	文件夹	
ExportSTEP	2017/9/14 18:44	文件夹	
Gerber	2017/9/14 18:44	文件夹	
NC Drill	2017/9/14 18:44	文件夹	
Design Rule Check - 数字万年历	2017/9/14 18:38	Design Rule Che...	2 KB
Design Rule Check - 数字万年历	2017/9/14 18:38	360 se HTML Do...	11 KB
Job1	2017/9/14 18:41	Adobe Acrobat ...	627 KB
Status Report	2017/9/14 18:44	文本文档	1 KB
数字万年历	2017/9/13 14:24	Altium Netlist File	3 KB
数字万年历	2017/9/13 10:12	Microsoft Office...	41 KB

图 3－43　“Project Outputs for 数字万年历”文件夹

任务 3.3　数字万年历的装配与调试

任务目标

（1）掌握相关元器件的检测方法。
（2）掌握元器件的焊接方法。
（3）学会数字万年历的功能调试。

任务内容

（1）检测相关元器件。
（2）焊接元器件。
（3）对数字万年历进行功能调试。

任务相关知识

数字万年历的元器件清单如表 3－2 所示，对照清单，先清点所有元器件。

表 3－2　数字万年历元器件清单

序号	名称	型号规格	位号	数量
1	电阻	10 kΩ	R1、R2	2 只
2	电阻	470 kΩ	R3、R4	2 只
3	整流二极管	1N4001	VD1～VD4	4 只
4	三端稳压块	LM7805	VR1	1 片
5	晶振	32 768 Hz		1 个
6	时钟软封装芯片	MSP430	IC1	1 片
7	数码管(红色)	5106AS(0.5 英寸)	DP1～DP6、DP11～DP15	11 个
8	数码管(红色)	8106AS(0.8 英寸)	DP7～DP10	4 个
9	电池簧片	CR1220－2	BT1	1 个
10	微动开关	6 mm×6 mm×5 mm	S1～S4	4 个
11	喇叭	8 Ω，0.5 W，4 cm	LS1	1 个
12	变压器	220 V 转 9 V		1 个
13	5 芯导线	0.8 mm		1 排
14	电源线	1 m		1 根

续表3-2

序号	名称	型号规格	位号	数量
15	细导线	1 mm		2 根
16	自攻螺丝	ϕ3 mm×6 mm		8 颗
17	带垫螺丝	ϕ3 mm×6 mm		2 颗
18	自攻螺丝	ϕ3 mm×10 mm		6 颗
19	印制板			1 块
20	面板			1 片
21	机壳			1 套

任务实施

一、元器件的检测

本项目中使用的元器件主要有二极管、发光二极管、电解电容、电阻、数码管和时钟芯片等，其中大多数元器件的检测在项目 1 中已经介绍过了，这里不再赘述，下面主要介绍数码管的检测。

一个保证质量的数码管，其外观应该是做工精细、发光颜色均匀、无局部变色及无漏光等。对于不清楚性能好坏、产品型号及管脚排列的数码管，可采用下面介绍的简便方法进行检测。

1. 干电池检测法

如图 3-44 所示，取两节普通 1.5 V 干电池串联(3 V)起来，并串联一个 100 Ω、1/8W 的限流电阻器，以防止过电流烧坏被测数码管。将 3 V 干电池的负极引线(两根引线均可接上小号鳄鱼夹)接在被测数码管的公共阴极上，正极引线依次移动接触各笔段电极(a～h 脚)。当正极引线接触到某一笔段电极时，对应笔段就发光显示。用这种方法可以快速测出数码管是否有断笔(某一笔段不能显示)或连笔(某些笔段连在一起)，并且可相对比较出不同的笔段发光强弱是否一致。若检测共阳极数码管，只需将电池的正、负极引线对调一下，方法同上。

如果将图 3-44 中被测数码管的各笔段电极(a～h 脚)全部短接起来，再接通测试用干电池，则可使被测数码管实现全笔段发光。对于质量保证的数码管，其发光颜色应该均匀，并且无笔段残缺及局部变色等。

如果不清楚被测数码管的结构类型(是共阳极还是共阴极)和引脚排序，可从被测数码管的左边第 1 脚开始，按逆时针方向依次逐脚测试各引脚，使各笔段分别发光，即可测绘出该数码管的引脚排列和内部接线。测试时需注意，只要某一笔段发光，就说明被测的两个引脚中有一个是公共脚，假定某一脚是公共脚不动，变动另一测试脚，如果另一个笔段发光，则说明假定正确。这样根据公共脚所接电源的极性，就可判断出被测数码管是共阳极还是共阴极的。显然，公共脚如果接电池正极，则被测数码管为共阳极的；公共脚如果接电池负极，则被测数码管应为共阴极的。接下来测试剩余各引脚，即可很快确定出所对应的笔段来。

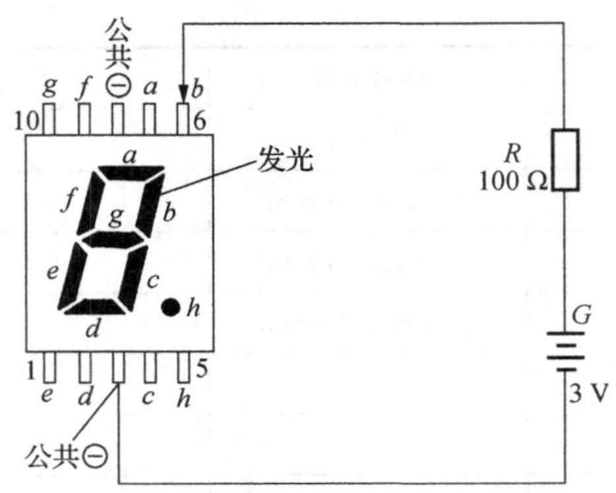

图 3－44 利用干电池检测数码管

2. *万用表检测法*

这里以 MF50 型指针式万用表为例，说明具体检测方法。首先，按照图 3－45 所示，将指针式万用表拨至 R×10 K 电阻档。由于数码管内部的发光二极管正向导通电压一般大于等于 1.8 V，所以万用表的电阻档应置于内部电池电压是 15 V(或 9 V)的 R×10 K 档，而不应置于内部电池电压是 1.5 V 的 R×100 或 R×1 K 档，否则无法正常测量发光二极管的正、反向电阻。然后，进行检测。在测图 3－47 所示的共阴极数码管时，万用表红表笔(注意:红表笔接表内电池负极，黑表笔接表内电池正极)应接数码管的"－"公共端，黑表笔则分别去接各笔段电极(a～h 脚)；对于共阳极的数码管，黑表笔应接数码管的"＋"公共端，红表笔则分别去接 a～h 脚。正常情况下，万用表的指针应该偏转(一般示数在 100 kΩ 以内)，说明对应笔段的发光二极管导通，同时对应笔段会发光。若测到某个管脚时万用表指针不偏转，所对应的笔段也不发光，则说明被测笔段的发光二极管已经开路损坏。与干电池检测法一样，采用万用表检测法也可对不清楚结构类型和引脚排序的数码管进行快速检测。以上所述为 1 位数码管的检测方法，至于多位数码管的检测，方法大同小异，不再赘述。

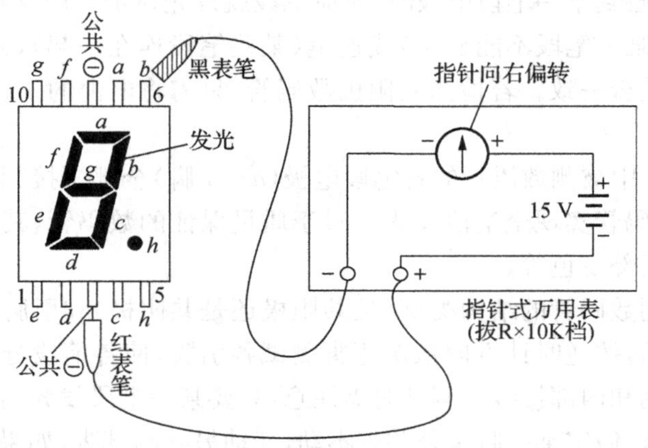

图 3－45 利用万用表检测数码管

二、元器件的焊接、装配与功能调试

1. 元器件的焊接

建议首先焊接电阻和二极管，利用剪下的元件引脚焊接 PCB 上的跨接线。然后焊接瓷片电容、电解电容、三端稳压块、晶振、电池簧片等，其中 2 只电解电容、三端稳压块 7805 需要卧式安装在印板上，不能立式安装，以免合盖时与面板发生碰撞。此外，二极管管身上有银色色环的一端是负极。最后将 15 只数码管和 4 只发光二极管焊装在 PCB 上，发光二极管短引脚是负极，对应安装即可。焊接好的 PCB 如图 3－46 所示。

图 3－46　PCB 焊接完成图

2. 开关板的焊接

在开关板上焊接 4 个微动开关和 5 芯导线，如图 3－47 所示。

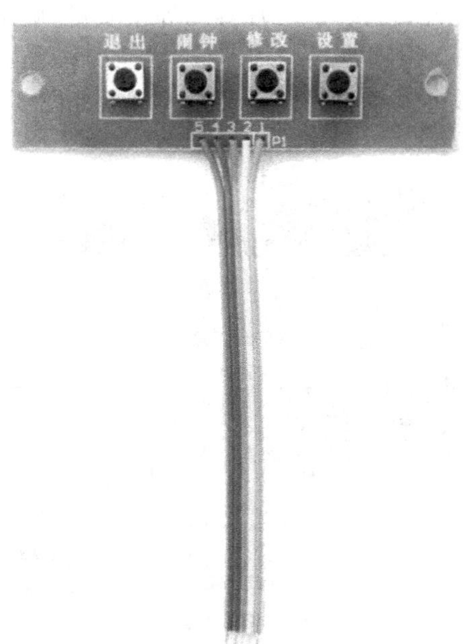

图 3－47　开关板焊接完成图

3. 开关板、变压器及喇叭的装配

分别用 2 颗 3 mm×6 mm 的自攻螺丝将开关板和变压器固定在机壳后盖上，变压器 220 V 一端的引线与电源引线接在一起并用胶布把连接处包好。电源引线在机壳入口处打个结再引出，可避免电源引线受到外力牵拉而出现故障。再用 2 个带垫 3 mm×6 mm 的自攻螺丝将喇叭固定并焊好 2 根引线。装配完成后如图 3 - 48 所示。

图 3 - 48　开关板、变压器及喇叭装配完成图

4. 机壳后盖的装配

仔细检查 PCB 上所有元件、跨接线、芯片等的焊接质量，确定无误后就可以装入机壳后盖，并将开关板的 5 芯导线、2 根喇叭线、2 根变压器输出线分别焊在 PCB 的相应位置上。印板用 3 mm×6 mm 的自攻螺丝初步固定。装配完成后如图 3 - 49 所示。

图 3 - 49　机壳后盖装配完成图

5. 通电测试

仔细检查线路，确认无误后就可以试通电，观察显示效果。刚通电时，数码管会显示初始时间，同时喇叭也会播放一首乐曲，说明电路工作基本正常，如图 3 - 50 所示。

图 3 - 50　通电测试图

6. 功能检查和设置

1）时间设置

按“设置”键，会看到年份数值开始闪烁，再按“修改”键，年份数值开始增加，即可设置年份。设置好年份后，按“设置”键，月份数值开始闪烁，再按“修改”键设置月份。接下来按上述步骤依次设置好小时和分钟数值，最后再按一次“设置”键后，时间调整完毕，这时秒闪灯自动开始闪烁。农历和星期数值会自动匹配，不用单独设置。

2）定时闹钟设置

按“闹钟”键则进入闹钟设置状态，再按“设置”键，小时数值开始闪烁，按“修改”键设定小时。然后按“设置”键，分钟数值开始闪烁，按“修改”键设定分钟，最后按“退出”键恢复正常时间显示，同时“闹钟”指示 LED 点亮。

如果需要取消定时闹钟，则先按“闹钟”键，显示出当前设置的闹钟时间，再连续按“修改”键直到时间显示为“— —：— —”，接着按“退出”键，此时“闹钟”指示 LED 熄灭，闹钟取消并恢复正常时间显示。

3）整点报时设置

本电路具有整点报时功能，在正常时间显示状态下，按“修改”键，“整点”指示 LED 点亮，表示整点报时功能开启，再按一下“修改”键，“整点”指示 LED 熄灭，则该功能被取消。

如果需要安装备用电池，可自行选购圆片形的大纽扣电池，建议使用 2032 型号的，额定电压为 3V。备用电池仅用作市电停电后维持芯片内部计时数据之用，可以不装。如不装则在通电后须重新设置数字万年历的时间。安装电池时只需将电池放入电池卡槽中即可。

7. 显示面板的装配

全部检查、设置完毕后，就可以合盖了。将显示面板放置在数码管前面，四角放置在支柱上，如图 3-51 所示。

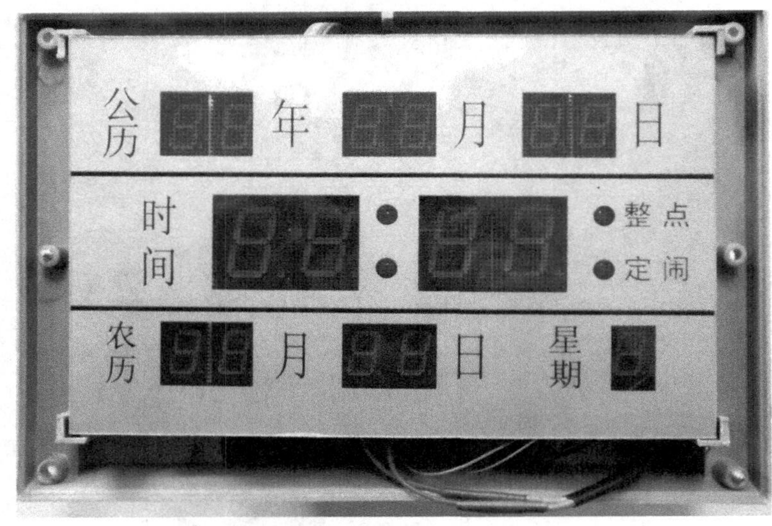

图 3-51 显示面板装配完成图

8. 机壳整体装配

将机壳前盖扣好，在后盖用 6 颗 3 mm×10 mm 的自攻螺丝固定，如图 3-52 所示。

图 3-52 机壳后盖装配完成图

9. 焊接装配完成

最后将不干胶装饰贴画贴在机壳正面下部的预留槽内。至此，这台数字万年历就组装完成了，如图 3 - 53 所示。

图 3 - 53　数字万年历成品图

项目 4　智能小车的设计与制作

项目目标

(1) 熟悉智能小车电路原理图的设计。
(2) 掌握智能小车 PCB 的设计。
(3) 掌握智能小车的装配和调试。

项目任务

(1) 智能小车的工作原理。
(2) 智能小车 PCB 板的设计。
(3) 智能小车的装配和调试。

项目相关知识

本项目中智能小车的结构框图如图 4－1 所示,其功能如下:

① 能够前进、后退、左转、右转;
② 能够避障;
③ 能够循迹运动;
④ 能够声控启停;
⑤ 能够自动开启照明系统。

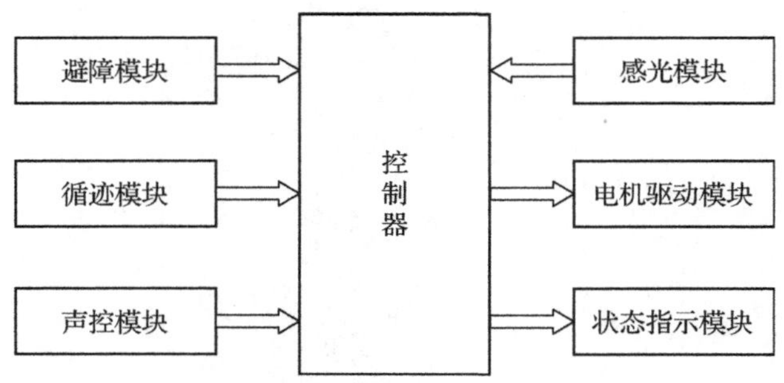

图 4－1　智能小车的结构框图

任务 4.1　智能小车电路原理图的设计

任务目标

(1) 熟悉智能小车的工作原理。

(2) 熟练绘制智能小车的电路原理图。

任务内容

(1) 学习智能小车的工作原理。

(2) 绘制智能小车电路原理图。

任务相关知识

智能小车的电路原理图如图 4－2 所示。智能小车采用 8 位单片机作为系统大脑，以 8051 系列中的 AT89C51 为主芯片，通过信号输入电路、控制电路、执行电路共同完成。$P_{0.0}$、$P_{0.1}$、$P_{0.2}$、$P_{0.3}$端口通过 L293D 电机驱动模块来驱动电机 1 和电机 2。由电机的正转与反转来完成小车的前进、后退、左转、右转以及遇障碍物绕行等基本动作。在小车前进时如果前方有障碍物，由红外发射管发射的红外信号被反射给红外接收管，红外接收管将此信号经过 $P_{3.7}$端口传送入 AT89C51 中，主芯片通过内部的代码进行小车的绕障碍物操作，同时将 $P_{3.7}$端口的信号状态通过 $P_{2.5}$端口的 LED 指示灯显示出来。小车行走时会通过 $P_{3.5}$与 $P_{3.6}$端口的红外接收探头来进行检测。当小车走到悬崖处时，$P_{3.5}$或 $P_{3.6}$端口将收到一个高电平信号，此信号被传送到主芯片中，主芯片控制小车完成避悬崖操作。同时 $P_{3.5}$与 $P_{3.6}$端口的信号状态将通过 $P_{2.6}$/$P_{2.7}$端口显示出来。在小车左转、右转、后退的过程中，可以通过 $P_{2.0}$/$P_{0.7}$端口观看指示灯的运行状态。$P_{0.4}$为小车的声控检测端口，在小车处于前进运行状态时，可以通过声控(如拍手声)来控制它的运行与停止。$P_{0.6}$为小车的声音输出端，在小车进行绕障碍物与避悬崖操作时，可以通过此端口控制蜂鸣器发出报警声。可以通过 $P_{0.5}$端口中的光敏电阻来判断当前为白天或夜晚，以实现小车夜间自动照明等功能。两个按键以查询/中断两种不同的方式来展现按键操作。IR_1 为红外遥控接收器，该接收头可以接收红外信号并经 $P_{3.3}$送入主芯片，主芯片对其进行解密后以不同的方式对小车进行控制。通过串口可以实现电脑对小车的控制。

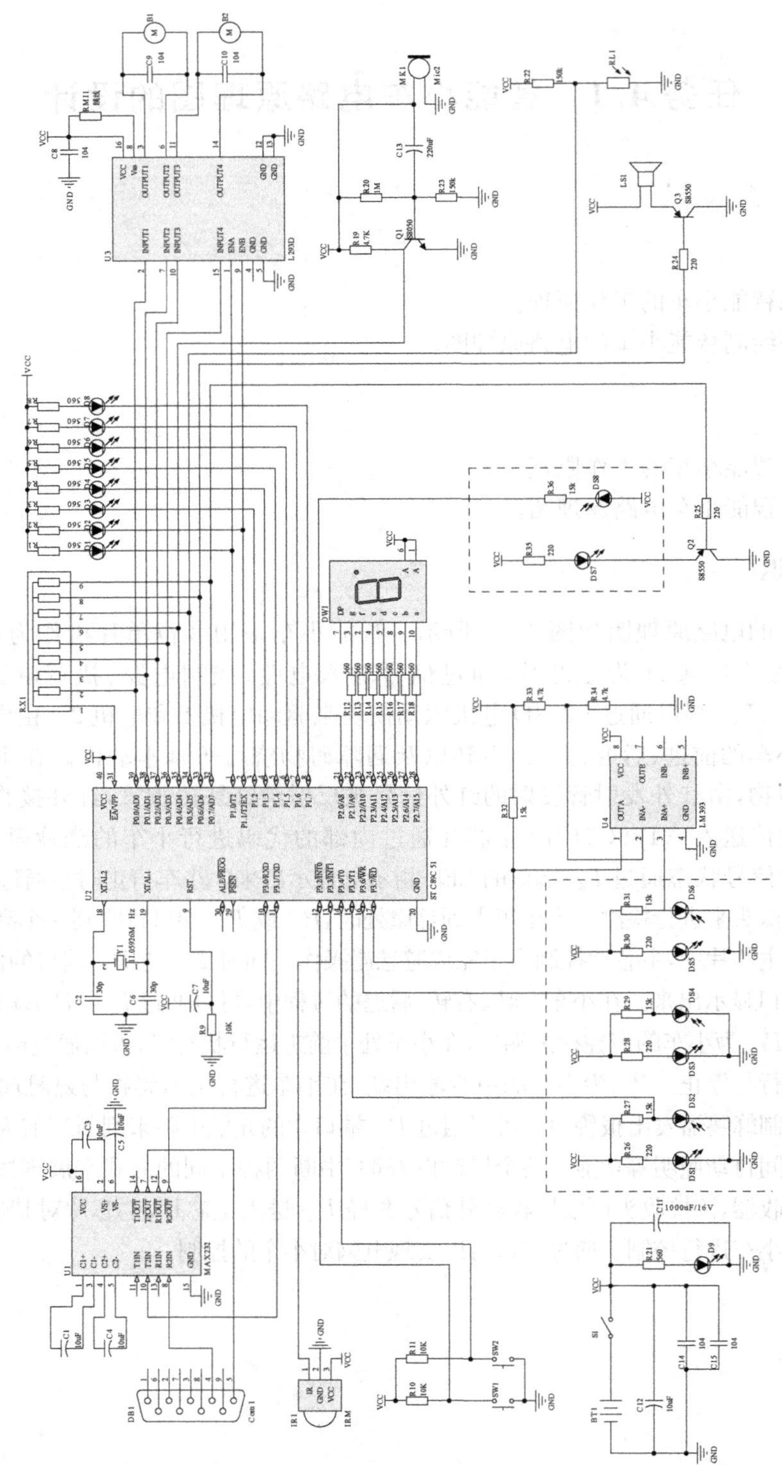

图 4-2　智能小车的电路原理图

任务实施

一、创建集成元件库文件

首先，在计算机的任意盘符下创建“PCB”文件夹，再在“PCB”文件夹里创建新的子文件夹，命名为“智能小车”。

然后，打开 Altium Designer 14. 3 软件，执行菜单命令“File” | “New” | “Project”，打开“New Project”界面，自制集成元件库并命名为“ZNXC. LibPkg”，如图 4 - 3 所示，单击“OK”按钮，完成集成元件库文件的创建，如图 4 - 4 所示，将集成元件库文件保存到“智能防撞小车”文件夹中。

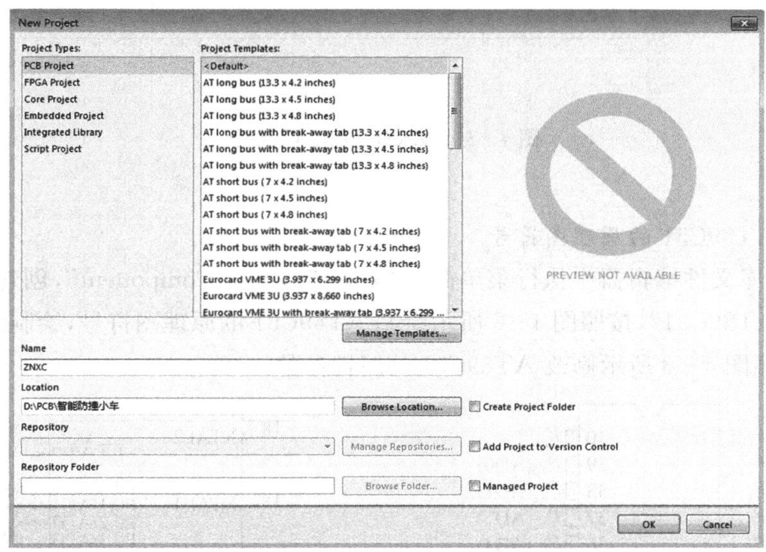

图 4 - 3　“New Project”界面

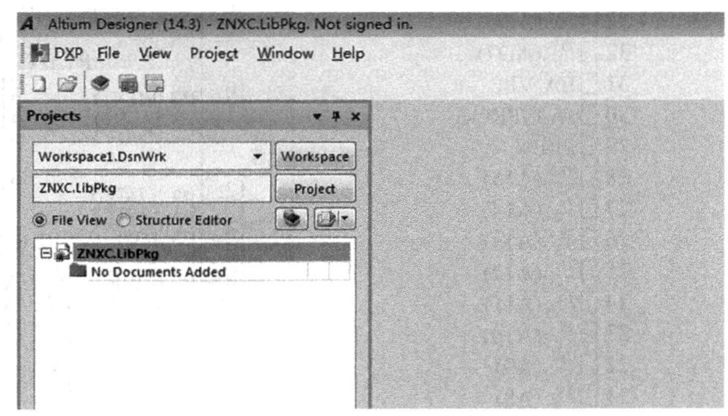

图 4 - 4　创建完成的集成元件库文件

二、创建原理图库文件并添加原理图符号

1. 创建原理图库文件

执行菜单命令“File”|“New”|“Library”|“Schematic Library”，生成一个原理图库文件，默认名称为“SchLib1. SchLib”，同时启动原理图库文件编辑器，该原理图库文件被自动加载到“ZNXC. LibPkg”工程下，将该库文件保存为“ZNXC. SchLib”，如图 4－5 所示。

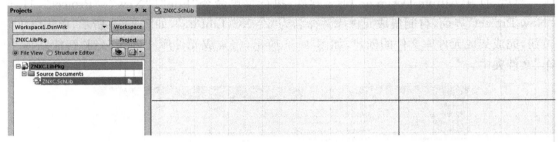

图 4－5　“ZNXC. SchLib”文件

2. 创建 AT89C51 的原理图符号

在原理图库文件编辑器中执行菜单命令“Tools”|“New Component”，创建一个新元件，将其命名为“AT89C51”，按照图 4－6 所示绘制 AT89C51 的原理图符号，绘制结果如图 4－7 所示，并且按照图 4－8 所示修改 AT89C51 的属性参数。

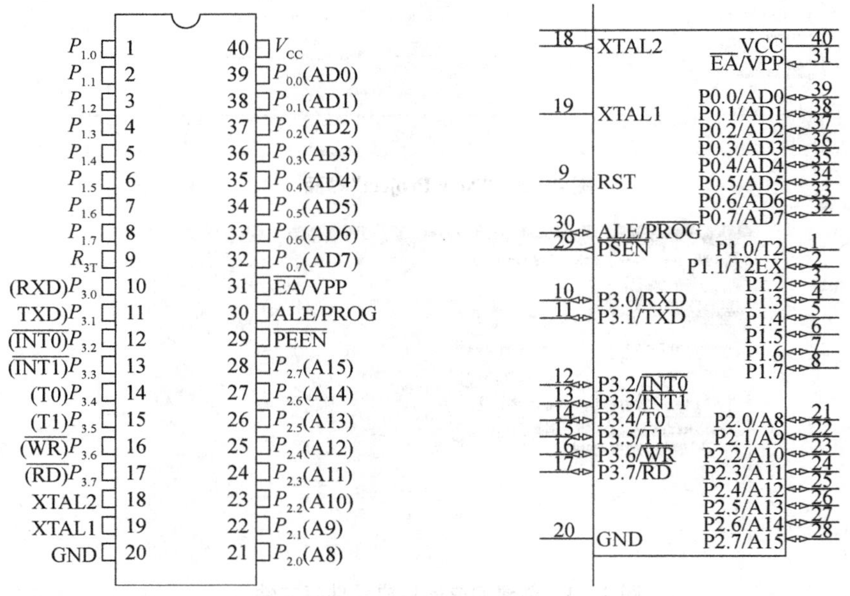

图 4－6　AT89C51 的引脚分布图　　图 4－7　AT89C51 的原理图符号

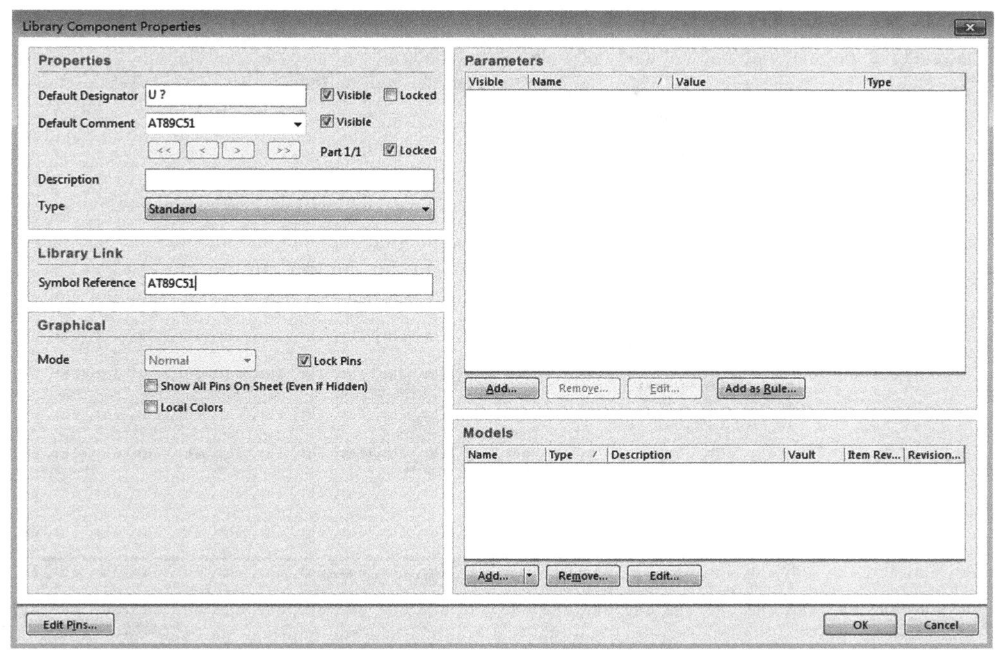

图 4 - 8　AT89C51 的属性参数

3. 创建 MAX232 的原理图符号

在原理图库文件编辑器中执行菜单命令“Tools”|“New Component”，创建一个新元件，将其命名为“MAX232”，按照图 4 - 9 所示绘制 MAX232 的原理图符号，绘制结果如图 4 - 10 所示，并且按照图 4 - 11 所示修改 MAX232 的属性参数。

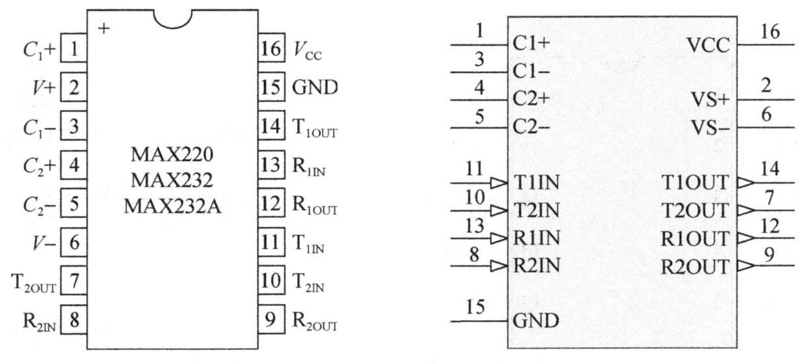

图4 - 9　MAX232 的引脚分布图　　**图4 - 10　MAX232 的原理图符号**

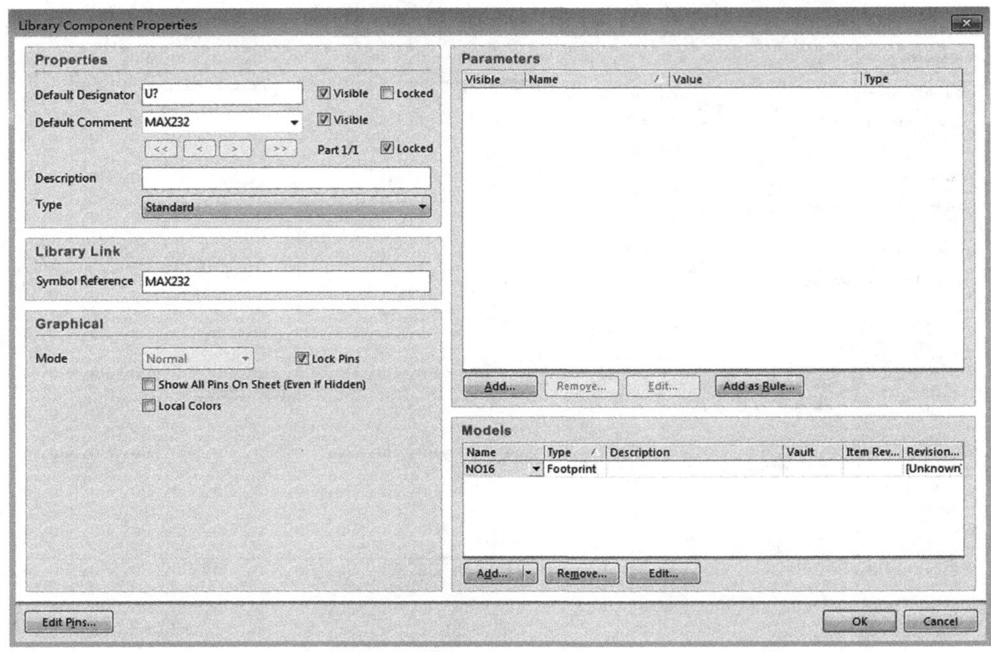

图 4-11　MAX232 的属性设置

4. 创建 L293D 的原理图符号

在原理图库文件编辑器中执行菜单命令"Tools"|"New Component",创建一个新元件,将其命名为"L293D",按照图 4-12 所示绘制 L293D 的原理图符号,绘制结果如图 4-13 所示,并且按照图 4-14 所示修改属性参数。

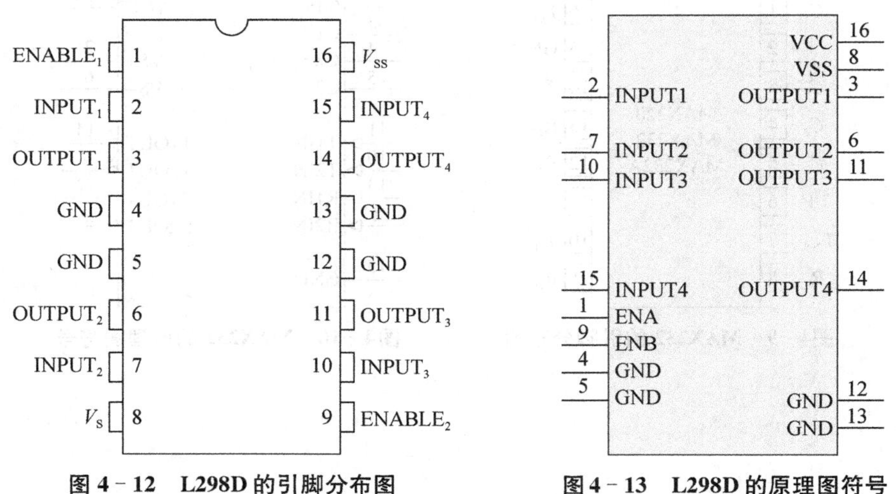

图 4-12　L298D 的引脚分布图　　**图 4-13　L298D 的原理图符号**

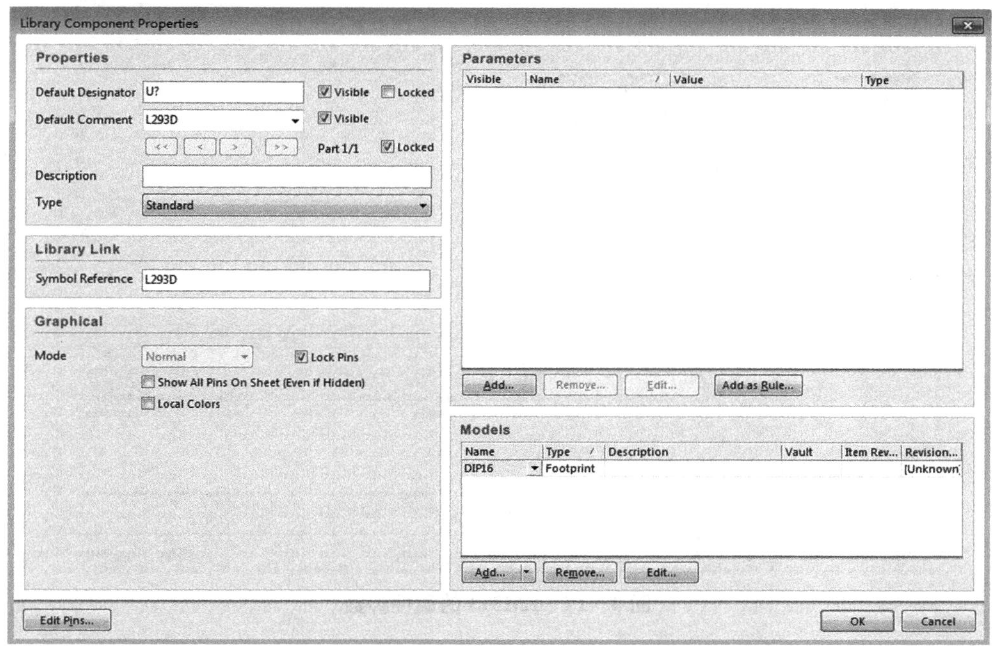

图 4-14　L298D 的属性参数

5. 创建 LM393 的原理图符号

在原理图库文件编辑器中执行菜单命令“Tools”|“New Component”，创建一个新元件，将其命名为“LM393”，按照图 4-15 所示绘制 LM393 的原理图符号，绘制结果如图 4-16 所示，并且按照图 4-17 所示修改属性参数。

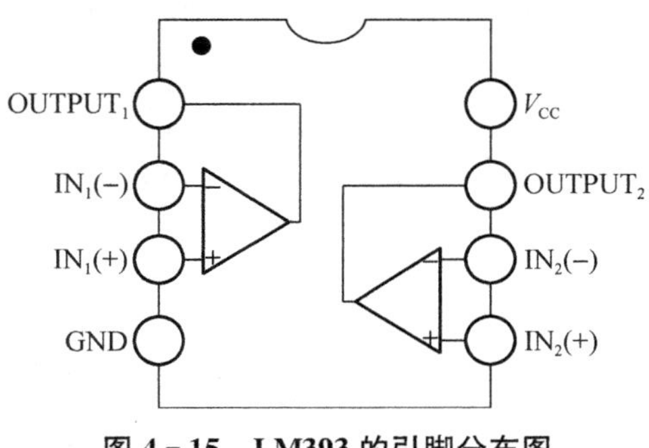

图 4-15　LM393 的引脚分布图

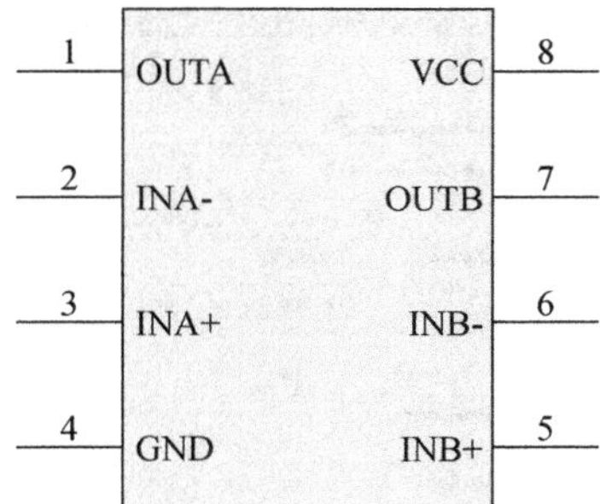

图 4-16　LM393 的原理图符号

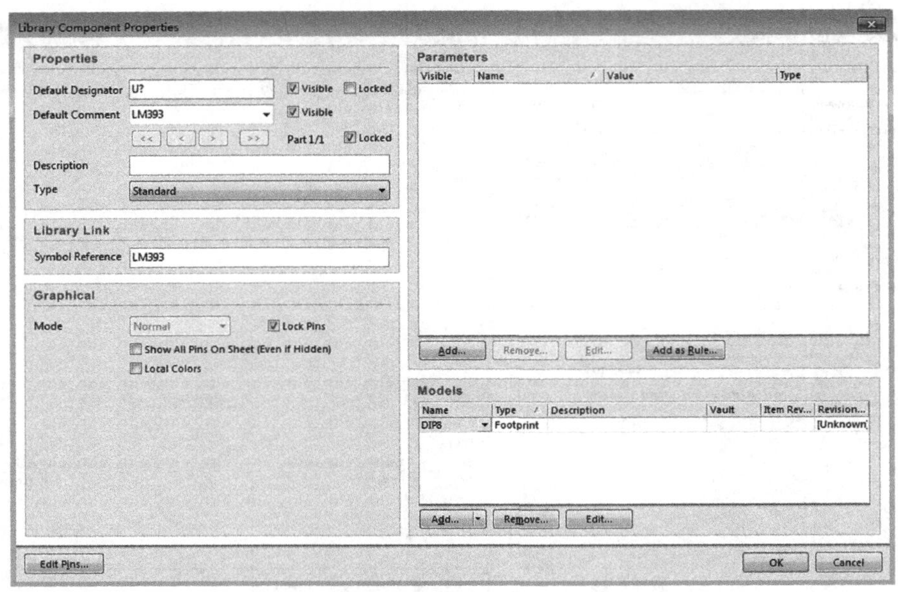

图 4-17　LM393 的属性参数

6. 创建红外发射管的原理图符号

在原理图库文件编辑器中执行菜单命令“Tools”|“New Component”，创建一个新元件，将其命名为“LED”，如图 4-18 所示绘制其原理图符号，并且按照图 4-19 所示修改其属性参数。

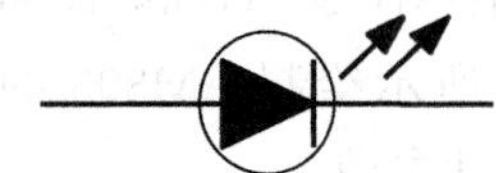

图 4-18　红外发射管的原理图符号

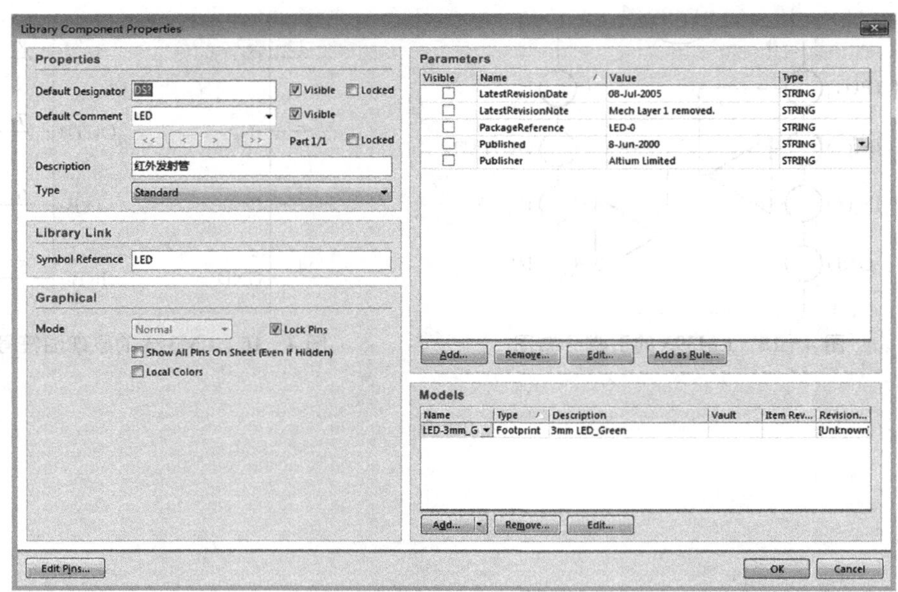

图 4-19　红外发射管的属性参数

7. 创建红外接收管的原理图符号

在原理图库文件编辑器中执行菜单命令“Tools”|“New Component”，创建一个新元件，将其命名为“LED1”，如图 4－20 所示绘制其原理图符号，并且按照图 4－21 所示修改其属性参数。

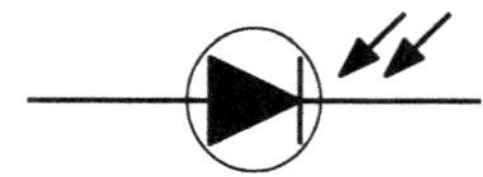

图 4－20　红外接收管的原理图符号

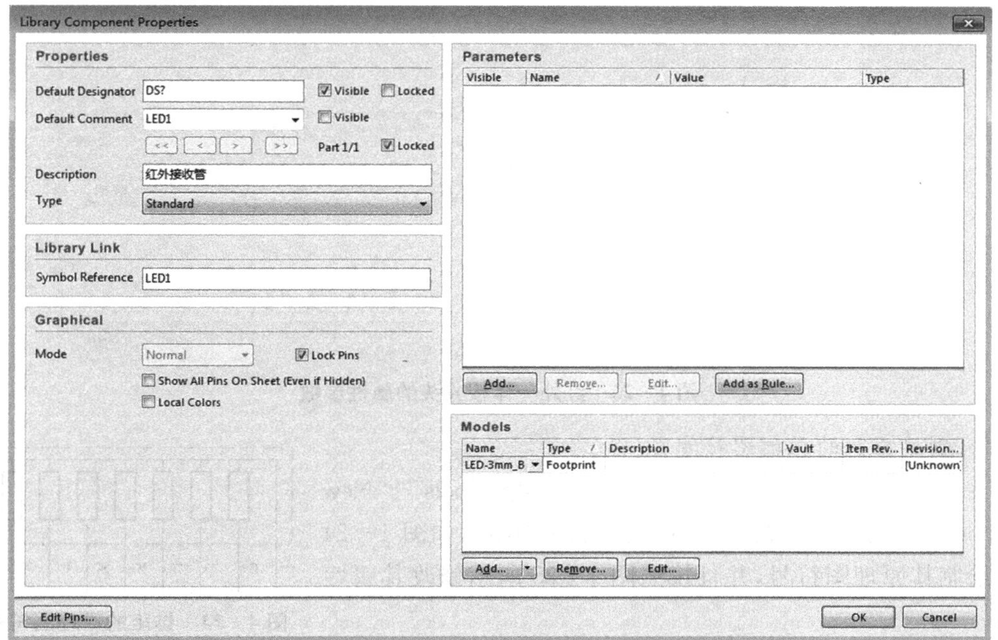

图 4－21　红外接收管的属性参数

8. 创建红外一体接收头的原理图符号

在原理图库文件编辑器中执行菜单命令“Tools”|“New Component”，创建一个新元件，将其命名为“IRM”，如图 4－22 所示绘制其原理图符号，并且按照图 4－23 所示修改其属性参数。

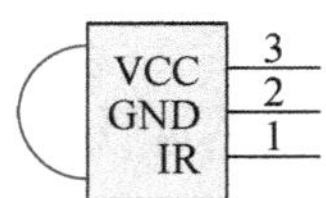

图 4－22　红外一体接收头的原理图符号

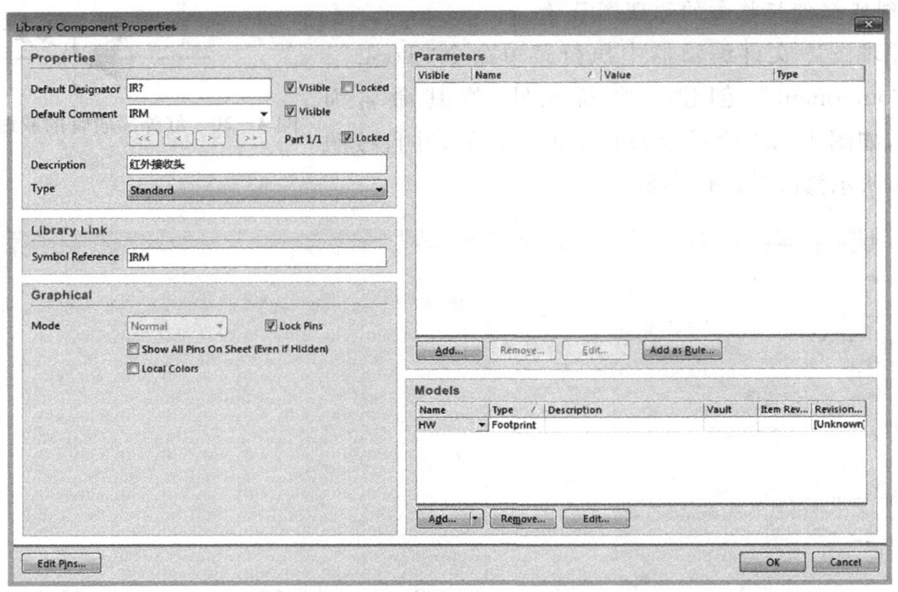

图 4-23　红外一体接收头的属性参数

9. 创建排阻的原理图符号

在原理图库文件编辑器中执行菜单命令“Tools”|“New Component”，创建一个新元件，将其命名为“RX”，如图 4-24 所示绘制其原理图符号，并且按照图 4-25 所示修改其属性参数。

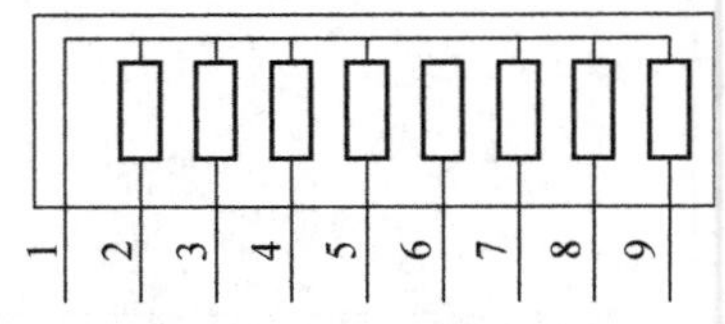

图 4-24　排阻的原理图符号

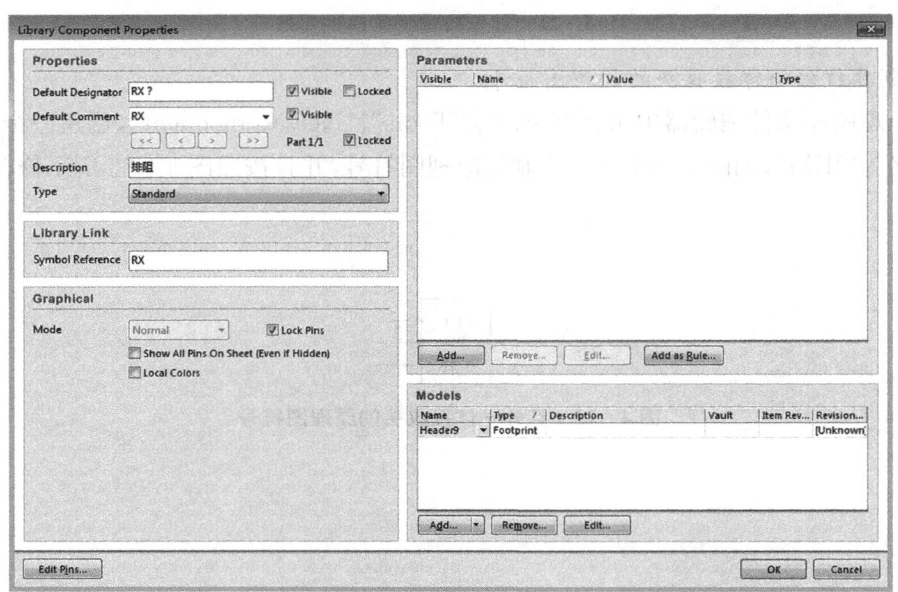

图 4-25　排阻的属性参数

10. 创建光敏电阻的原理图符号

在原理图库文件编辑器中执行菜单命令“Tools”|“New Component”，创建一个新元件，将其命名为“GM”，如图 4－26 所示绘制其原理图符号，并且按照图 4－27 所示修改其属性参数。

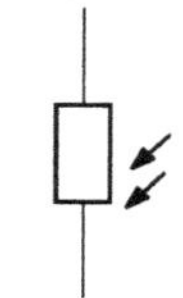

图 4－26　光敏电阻的原理图符号

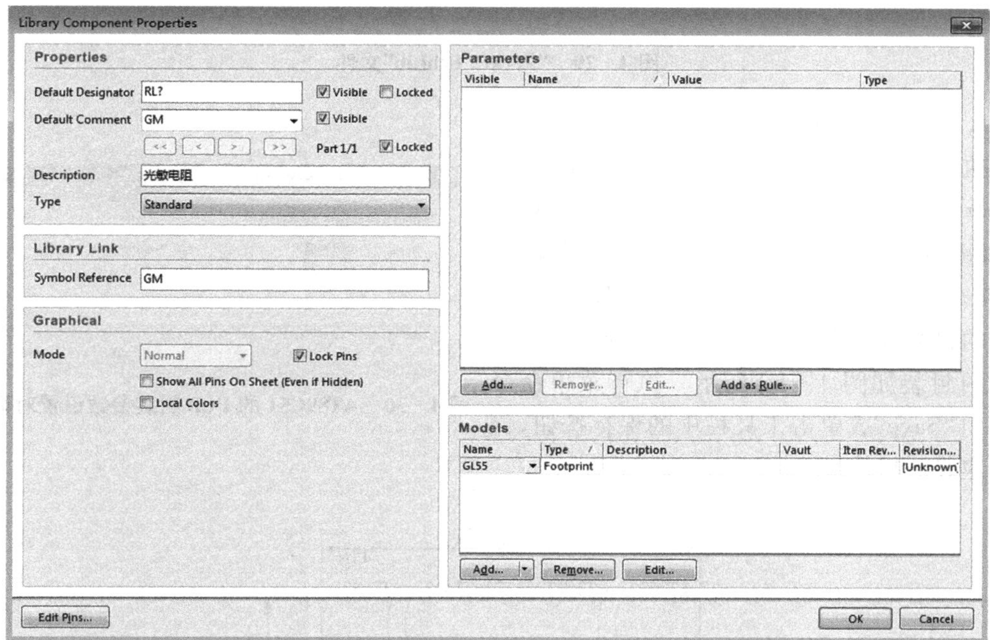

图 4－27　光敏电阻的属性参数

11. 创建其他元件的原理图符号

电容、蜂鸣器、按键、晶振的原理图符号如图 4－28 所示，这几个原理图符号可以直接从系统库里拷贝。

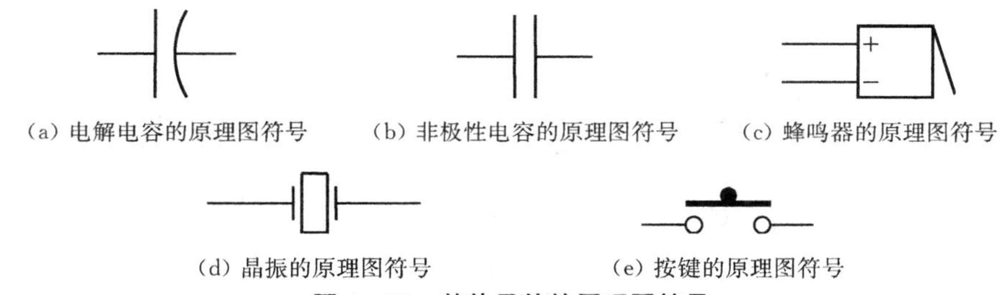

(a) 电解电容的原理图符号　(b) 非极性电容的原理图符号　(c) 蜂鸣器的原理图符号

(d) 晶振的原理图符号　(e) 按键的原理图符号

图 4－28　其他元件的原理图符号

三、创建封装库文件并添加封装

1. 创建封装库文件

执行菜单命令“File”|“New”|“Library”|“PCB Library”，系统生成一个封装库文件，默认名称为“PcbLib1. PcbLib”，同时启动封装库文件编辑器，该库文件被自动加载到“ZNXC.

LibPkg"工程下,将该库文件另存为"ZNXC . PcbLib",如图4-29 所示。

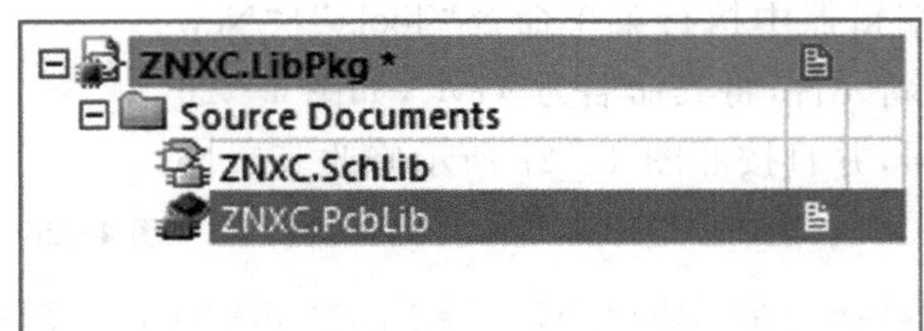

图 4-29 "ZNXC. PcbLib"文件

2. 创建 AT89C51 的封装

执行菜单命令"Tools" | "Component Properties..." ,打开 PCB 封装参数设置对话框,如图 4-30 所示。在名称文本框中输入"AT89C51",单击"OK"按钮。按照图 4-31 所示的封装尺寸绘制 AT89C51 的封装,绘制完成的封装如图 4-32 所示。执行菜单命令"File" | "Save"或单击工具栏中的保存按钮,保存创建好的封装。

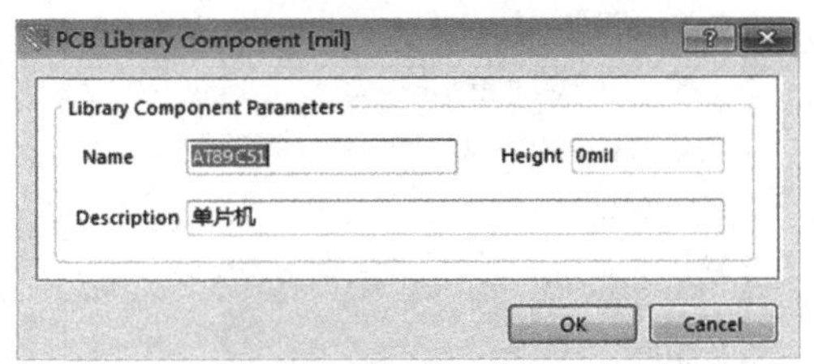

图 4-30 AT89C51 的 PCB 封装参数设置对话框

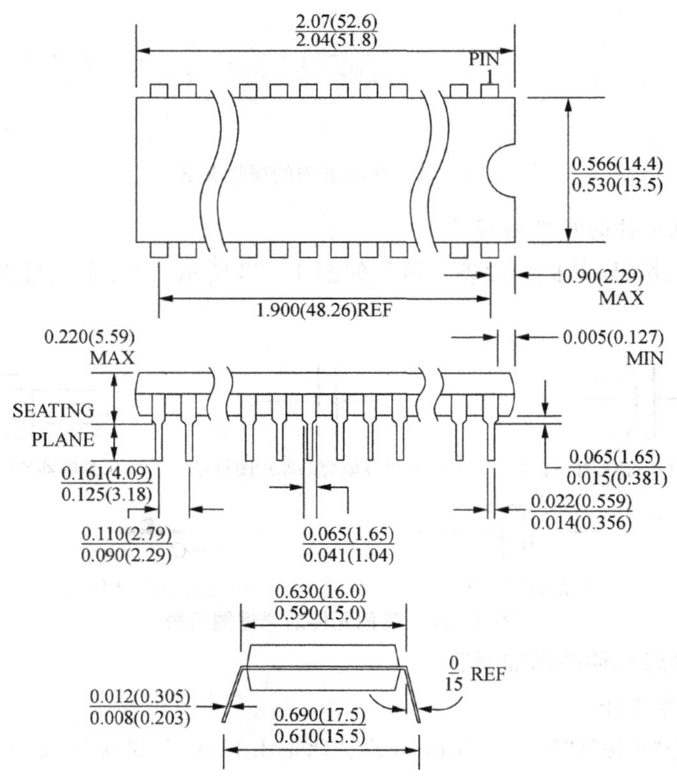

图 4-31 AT89C51 的封装尺寸(单位为英寸,括号中单位为毫米)

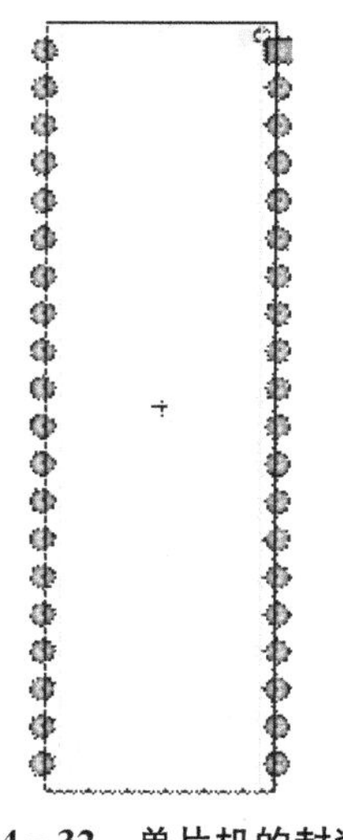

图 4－32　单片机的封装

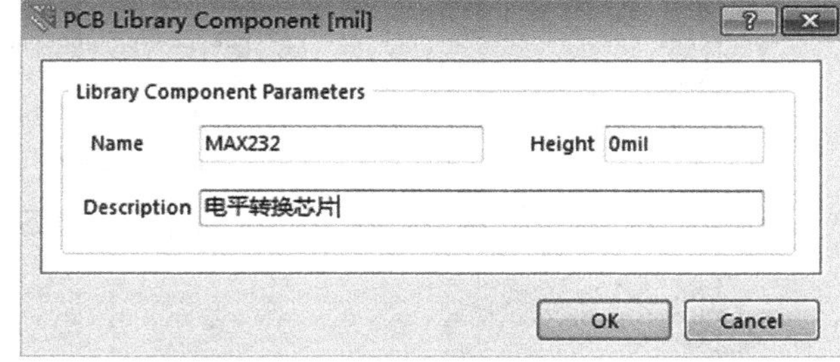

图 4－33　MAX232 的 PCB 封装参数设置对话框

3. 创建 MAX232 的封装

执行菜单命令“Tools”|“Component Properties...”，打开 PCB 封装参数设置对话框，如图 4－33 所示。在名称文本框中输入“MAX232”，单击“OK”按钮。按照图 4－34 所示的封装尺寸图绘制 MAX232 的封装，绘制结果如图 4－35 所示。执行菜单命令“File”|“Save”或单击工具栏中的保存按钮，保存创建好的封装。

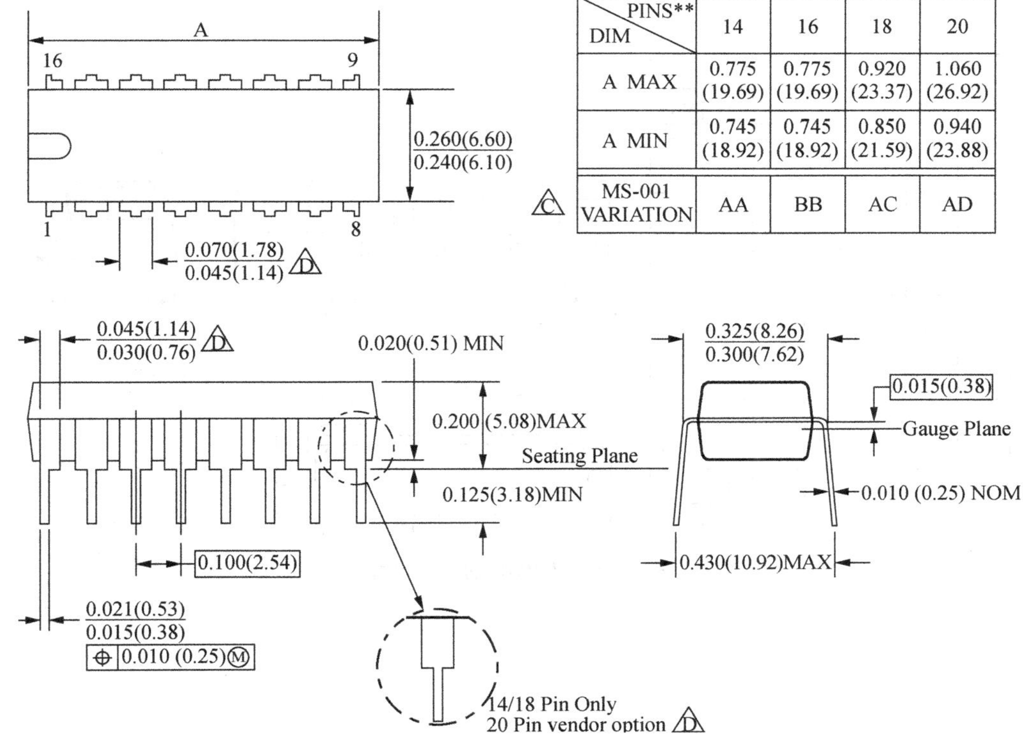

DIM \ PINS**	14	16	18	20
A MAX	0.775 (19.69)	0.775 (19.69)	0.920 (23.37)	1.060 (26.92)
A MIN	0.745 (18.92)	0.745 (18.92)	0.850 (21.59)	0.940 (23.88)
MS-001 VARIATION	AA	BB	AC	AD

图 4－34　MAX232 的封装尺寸(单位为英寸，括号中单位为毫米)

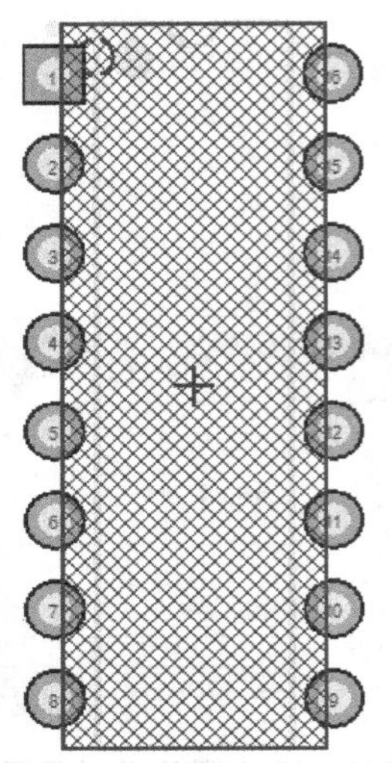

图 4－35　MAX232 的封装

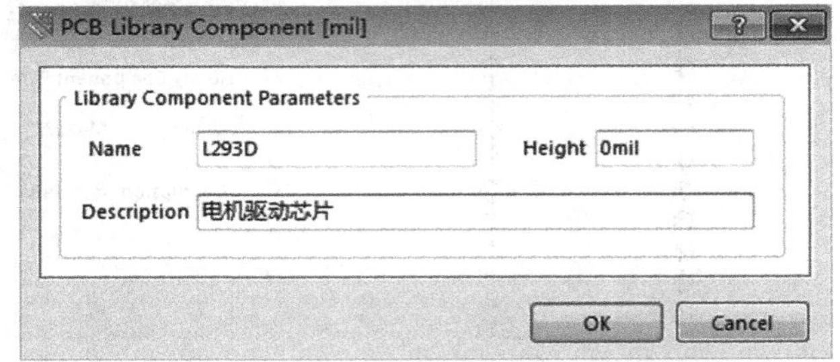

图 4－36　L293D 的 PCB 封装参数设置对话框

4. 创建 L293D 的封装符号

执行菜单命令“Tools”|“Component Properties...”，打开 PCB 封装参数设置对话框，如图 4－36 所示。在名称文本框中输入“L293D”，单击“OK”按钮。按照图 4－37 所示的封装尺寸绘制 L293D 的封装，绘制结果如图 4－38 所示。执行菜单命令“File”|“Save”或单击工具栏中的保存按钮，保存创建好的封装。

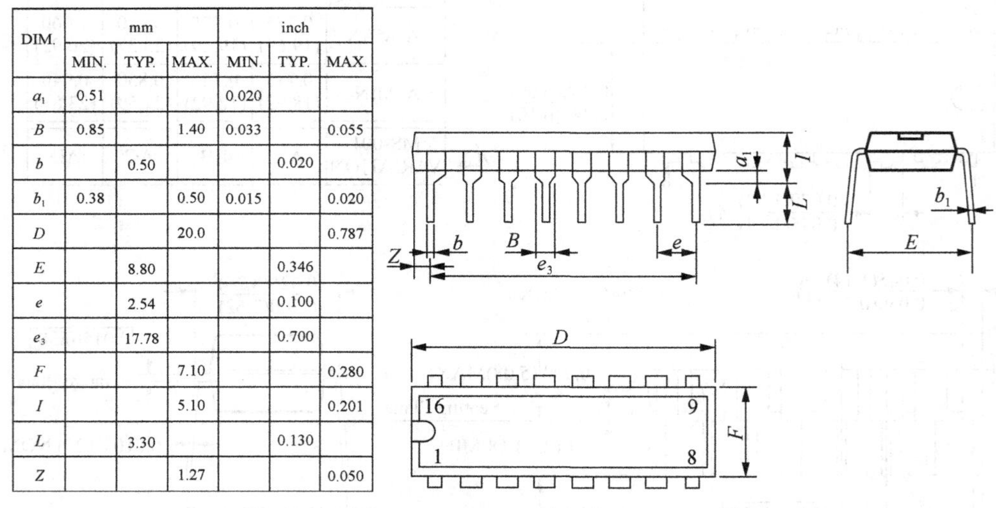

DIM.	mm			inch		
	MIN.	TYP.	MAX.	MIN.	TYP.	MAX.
a_1	0.51			0.020		
B	0.85		1.40	0.033		0.055
b		0.50			0.020	
b_1	0.38		0.50	0.015		0.020
D			20.0			0.787
E		8.80			0.346	
e		2.54			0.100	
e_3		17.78			0.700	
F			7.10			0.280
I			5.10			0.201
L		3.30			0.130	
Z			1.27			0.050

图 4－37　L293D 的封装尺寸

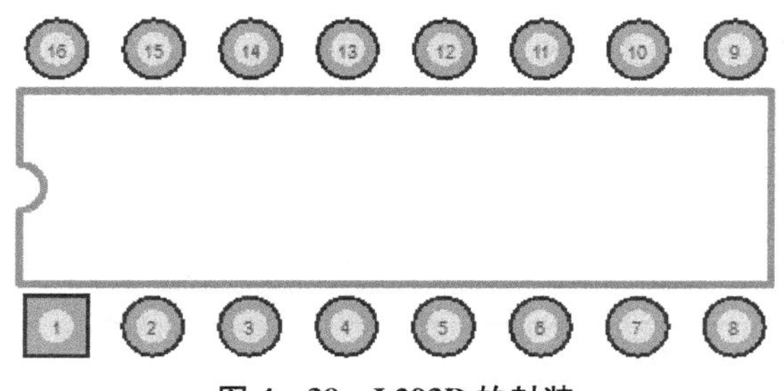

图 4－38　L293D 的封装

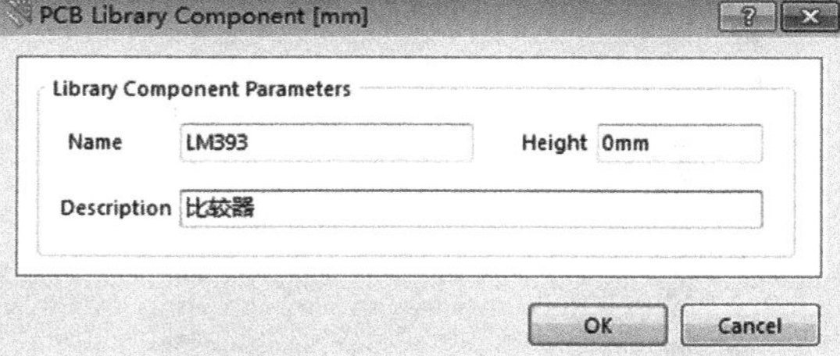

图 4－39　LM393 的 PCB 封装参数设置对话框

5. 创建 LM393 的封装符号

执行菜单命令“Tools”|“Component Properties...”，打开 PCB 封装参数设置对话框，如图 4－39 所示。在名称文本框中输入“LM393”，单击“OK”按钮。按照图 4－40 所示的封装尺寸绘制 LM393 的封装，绘制结果如图 4－41 所示。执行菜单命令“File”|“Save”或单击工具栏中的保存按钮，保存创建好的封装。

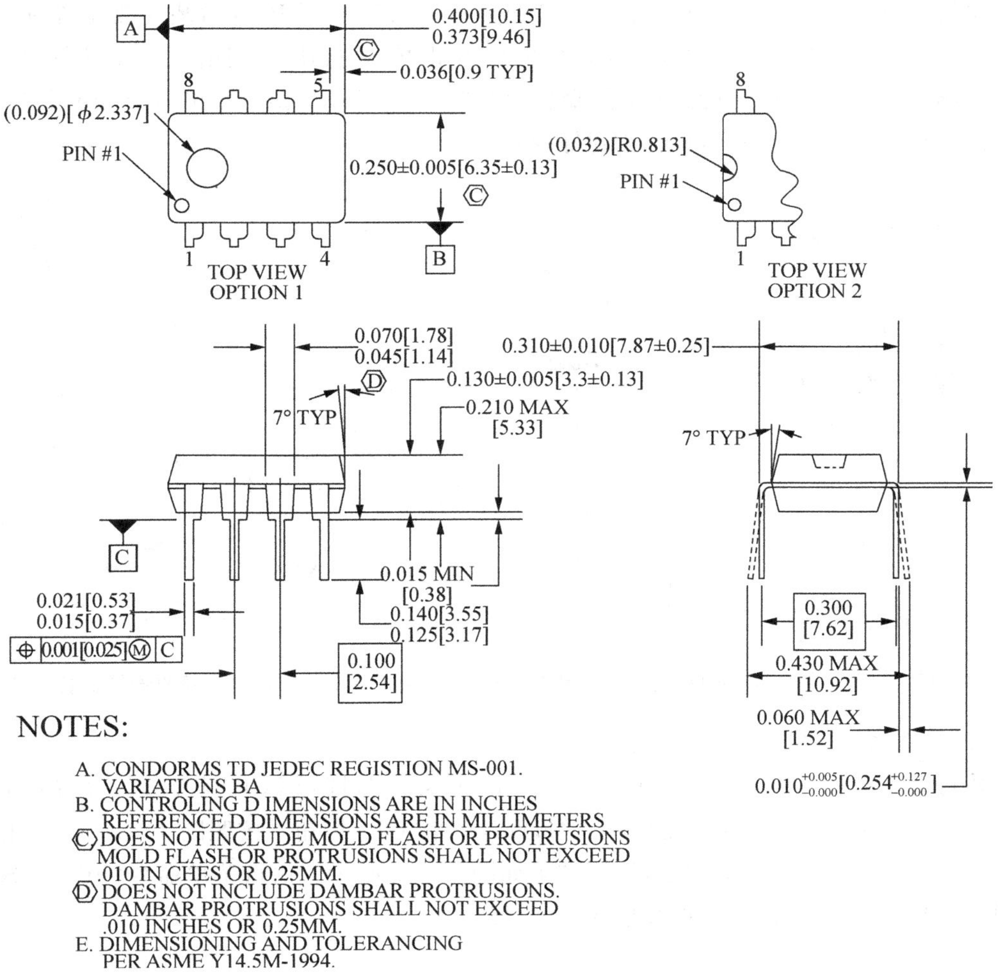

图 4－40　LM393 的封装尺寸(单位为英寸,方括号中单位为毫米)

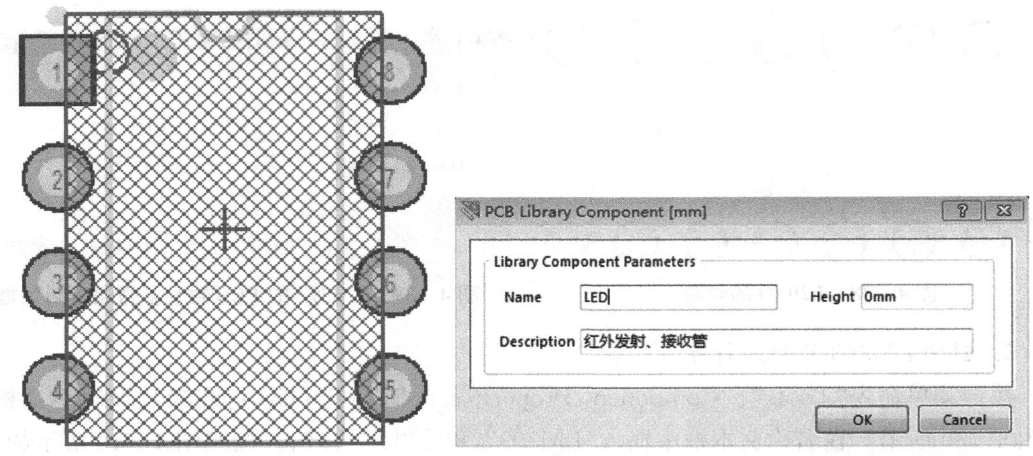

图 4-41 LM393 的封装　　图4-42 红外发射、接收管的 PCB 封装参数设置对话框

6. 创建红外发射、接收管的封装

执行菜单命令“Tools”|“Component Properties...”，打开 PCB 封装参数设置对话框，如图 4-42 所示。在名称文本框中输入“LED”，单击“OK”按钮。按照图 4-43 所示的封装尺寸绘制红外发射、接收管的封装，绘制结果如图 4-44 所示。执行菜单命令“File”|“Save”或单击工具栏中的保存按钮，保存创建好的封装。

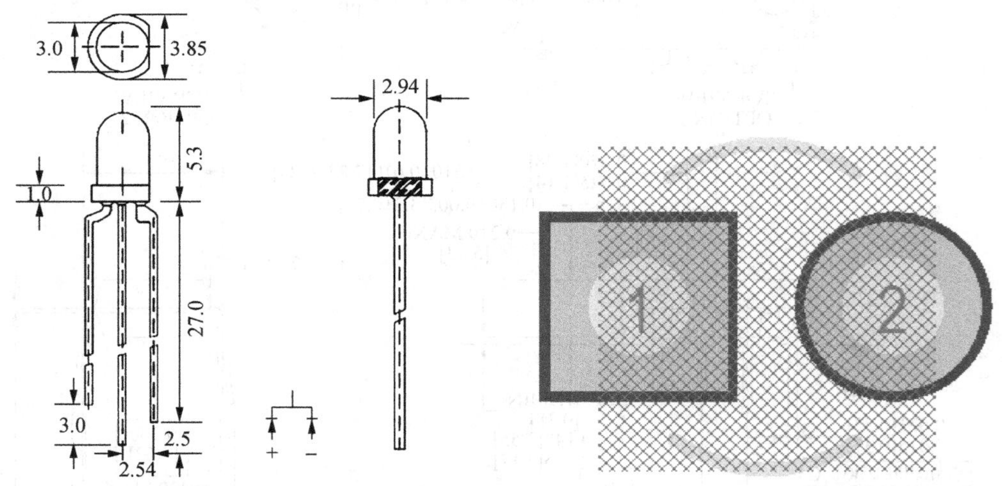

图 4-43 红外发射、接收管的封装尺寸(单位:mm)　　图 4-44 红外发射、接收管的封装符号

7. 创建红外一体接收头的封装

执行菜单命令“Tools”|“Component Properties...”，打开 PCB 封装参数设置对话框，如图 4-45 所示。在名称文本框中输入“HW”，单击“OK”按钮。按照图 4-46 所示的封装尺寸绘制红外一体接收头的封装，绘制结果如图 4-47 所示。执行菜单命令“File”|“Save”或单击工具栏中的保存按钮，保存创建好的封装。

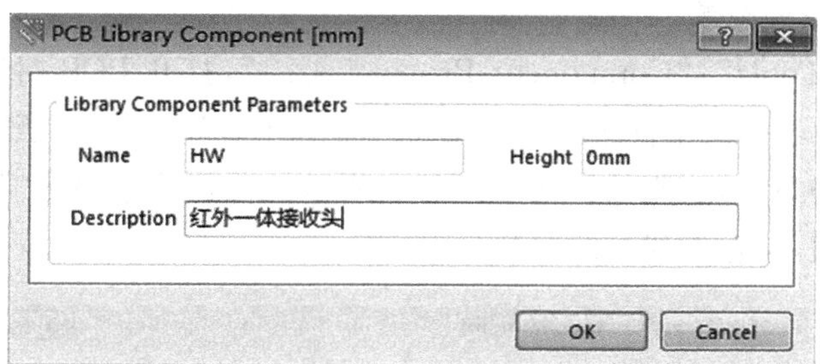

图 4-45　红外一体接收头的 PCB 封装参数设置对话框

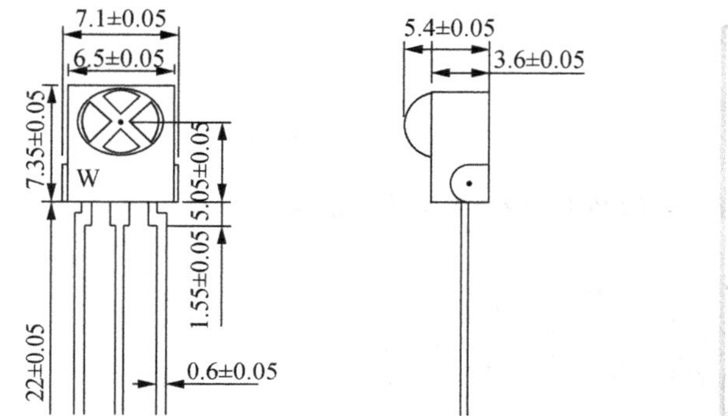

图 4-46　红外一体接收头的封装尺寸(单位:mm)

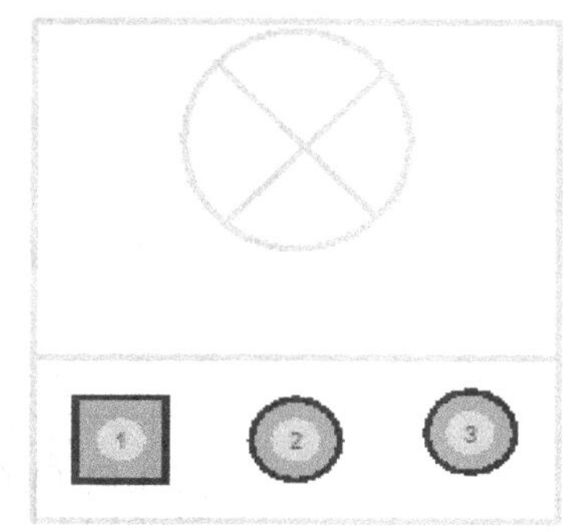

图 4-47　红外一体接收头的封装

8. 创建排阻的封装

执行菜单命令“Tools”|“Component Properties...”,打开 PCB 封装参数设置对话框,如图 4-48 所示。在名称文本框中输入“Header9”,单击“OK”按钮。如图 4-49 所示绘制排阻的封装,也可以直接拷贝“Miscellaneous Connectors. IntLib”库中的 Header9 封装。执行菜单命令“File”|“Save”或单击工具栏中的保存按钮,保存创建好的封装。

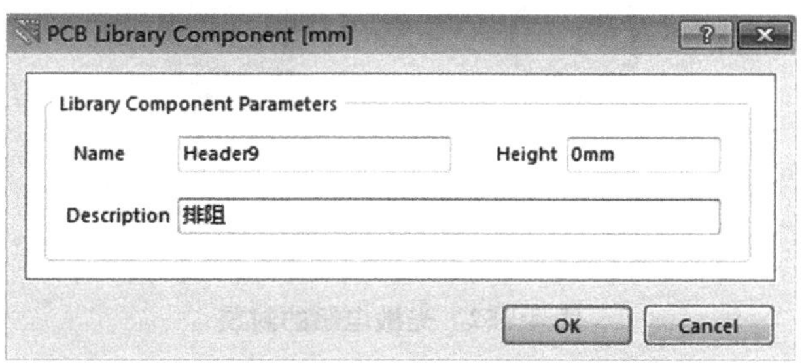

图 4-48　排阻的 PCB 封装参数设置对话框

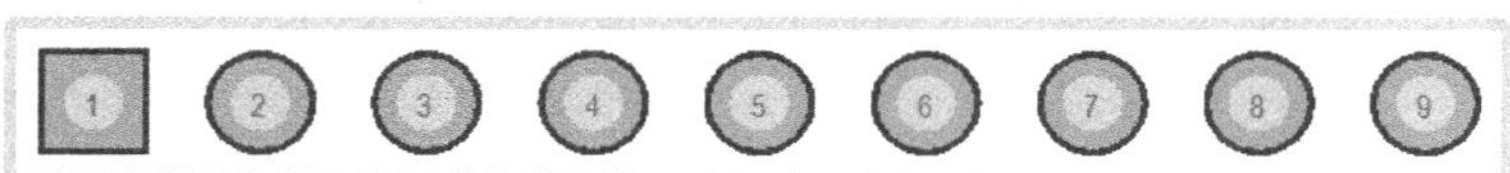

图 4-49　排阻的封装

9. 创建光敏电阻的封装

执行菜单命令"Tools"|"Component Properties..."，打开 PCB 封装参数设置对话框，如图 4－50 所示。在名称文本框中输入"GL55"，单击"OK"按钮。按照图 4－51 所示的封装尺寸绘制光敏电阻的封装，绘制结果如图 4－52 所示。执行菜单命令"File"|"Save"或单击工具栏中的保存按钮，保存创建好的封装。

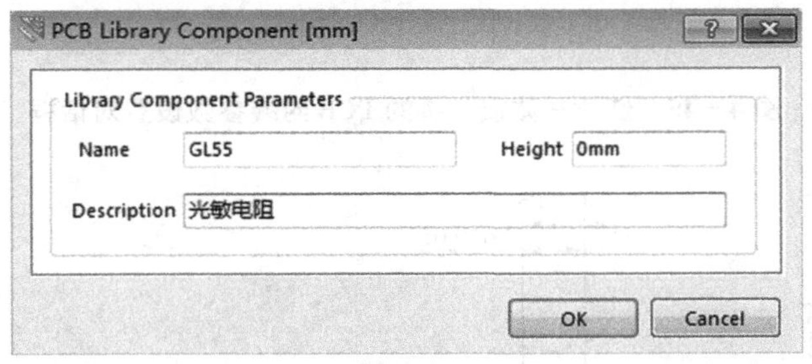

图 4－50　光敏电阻的 PCB 封装参数设置对话框

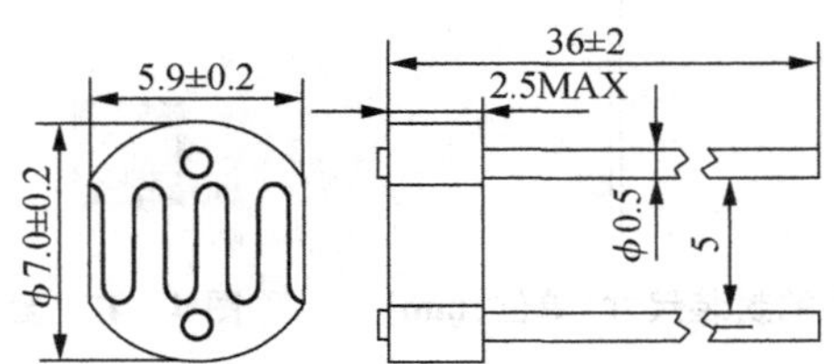

图 4－51　光敏电阻的封装尺寸(单位:mm)

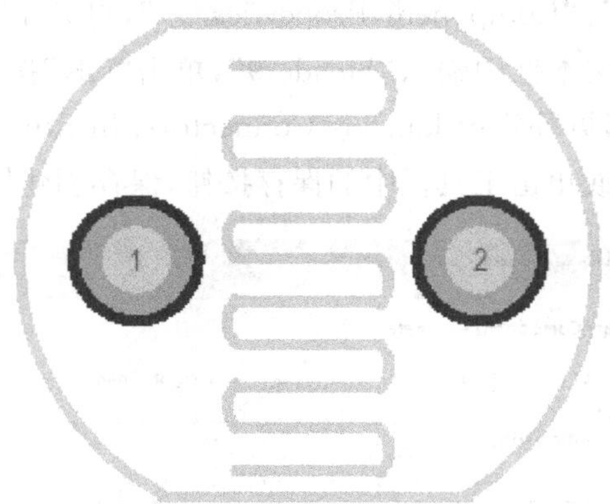

图 4－52　光敏电阻的封装

10. 创建其他元件的封装

电容、蜂鸣器、按键、晶振的封装尺寸如图 4－53 所示，这些元件的封装如图 4－54 所示。

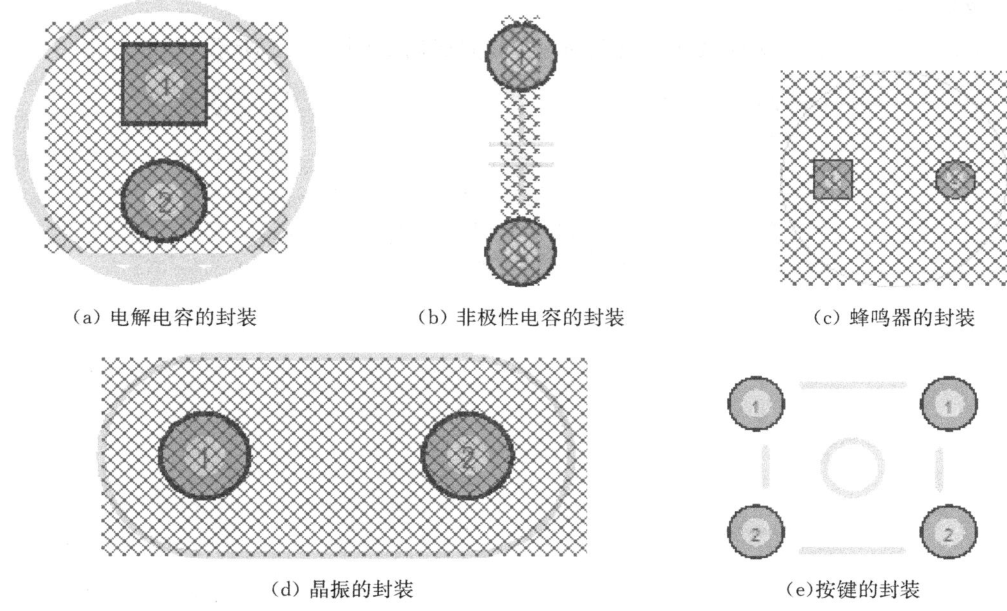

(a) 电解电容的封装　(b) 非极性电容的封装　(c) 蜂鸣器的封装

(d) 晶振的封装　(e)按键的封装

图 4－53　其他元件的封装

四、编译集成元件库

执行菜单命令“Project”|“Compile Integrated Library ZNXC. LibPkg”，对整个集成元件库进行编译。倘若编译错误，会在“Messages”面板中显示错误信息。编译无误后，会在项目文件夹中生成一个新的名为“Project Outputs for ZNXC”的文件夹，该文件夹中的文件即为生成的集成库文件，用户可以像利用库文件一样加载该文件。

五、绘制电路原理图

1. 创建原理图文件并设置原理图工作环境

按照项目 1 介绍的方法创建两个 PCB 工程，分别命名为“主控制器”和 “传感器探测”，为两个工程分别添加原理图文件“主控制器”和“传感器探测”，如图 4－54 所示。执行菜单命令“File”|“Save”，保存所建工程及原理图文件。原理图工作环境参照项目 1 进行设置，这里不再赘述。

图 4－54　创建 PCB 工程并添加原理图文件

2. 加载集成元件库

按照项目 1 介绍的方法加载集成元件库，加载完成后如图 4－55 所示。

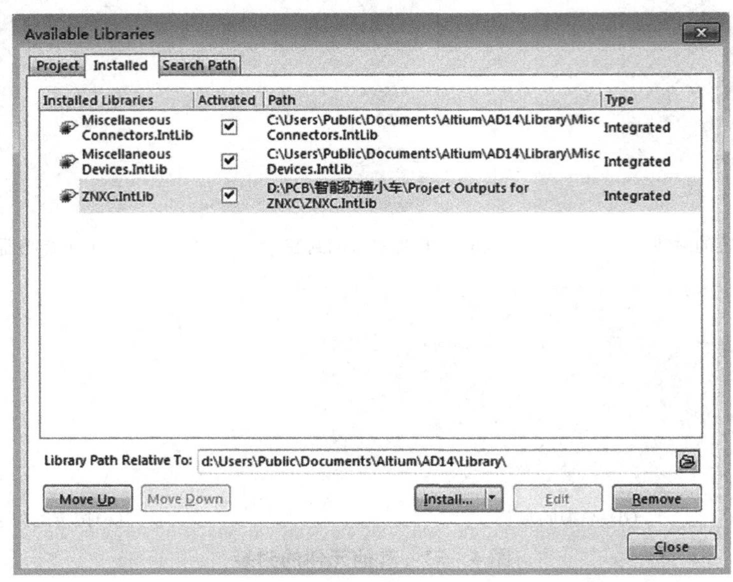

图 4－55　加载 ZNXC. IntLib 集成元件库

3. 元件布局、布线与编译

一一查找智能小车所需元件并放置到原理图编辑界面，修改相关参数，然后进行元件的布局与连线，图 4－56 和图 4－57 所示即为绘制完成的电路原理图。

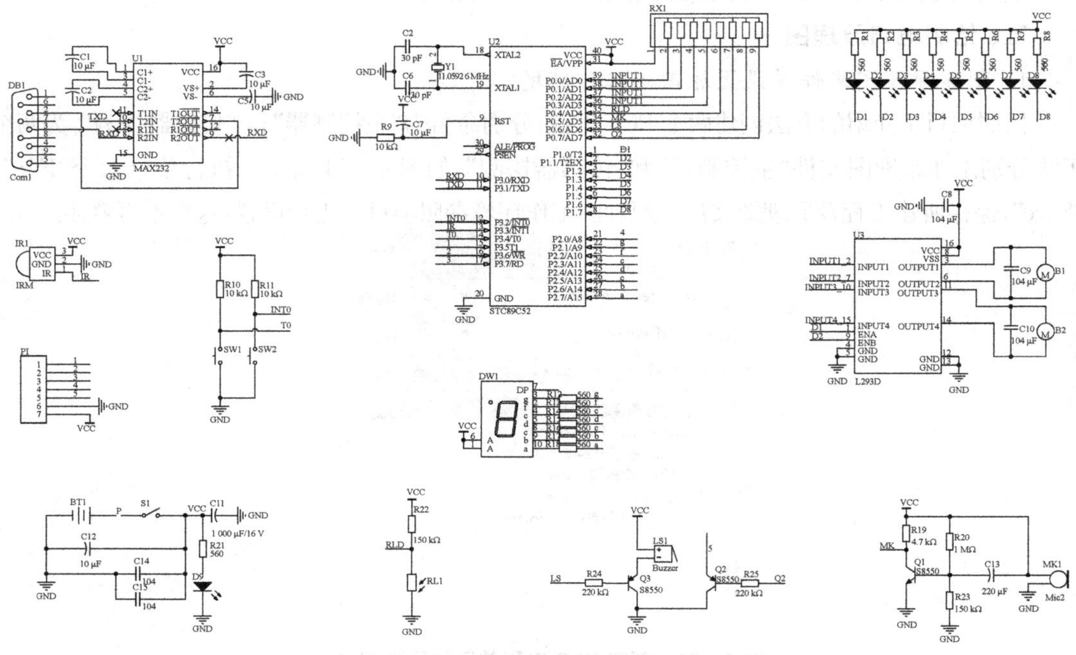

图 4－56　主控制器电路原理图

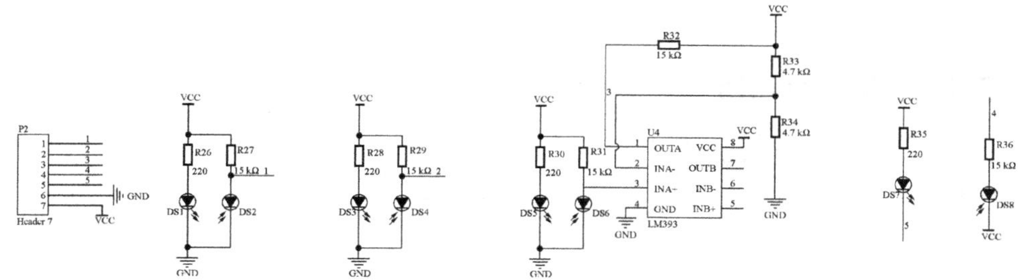

图 4-57　传感器探测电路原理图

分别对两个工程中的文件进行编译，编译完毕系统会在“Messages”面板中提示相关的信息，要保证编译成功，无警告，无错误，如图 4-58 所示。

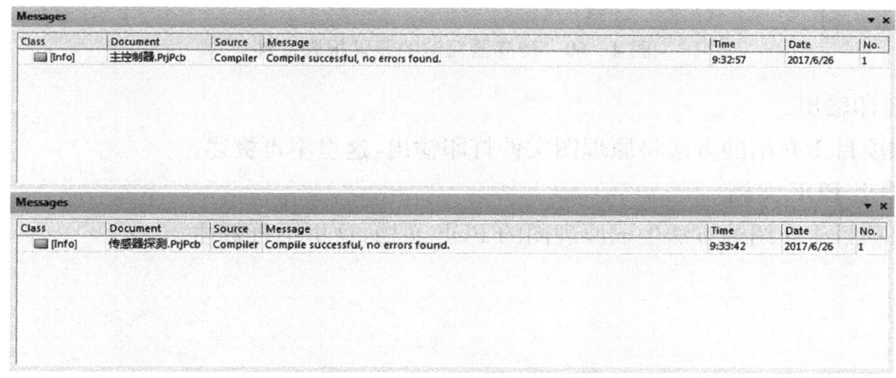

图 4-58　编译后的提示信息

4. 输出电路原理图相关文件

1）生成元件报表文件

按照项目 1 介绍的方法生成元件报表，如图 4-59 和 4-60 所示。

	A	B	C	D	E	F
1						
2	**Bill of Materials**			<Parameter Title not found>		
3	Source Data From:		主控制器.PrjPcb			
4	Project:		主控制器.PrjPcb			
5	Variant:		None			
6						
7	Creation Date:	2017/6/26	9:35:23			
8	Print Date:	42912	42912.39991			
9						
10						
11	**Footprint**	**Comment**	**LibRef**	**Designator**	**Description**	**Quantity**
12	RAD-0.1	Motor	Motor	B1, B2	Motor, General Kind	2
13	BAT-2	Battery	Battery	BT1	Multicell Battery	1
14	CAP-260-1	220uF	Cap2	C1, C3, C4, C5, C7, C12, C13	Capacitor	7
15	C200 - 1		Cap	C2, C6, C14, C15	Capacitor	4
16	C200 - 1	0.1uF	Cap	C8, C9, C10	Capacitor	3
17	RB7.6-15		Cap2	C11	Capacitor	1
18	LED	LED0	LED0	D1, D2, D3, D4, D5, D6, D7, D8, D9	Typical INFRARED GaAs LED	9
19	DSUB1.385-2	Com1	D Connector 9	DB1	Receptacle Assembly, 9 Position, Right An	1
20	A	Dpy Amber-CA	Dpy Amber-CA	DW1	7.62 mm Black Surface Orange 7-Segment	1
21	HW	IRM	红外接收头	IR1		1

图 4-59　主控制器的元件报表文件

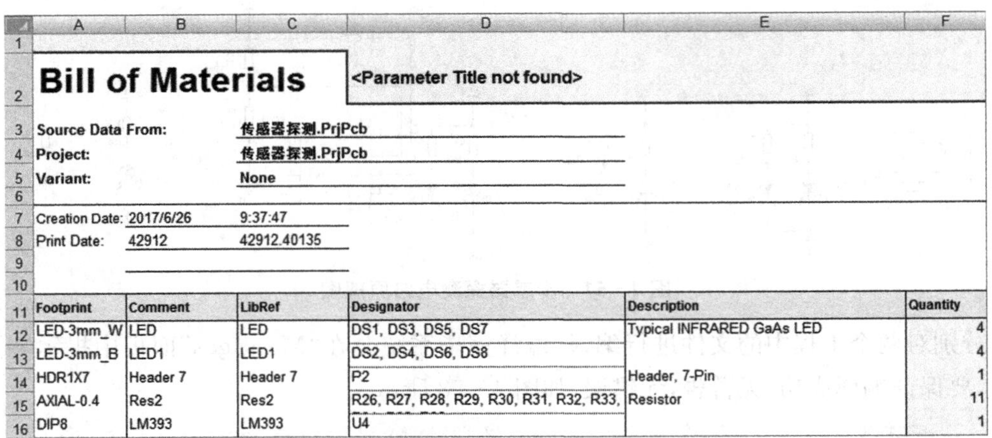

Bill of Materials <Parameter Title not found>

Source Data From: 传感器探测.PrjPcb

Project: 传感器探测.PrjPcb

Variant: None

Creation Date: 2017/6/26 9:37:47

Print Date: 42912 42912.40135

Footprint	Comment	LibRef	Designator	Description	Quantity
LED-3mm_W	LED	LED	DS1, DS3, DS5, DS7	Typical INFRARED GaAs LED	4
LED-3mm_B	LED1	LED1	DS2, DS4, DS6, DS8		4
HDR1X7	Header 7	Header 7	P2	Header, 7-Pin	1
AXIAL-0.4	Res2	Res2	R26, R27, R28, R29, R30, R31, R32, R33,	Resistor	11
DIP8	LM393	LM393	U4		1

图 4-60　传感器探测的元件报表文件

2）打印输出

按照项目 1 介绍的方法将原理图文件打印输出，这里不再赘述。

3）输出 PDF 文档

按照项目 1 介绍的方法生成原理图的 PDF 文档，这里不再赘述。

任务 4.2　智能小车 PCB 的设计

任务目标

（1）掌握 PCB 规划的方法和意义。

（2）掌握 PCB 规则检查的方法和意义。

任务内容

绘制智能小车的 PCB。

任务相关知识

如图 4－61 所示为智能小车实物图。智能小车包含主控制器板和传感器探测板，下面分别介绍两块 PCB 的具体要求。

（1）主控制器 PCB 的要求如下：

① PCB 的长宽尺寸为 120 mm×87 mm；

② 4 个安装孔的直径为 3 mm，距离 PCB 边沿 10 mm；

③ 接头尽量沿板子边沿放置。

（2）传感器探测 PCB 的要求如下：

① PCB 的长宽尺寸为 120 mm×87 mm；

② 4 个安装孔的直径为 3 mm，距离 PCB 边沿 10 mm；

③ 接头尽量沿板子边沿放置。

图 4－61　智能小车实物图

任务实施

一、主控制器 PCB 的设计

1. 规划 PCB

创建新的 PCB 文件,命名为"主控制器. PcbDoc",将其添加到"主控制器. PrjPcb"工程中,如图 4 - 62 所示。如图 4 - 63 所示为主控制器 PCB 的外形轮廓。

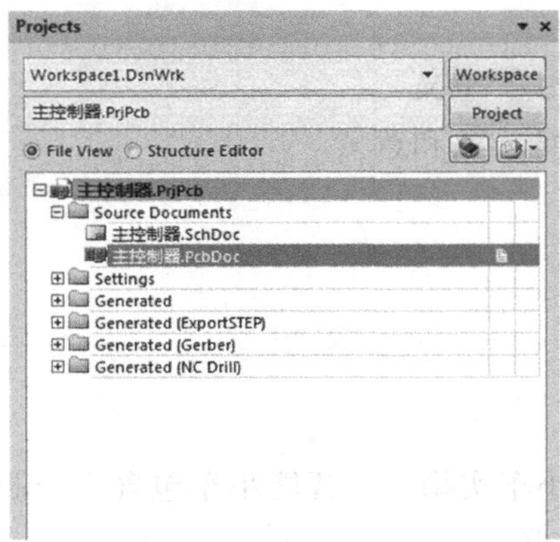

图 4 - 62 "主控制器"工程的 PCB 文件

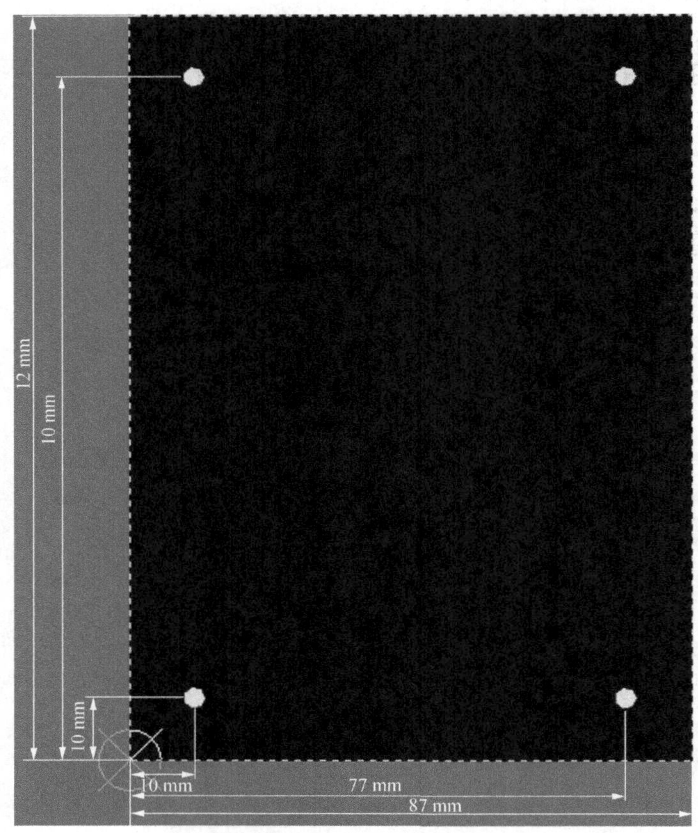

图 4 - 63 主控制器 PCB 的外形轮廓

2. 从原理图加载网络表和元件封装到PCB

(1) 编译主控制器的原理图文件，修改错误，忽略对布线无影响的警告。

(2) 执行菜单命令"Design"|"Import PCB Document 主控制器. PrjPcb"，加载元件封装和网络表，注意根据错误提示设置好元件库。加载元件封装和网络表后的PCB如图4-64所示。

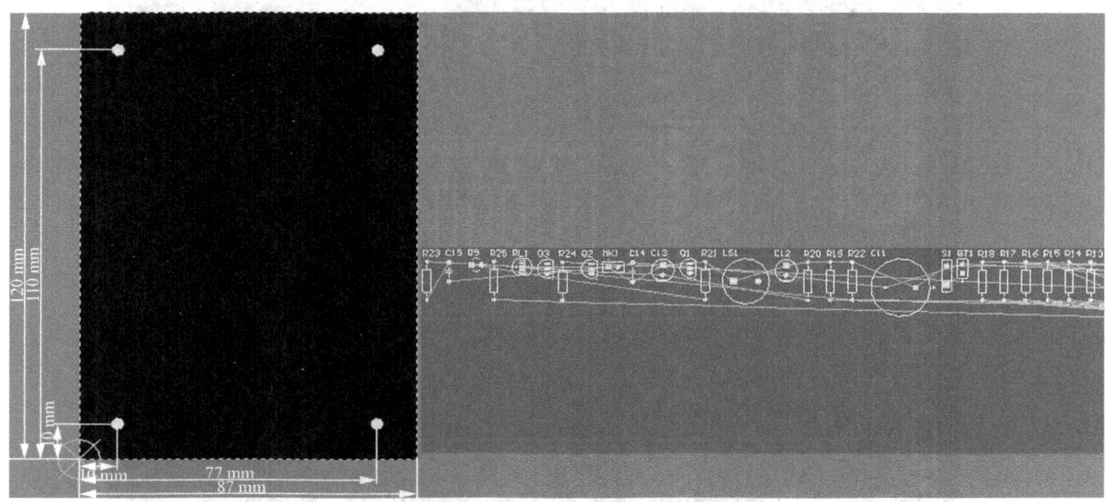

图4-64　加载元件封装和网络表后的主控制器PCB

3. 手工布局调整

通过旋转元件进行手工布局调整，注意减少飞线的交叉，如图4-65所示。

4. 设置布线规则

主控制器PCB的布线规则如表4-1所示。

表4-1　主控制器PCB的布线规则表

规则类别	规则名称	范围	设定值	优先等级
Electrical	Clearance	All-All	0.406 mm	1
Electrical	ShortCircuit	All-All	Not Allowed	1
Routing	Width	Power 分类	0.762 mm	1
Routing	Width	All-All	(Min)0.254 mm、(Pref)0.305 mm、(Max)0.381 mm	2
Manufacturing	SilkToSilkClearance	All-All	0.01 mm	1
Manufacturing	HoleSize	All	(Max)3.3 mm、(Min)0.025 mm	

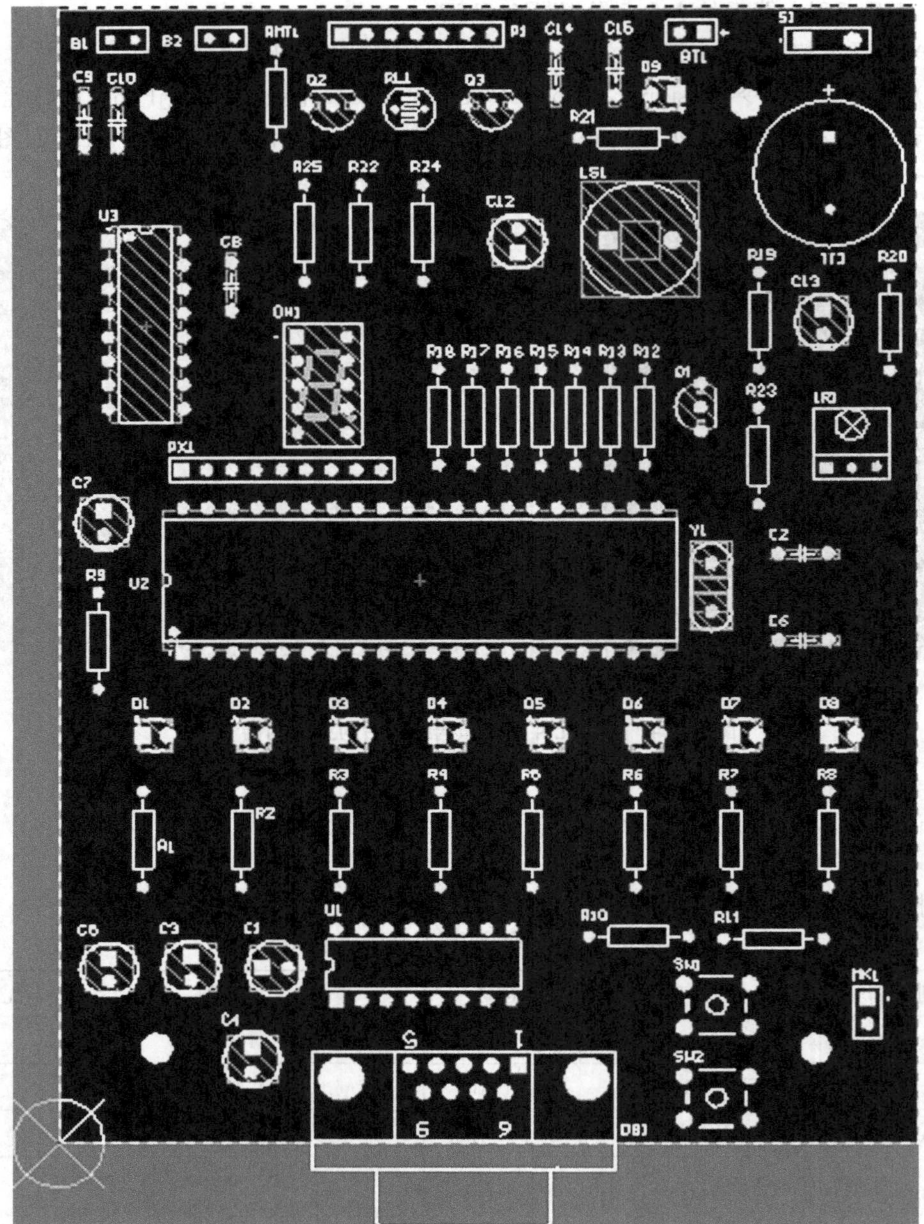

图 4－65　进行手工布局调整后的元件位置

其中，Power 分类包括 VCC、GND 和 P 网络。

5．手工布线

PCB 布线要满足如下要求：

（1）布线不得超出板框。

（2）可在 Top Layer 与 Bottom Layer 布线。

（3）不得构成线路回路（loop）。

(4) 不得有 90°或小于 90°的锐角布线。

(5) 过孔(via)的用量不得超过 10 个。

(6) 布线不可从芯片引脚间穿出。

手工布线后的 PCB 如图 4－66 所示。布线完成后需进行敷铜,如图4－67所示。

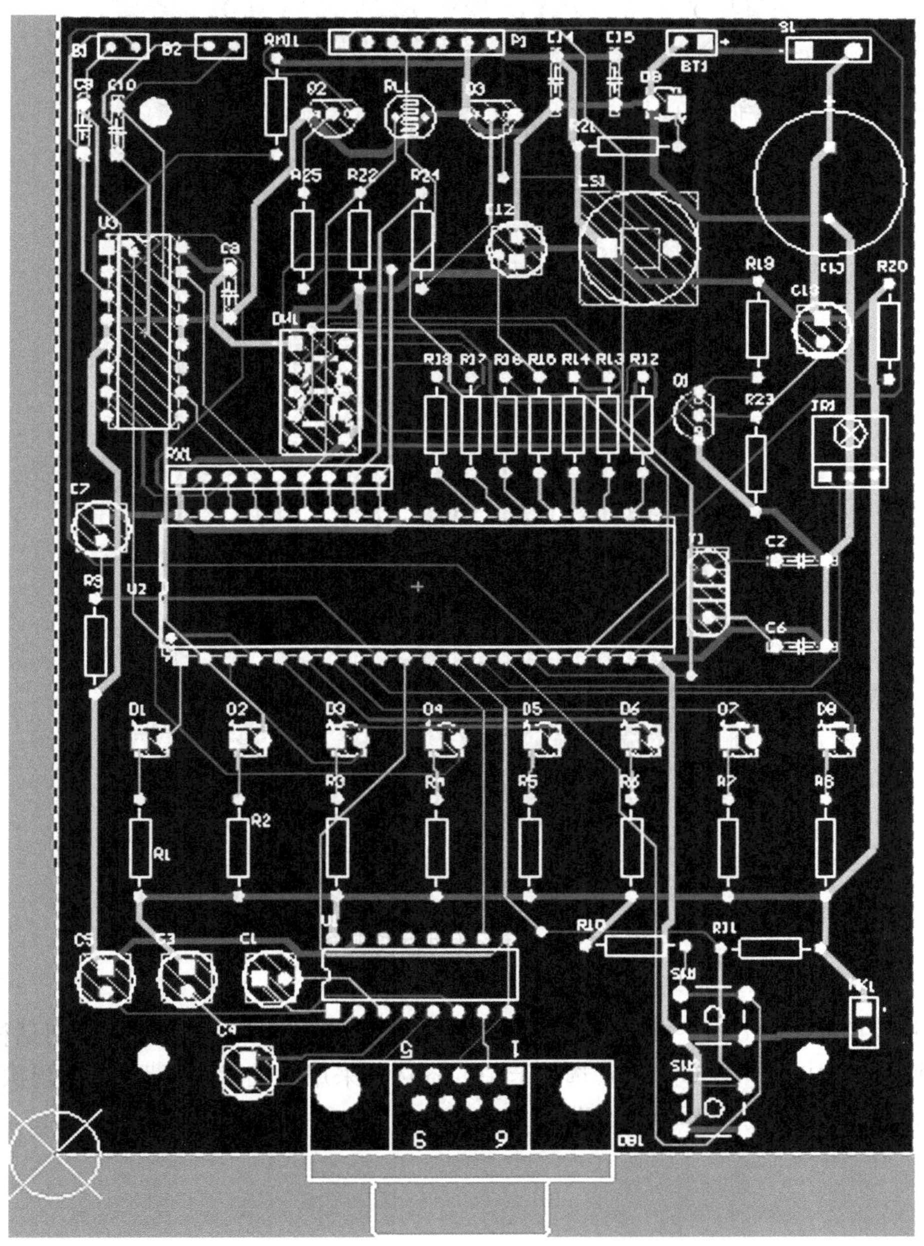

图 4－66　手工布线后的主控制器 PCB

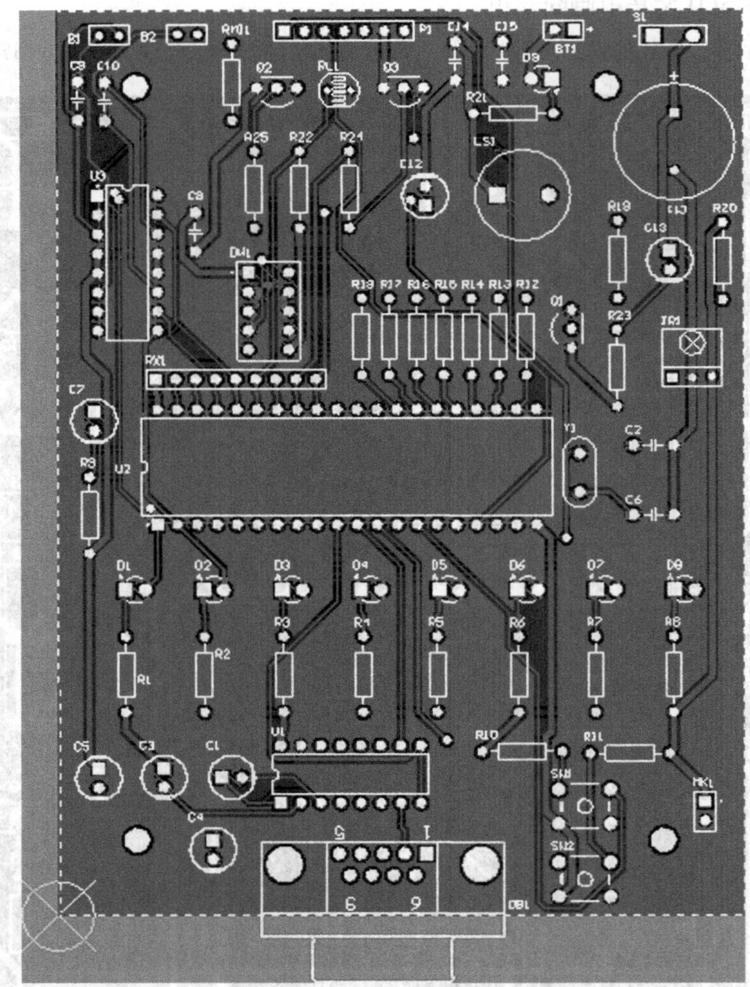

图 4-67　敷铜之后的主控制器 PCB

6. 设计规则检查

执行菜单命令“Tools”|“Design Rule Check”，进入“Design Rule Checker”对话框，如图 4-68 所示，其中“Report Options”选项卡中的各选项采用系统默认设置，但违规次数的上限值需设为 100，以便加快 DRC 的进程。

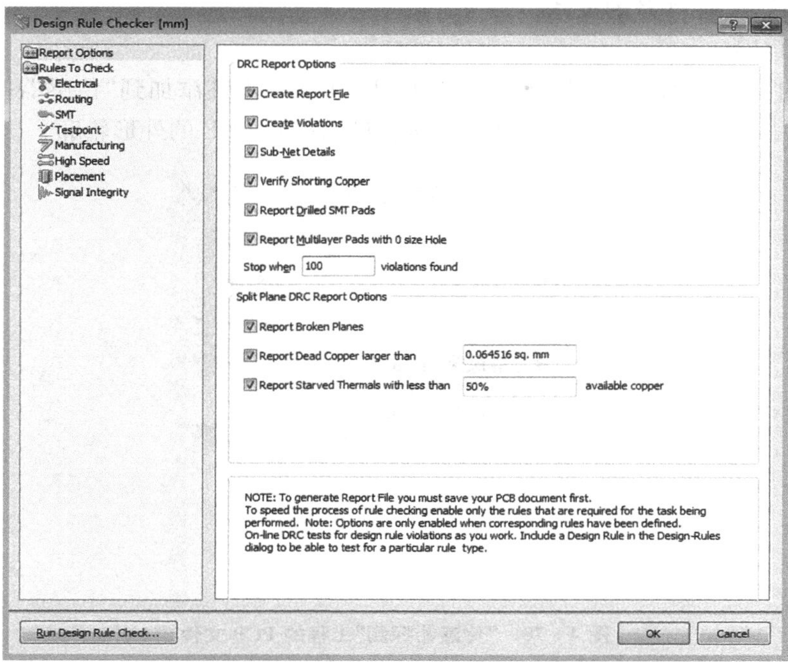

图 4－68　"Design Rule Checker"对话框

单击"Run Design Rule Check"按钮，开始运行批处理 DRC。运行结束后，系统在当前工程的"Documents"文件夹下自动生成网页形式的设计规则校验报告"Design Rule Check－MCU. html"并显示在工作窗口中，如图 4－69 所示。

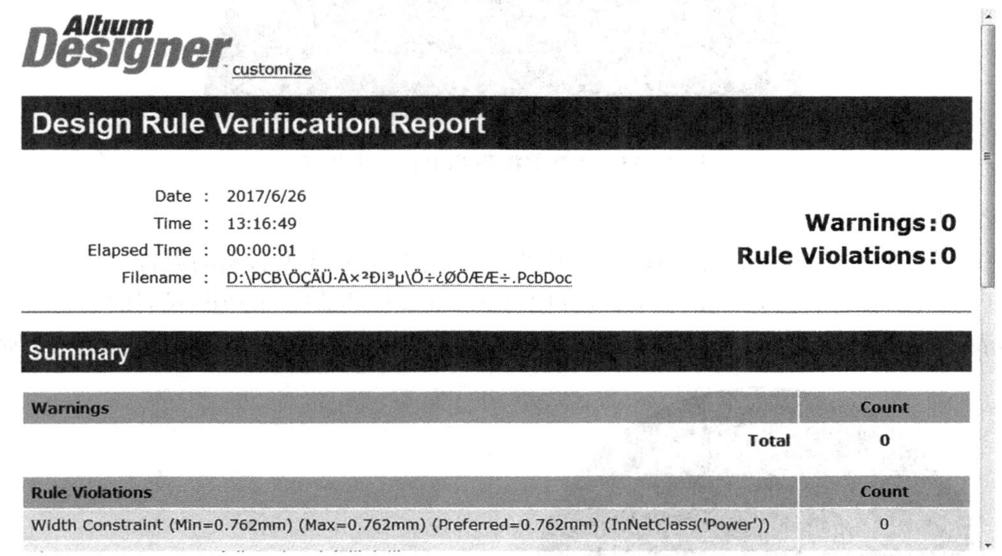

图 4－69　网页形式的主控制器 PCB 设计规则校验报告

二、传感器探测 PCB 的设计

1. 规划 PCB

创建新的 PCB 文件，命名为“传感器探测. PcbDoc”，将其添加到“传感器探测. PrjPcb”工程中，如图 4－70 所示。如图 4－71 所示为传感器探测 PCB 的外形轮廓。

图 4－70 “传感器探测”工程的 PCB 文件

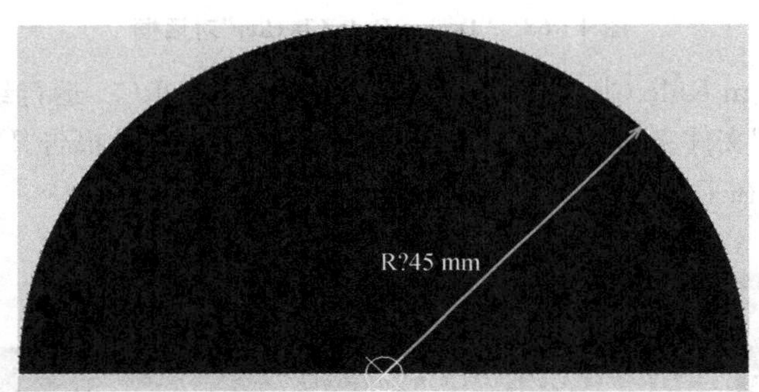

图 4－71 传感器探测 PCB 的外形轮廓

2. 从原理图加载网络表和元件封装到 PCB

（1）编译传感器探测的原理图文件，修改错误，忽略对布线无影响的警告。

（2）执行菜单命令“Design”|“Import PCB Document 传感器探测. PrjPcb”，加载元件封装和网络表，注意根据错误提示设置好元件库。加载元件封装和网络表后的 PCB 如图 4－72 所示。

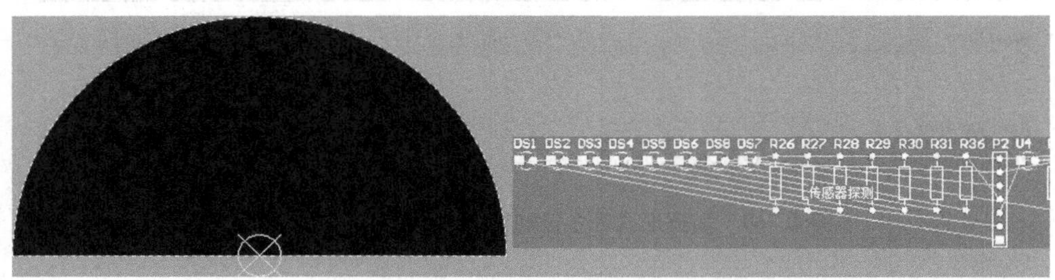

图 4－72 加载元件封装和网络表后的传感器探测 PCB

3. 手工布局

通过旋转元件进行手工布局调整，注意减少飞线的交叉，如图4-73所示。

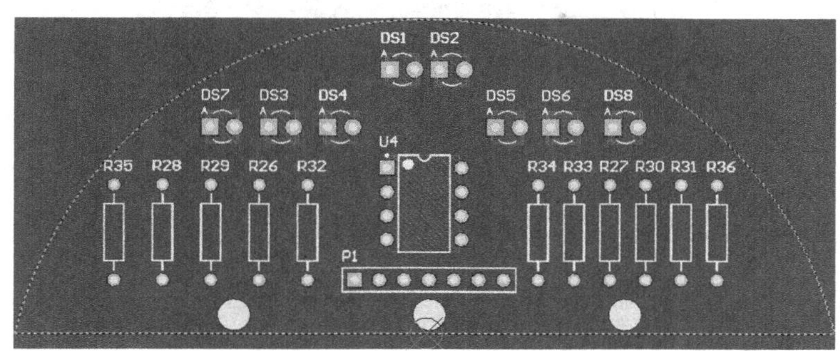

图4-73　手工布局调整后的元件位置

4. 设置布线规则

传感器探测PCB的布线规则如表4-1所示，其中Power分类包括VCC、GND网络。

5. 手工布线

PCB布线要满足如下要求：

(1) 布线不得超出板框。

(2) 可在Top Layer与Bottom Layer布线。

(3) 不得构成线路回路(loop)。

(4) 不得有90°或小于90°的锐角布线。

(5) 过孔(Via)的用量不得超过10个。

(6) 布线不可从芯片引脚间穿出。

手工布线后的PCB如图4-74所示。布线完成后需进行敷铜，如图4-75所示。

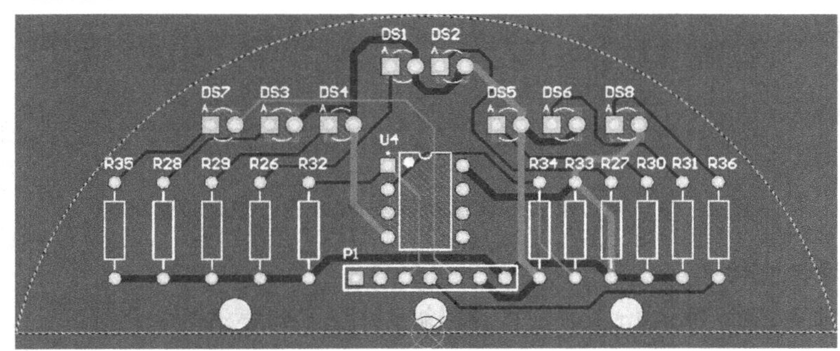

图4-74　手工布线后的传感器探测PCB

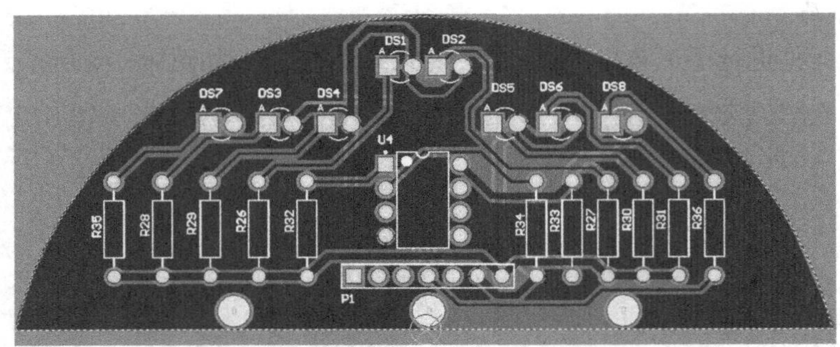

图 4-75　敷铜之后的传感器探测 PCB

6. 设计规则检查

执行菜单命令“Tools”|“Design Rule Check”,进入“Design Rule Checker”对话框,其中“Report Options”选项卡中的各选项采用系统默认设置,但违规次数的上限值需设为 100,以便加快 DRC 的进程。单击“Run Design Rule Check”按钮,开始运行批处理 DRC。运行结束后,系统在当前工程的“Documents”文件夹下自动生成网页形式的设计规则校验报告“Design Rule Check-MCU. html”并显示在工作窗口中,如图 4-76 所示。

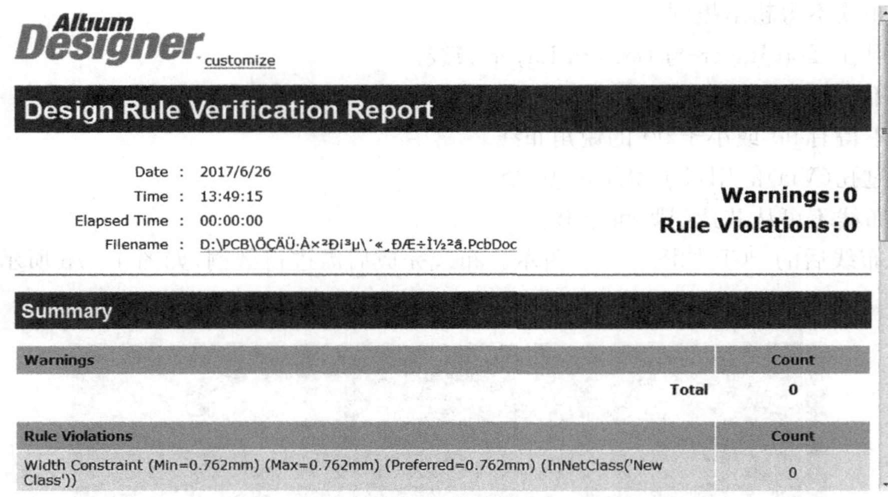

Altium Designer customize

Design Rule Verification Report

Date : 2017/6/26
Time : 13:49:15
Elapsed Time : 00:00:00
Filename : D:\PCB\ÖÇÄÜ·Á×²ÐÌ³µ\´«¸ÐÆ÷Ì½²â.PcbDoc

Warnings:0
Rule Violations:0

Summary

Warnings	Count
Total	0

Rule Violations	Count
Width Constraint (Min=0.762mm) (Max=0.762mm) (Preferred=0.762mm) (InNetClass('New Class'))	0

图 4-76　网页形式的传感器探测 PCB 设计规则校验报告

三、输出设计文件

在工程中建立一个 Output Job 文件,并输出符合下列要求的文件:

① 原理图与 PCB 的 PDF 文档;

② PCB 的 Gerber 文件,包含所有使用的层,单位为 Inch,精度为 2∶4;

③ PCB 的 NC Drill 文件,单位为 Inch,精度为 2∶4;

④ PCB 的 STEP 文件。

1. 输出主控制器 PCB 的设计文件

打开“主控制器. PcbDoc”文件,执行菜单命令“File”|“New”|“Output Job File”,创建一

个新的 Output Job 文件，如图 4－77 所示。

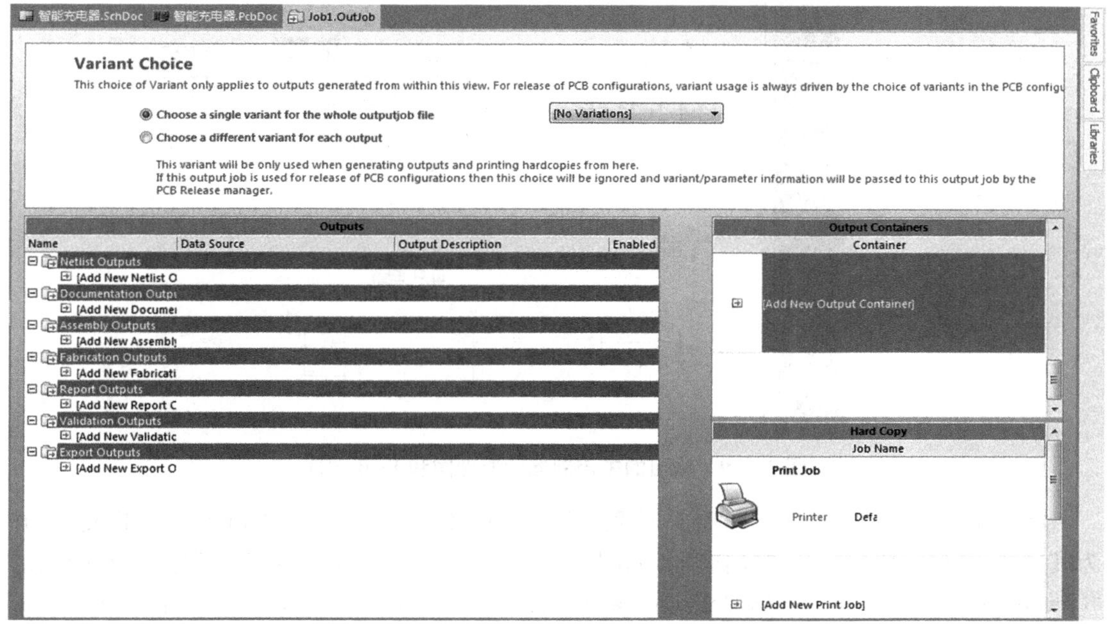

图 4－77　为主控制器 PCB 新建 Output Job 文件

在"Documentation Outputs"选项卡下通过右键菜单添加原理图文件和 PCB 文件，并为其选择 PDF 输出容器，如图 4－78 所示。

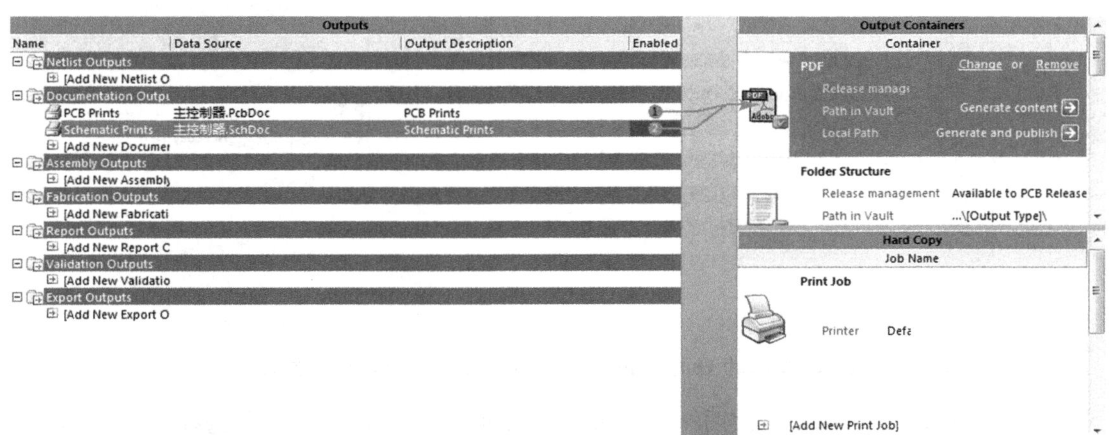

图 4－78　为 Output Job 文件添加原理图和 PCB 文件

单击"Generate content"按钮，生成 PDF 文档，如图 4－79 所示。

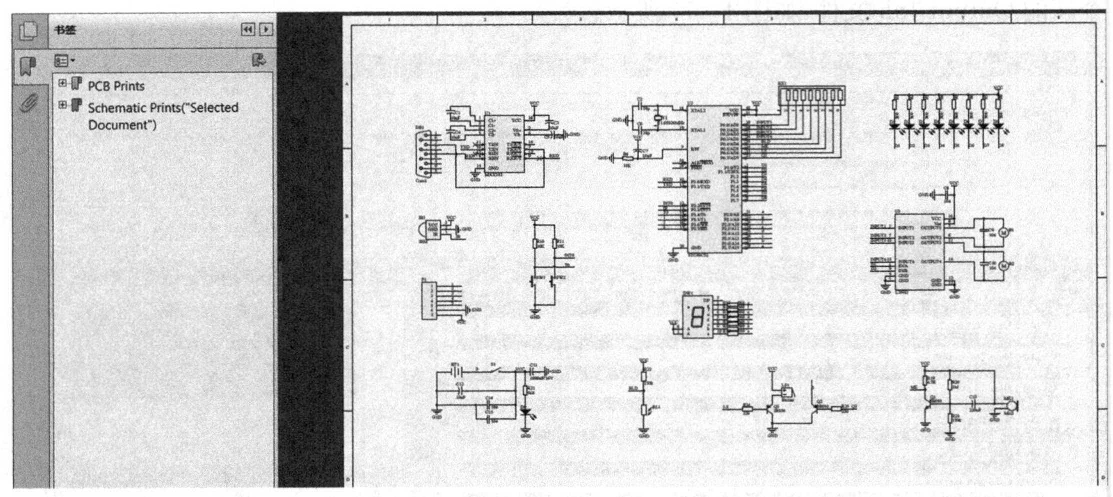

图 4-79　输出的主控制器的原理图和 PCB 文件

在"Fabrication Outputs"选项卡下通过右键菜单添加 Gerber 文件和 NC Drill 文件，并为其选择 Folder Structure 输出容器，如图 4-80 所示。单击"Gerber Files"选项，在弹出的"Gerber Setup"对话框中根据要求进行参数设置。单击"NC Drill Files"选项，在弹出的"NC Drill Setup"对话框中根据要求进行参数设置。

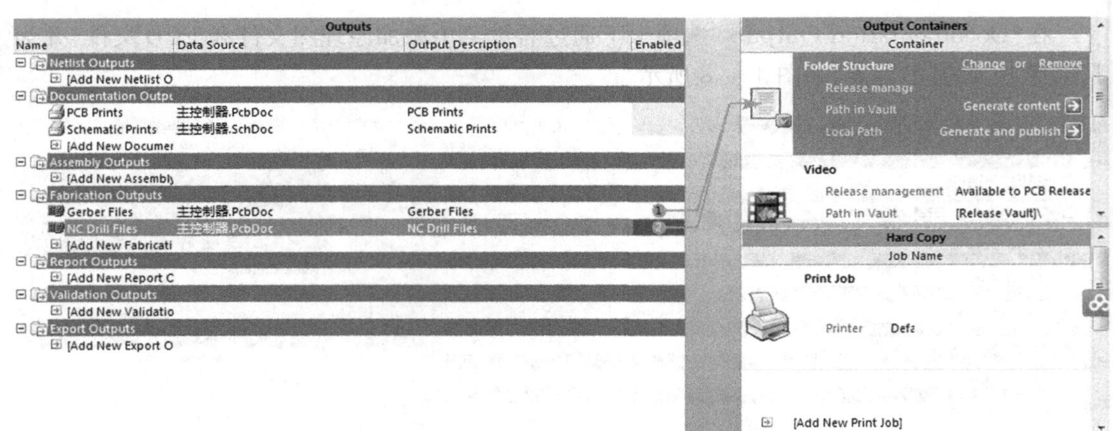

图 4-80　为 Output Job 文件添加 Gerber 和 NC Drill 文件

在"Export Outputs"选项卡下通过右键菜单添加 STEP 文件，并为其选择 Folder Structure 输出容器，如图 4-81 所示。

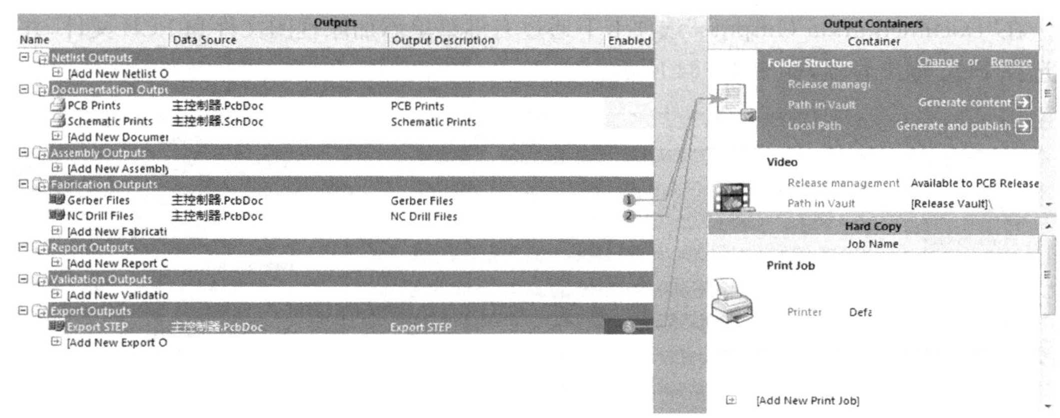

图 4－81　为 Output Job 文件添加 STEP 文件

单击“Generate content”按钮，生成输出文件。系统自动生成一个“Project Outputs for 主控制器”文件夹，该文件夹包含所有输出文件，如图 4－82 所示。

图 4－82　“Project Outputs for 主控制器”文件夹

2. 输出传感器探测 PCB 的设计文件

打开“传感器探测. PcbDoc”文件，执行菜单命令“File”|“New”|“Output Job File”，创建一个新的 Output Job 文件，如图 4－83 所示。

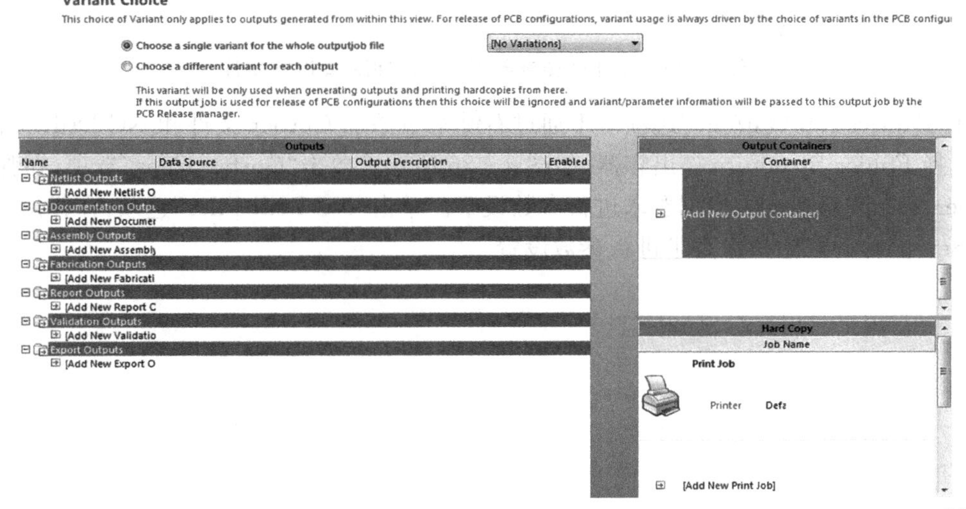

图 4－83　为传感器探测 PCB 新建 Output Job 文件

在“Documentation Outputs”选项卡下通过右键菜单添加原理图文件和 PCB 文件，并为其选择 PDF 输出容器，如图 4－84 所示。

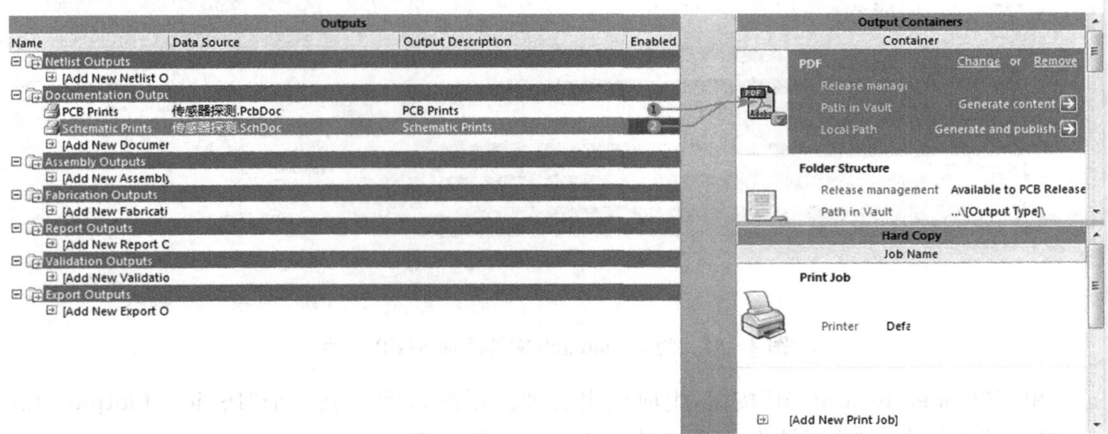

图 4－84　添加原理图和 PCB 文件

单击“Generate content”按钮，生成 PDF 文档，如图 4－85 所示。

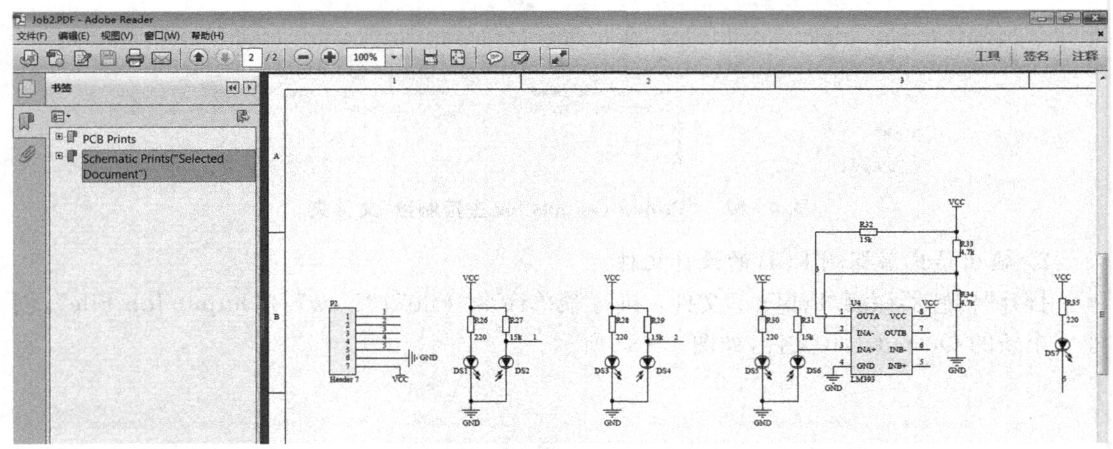

图 4－85　输出的传感器探测的原理图和 PCB 文件

在“Fabrication Outputs”选项卡下通过右键菜单添加 Gerber 文件和 NC Drill 文件，并为其选择 Folder Structure 输出容器，如图 4－86 所示。单击“Gerber Files”选项，在弹出的“Gerber Setup”对话框中根据要求进行参数设置。单击“NC Drill Files”选项，在弹出的“NC Drill Setup”对话框中根据要求进行参数设置。

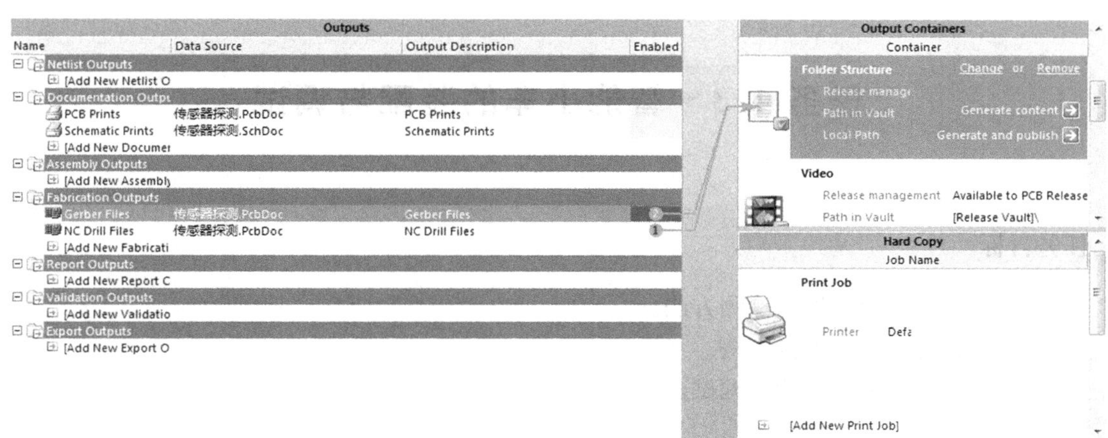

图 4 - 86　添加 Gerber 和 NC Drill 文件

在“Export Outputs”选项卡下通过右键菜单添加 STEP 文件，并为其选择 Folder Structure 输出容器，如图 4 - 87 所示。

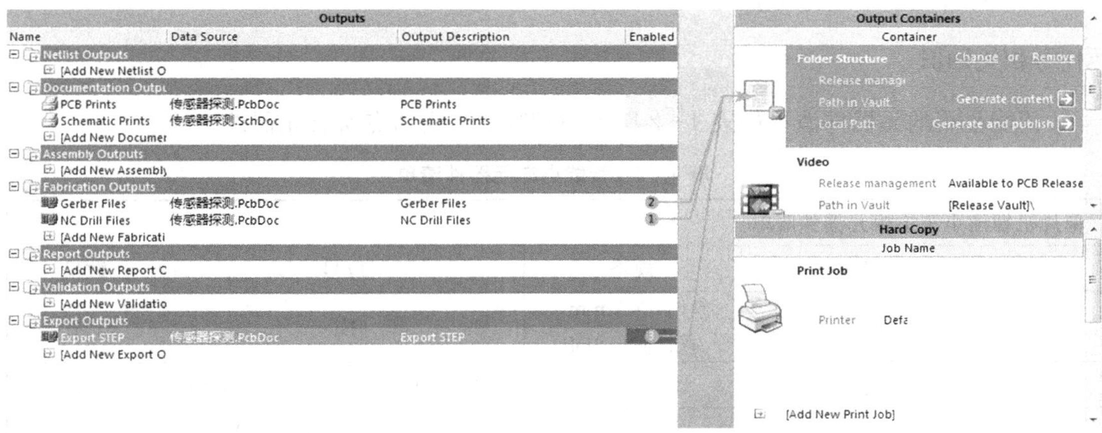

图 4 - 87　添加 STEP 文件

单击“Generate content”按钮，生成输出文件。系统自动生成一个“Project Outputs for 传感器探测”文件夹，该文件夹包含所有输出文件，如图 4 - 88 所示。

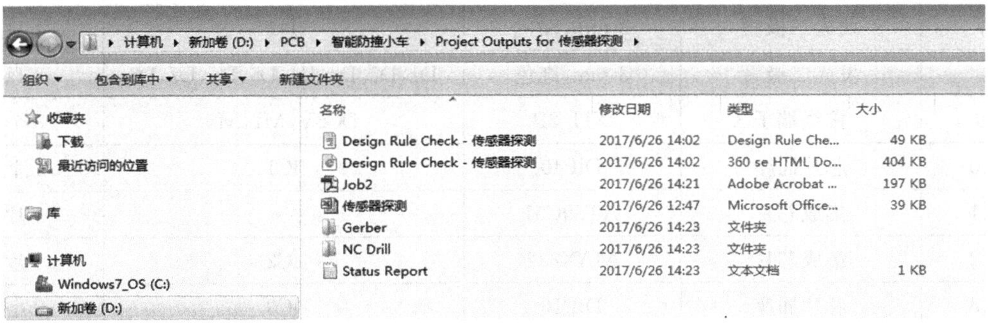

名称	修改日期	类型	大小
Design Rule Check - 传感器探测	2017/6/26 14:02	Design Rule Che...	49 KB
Design Rule Check - 传感器探测	2017/6/26 14:02	360 se HTML Do...	404 KB
Job2	2017/6/26 14:21	Adobe Acrobat ...	197 KB
传感器探测	2017/6/26 12:47	Microsoft Office...	39 KB
Gerber	2017/6/26 14:23	文件夹	
NC Drill	2017/6/26 14:23	文件夹	
Status Report	2017/6/26 14:23	文本文档	1 KB

图 4 - 88　“Project Outputs for 传感器探测”文件夹

任务 4.3　智能小车的装配与调试

任务目标

（1）掌握相关元器件的检测方法。
（2）掌握元器件的焊接方法。
（3）学会智能小车的功能调试。

任务内容

（1）检测相关元器件。
（2）焊接元器件。
（3）对智能小车进行功能调试。

任务相关知识

智能小车的元器件清单如表 4－2 所示，对照清单，先清点所有元器件。

表 4－2　智能小车元器件清单

单片机智能小车主板元器件清单				
序号	名称	规格	位号	数量
1	电容式驻极体话筒	6 mm×5 mm，有针脚，52DB	B1	1 个
2	电解电容	10 μF/10 V	C1，C5，C6，C10，C11，C12，C13	7 只
3	插件瓷片电容	0.01 μF	C2，C3，C4，C9，C14，C15	6 只
4	插件瓷片电容	30 pF	C7，C8	2 只
5	电解电容	1 000 μF /25 V	C17	1 只
6	下载接头	DB9，母头	Coml	1 个
7	发光二极管	3 mm，绿色	D9	1 只
8	发光二极管	3 mm，红色	D1，D2，D3，D4，D5，D6，D7，D8	8 只
9	接线端子	XH_2P	DC6V，M1，M2	3 个
10	芯片插座	DIP40	IC1	1 个
11	集成芯片	AT89C51		1 片
12	集成芯片	MAX232	IC2	1 片
13	芯片插座	DIP16	IC3	2 个

续表4－2

序号	名称	规格	位号	数量
14	集成芯片	L293D		1 片
15	红外接收头	38K IRM－3638T	IR1	1 个
16	电阻	0 Ω	RM1	1 只
17	电阻	150 kΩ	R1,R3	2 只
18	电阻	220 Ω	R2,R14	2 只
19	电阻	1 MΩ	R4	1 只
20	电阻	47 kΩ	R5	1 只
21	电阻	4.7kΩ	R6	1 只
22	电阻	560 Ω	R7,R8,R9,R10,R11,R12,R13,R16,R18,R19,R20,R21,R22,R23,R24,R26	16 只
23	电阻	10 kΩ	R15,R17,R25	3 只
24	光敏电阻	5537	RL1	1 只
25	排阻	9 针,10 kΩ	RX1	1 只
26	按键	6 mm×6 mm×5 mm	S1,S2	2 个
27	拨动开关	SW-SPST	S3	1 个
28	5 V 有源蜂鸣器	Speaker	SB1	1 个
29	共阳数码管	0.56 英寸,红色	SM1	1 个
30	三极管	S8550	V1,V2	2 只
31	三极管	S8050	V3	1 只
32	接线端子	XH_7P	X1	1 个
33	晶振	11.0592M	Z1	1 个
传感器板元器件清单				
1	发光二极管	3 mm,红色	D1,D2	2 只
2	芯片插座	DIP8	IC5	1 个
3	集成芯片	LM393		1 片
4	电阻	220 Ω	R1,R3,R6	3 只
5	电阻	560 Ω	R2,R7	2 只
6	电阻	15 kΩ	R4,R5,R8,R11	4 只
7	电阻	4.7 kΩ	R9,R10	2 只
8	红外发射管	940NM	V1,V3,V6	3 个

续表4-2

序号	名称	规格	位号	数量
9	红外接收管	940NM	V2,V4,V5	3个
10	接线端子	XH_7P	X1	1个
额外附件清单				
直流减速电机(2个),5号4节电池盒子(1个),单头塑插线(3条),双头塑插线(1条),USB转串口线(1条),红外遥控器(1个),轮子(4个),铁棒(1个),紧锁插(2个),垫圈(2个),M3×25+6铜柱(4个),M3螺帽(13个),M3×8螺丝(8颗),M3×25螺丝(4颗),热宿管(1条),M2.5×8自攻螺丝(2颗),小板子(4块),传感器板(1块),底板(1块),主板(1块)				

任务实施

一、元器件的检测

本项目中很多元器件的检测方法在前面的项目中都已经介绍过,在此不再赘述。这里主要介绍红外一体接收头和红外发射管、红外接收管的检测方法。

1. 红外一体接收头的检测

1)红外一体接收头的好坏判断

将红外一体接收头接上5 V电压,输出端接万用表,按遥控器任意键对准接收器,若万用表指针在3～4.5 V之间的某一电压点摆动,则红外一体接收头为好的。

2)红外一体接收头的引脚判断

红外一体接收头一般有三只引脚,分别为接地、电源和信号输出引脚,不同型号的红外接收头,其引脚排列也不相同,其判断方法如下:

(1)一般接地引脚与屏蔽外壳是相通的,从外观上可以看出;至于另两只引脚接电源,可以先接好地线(二芯屏蔽线外皮铜网),再交换试接另两根线,若开机用遥控器操作有效,即可分辨出电源引脚和信号输出引脚,焊好,固定放置红外接收头于无遮挡处。

(2)也可用指针式万用表电阻档R×1 K(或R×100),先测量确定接地引脚,一般接地引脚与屏蔽外壳是相通的,余下的两只引脚分别假设为a和b,然后将黑表笔搭接地引脚,用红表笔去测a或b引脚的阻值,读数分别约为6 kΩ和8 kΩ(有的接收头阻值相差在1kΩ左右);调换表笔,红表笔搭接地引脚,黑表笔测a和b引脚的阻值,读数分别为20 kΩ和40 kΩ。两次测量阻值相对都小的a引脚即为电源引脚,阻值大的b引脚即为信号输出引脚。不过用不同的万用表去测不同型号的红外接收头,所测得的电阻值都各不相同。但总的结论是,电源引脚对地的电阻值不管正反向都要比信号输出引脚对地的电阻值小。

2. 红外发射管和红外接收管的检测

1)红外发射管的检测

红外发射管也称红外线发射二极管,属于二极管类。下面介绍红外发射管的检测方法。

管子的极性不能搞错,通常较长的引脚为正极,另一脚为负极。如果从引脚长度上无法辨识(比如管子引脚已剪短),可以通过测量其正反向电阻来确定。测得正向电阻值较小时,黑表笔所接的引脚即为正极(使用指针式万用表)。

通过测量红外发射管的正反向电阻,还可以在很大程度上推测其性能的优劣。以 500 型万用表 R×1 K 档为例,如果测得正向电阻值大于 20 kΩ,管子就存在老化的嫌疑;如果接近于零,管子则应报废。如果反向电阻值只有数千欧姆,甚至接近于零,则管子必坏无疑;反向电阻愈大,表明管子的漏电流愈小,质量愈佳。

2) 红外接收管的检测

用万用表的 50 μA 或 0.1 mA 档,将红表笔接红外接收管的正极,黑表笔接负极,如图 4-89所示,然后让被测管的受光窗口对准灯光或阳光,此时万用表的指针应向右摆动,而且向右摆动的幅度越大,表明被测红外接收管的性能越好。如果万用表的指针根本就不摆动,说明管子性能不良,不能使用。

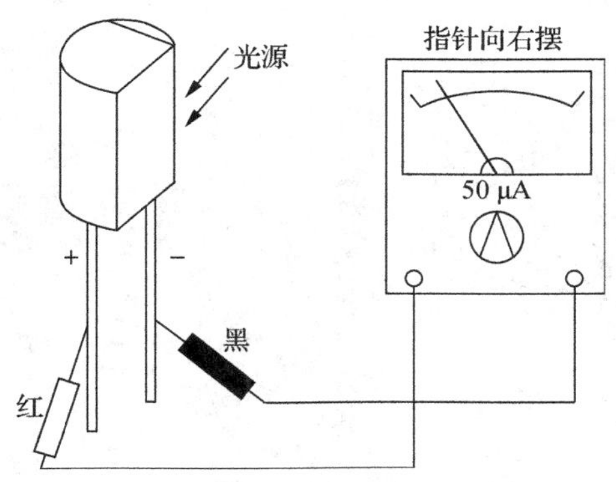

图 4-89　用万用表检测红外接收管

也可用万用表的 R×1 K 档测量红外接收管的正、反向电阻值,当正向电阻为 3～4 kΩ,反向电阻大于 500 kΩ 时,表明被测管子是好的;如果被测管子的正、反向电阻值均为零或无穷大时,表明被测红外接收管已被击穿或开路,不能使用。

一般把红外发射管和红外接收管统称为红外对管。红外对管的外形与普通圆形发光二极管类似。初接触红外对管者,较难区分红外发射管和红外接收管。

可用 500 型或其他型号的指针式三用表的 R×1 K 电阻档测量红外对管的极间电阻,以判别红外对管。

判据一:在红外对管的端部不受光线照射的条件下调换表笔测量,正向电阻小,反向电阻大,且黑表笔接正极(长引脚)时电阻小的(1～20 kΩ)是红外发射管。正反向电阻都很大的是红外接收管。

判据二:黑表笔接负极(短引脚)时电阻大的是红外发射管,电阻小并且三用表指针随着光线强弱变化而指针摆动的是红外接收管。

注意:黑表笔接正极,红表笔接负极时测量正向电阻;电阻大是指三用表指针基本不动。

二、元器件的焊接与装配

1. 智能小车主板的焊接

1) 元器件分类

将元器件分类有序摆放,如电阻、电容、二极管、开关、底座等。

2）元器件塑型与焊接

(1) 对诸如圆柱封装的长管脚进行焊前塑型，保证所有元器件在电路板上有序整洁，不产生电气缺陷。

(2) 按照电路图等参考图样按元器件类型进行有序焊接，如先焊装转接头、芯片底座，可避免错焊、漏焊。控制焊锡用量，避免焊锡过多导致渗漏形成焊球。各元器件水平位置焊装适当，焊接完工后修剪底层管脚。

图 4－90 所示为主板焊接完成图。

图 4－90　主板电路焊接完成图

2. 智能小车传感器板的焊接

对于传感器板，尤其需要注意两个发光二极管和三对红外对管的焊接，上面的两个发光二极管和一对红外对管需要卧装且都要探出电路板，下面的两对红外对管需要立装，用于循轨迹。焊装红外对管时区分信号发送管与接收管，T 为发送管，R 为接收管，同时控制好其管脚的焊装长短，避免小车在行进过程中底部收发头碰触地面与障碍物。前端收发头管脚长短焊装应适中，太长容易扭曲管脚，太短则信号的发送与接收可能会出现问题。图 4－91 所示为传感器板焊接完成图。

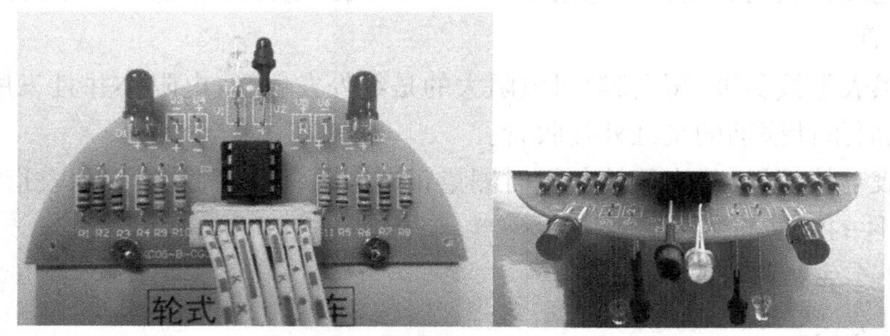

图 4－91　传感器板焊接完成图

3. 智能小车底板的组装

1）结构分析与试装

对零散的结构部件进行分析与试装，如车轮定位卡，要保证安装之后车轮位置合适、松紧度适中。

2）整车安装

安装马达模块时先将车轮定位卡固定在模块上，螺帽朝内，再进行焊装，否则模块固定螺丝安装会较为繁琐。合理选择转接线长短、穿串位置，便于前后期安装、拆卸。用固定螺丝将车体安装好。图 4－92 至图 4－96 为智能小车的安装图。

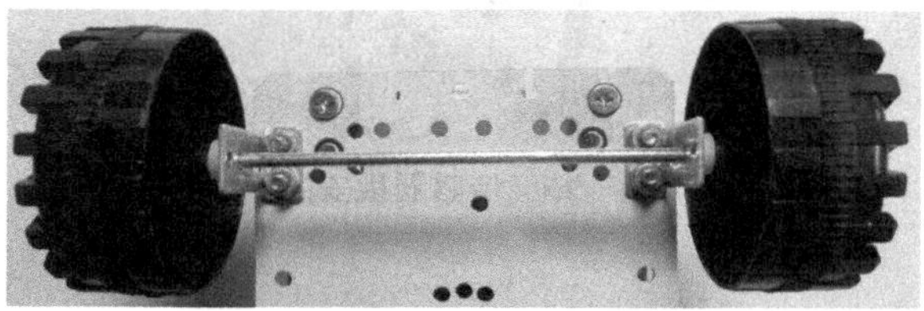

图 4－92　车轮安装图

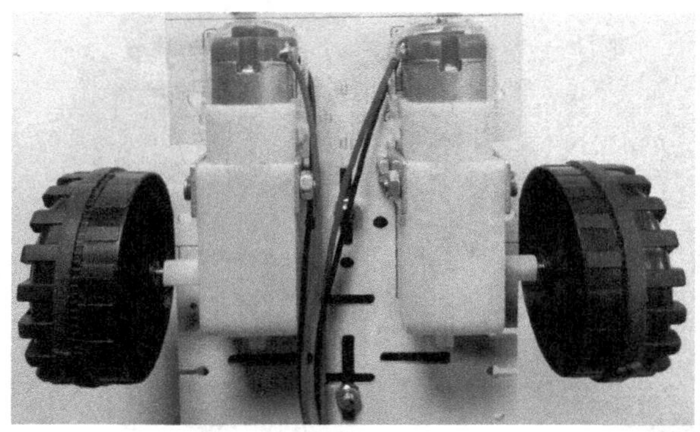

图 4－93　电机安装图

图 4－94　主板安装图

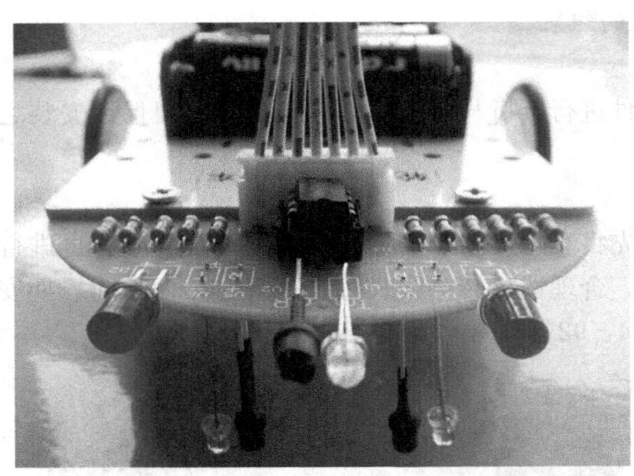

图 4-95　传感器板安装图

图 4-96　整机效果图

三、功能调试

1. 串口驱动安装

首先安装 CH340 驱动，如果安装包在计算机上不兼容而安装不了，可以尝试安装驱动精灵软件，如图 4-97 所示，必须在连接至互联网的情况下完成安装。

图 4－97　驱动精灵软件主界面

安装好以后，把驱动器下载线插入计算机 USB 接口，点击驱动精灵软件主界面上的"立即检测"按钮即可进行驱动检测，如图 4－98 所示。

图 4－98　进行驱动检测

检测完毕软件会提示安装驱动选择，按照提示操作就可以了。安装完成后，在计算机的设备管理器里查看到端口号，在程序下载时要用到该端口号。

2. 单片机程序烧写软件安装

如图 4-99 所示为程序烧写界面，在“MCU Type”下拉列表中选择单片机型号，点击“打开程序文件”按钮加载编译好的程序文件(“. Hex”文件)，在“COM”下拉列表中选择合适的端口，然后点击“Download/下载”按钮，进行程序下载。

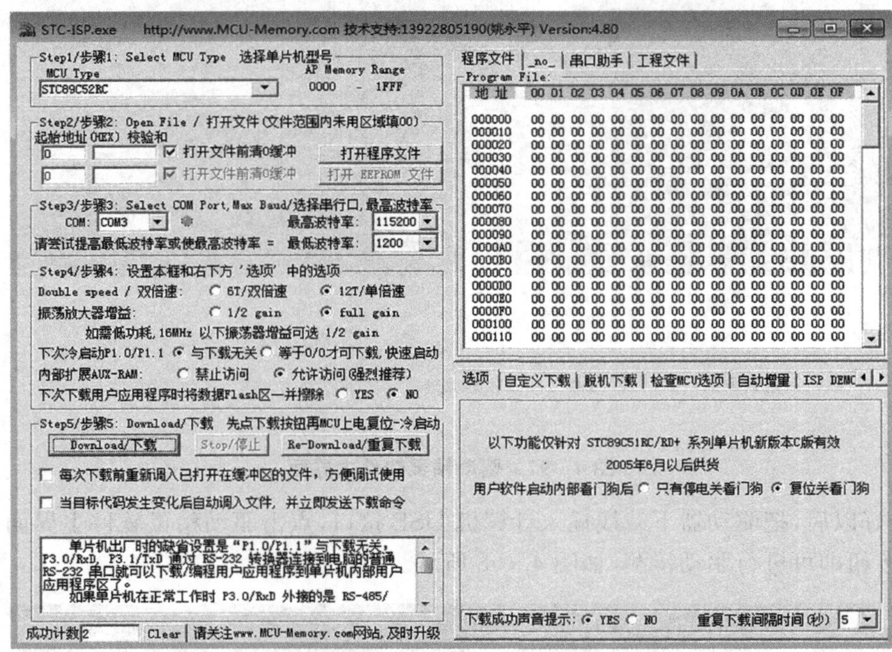

图 4-99 程序烧写界面

3. 编写程序

单片机程序采用C语言编写，在Keil软件中进行程序输入与编译。图 4-100 为程序编写环境。

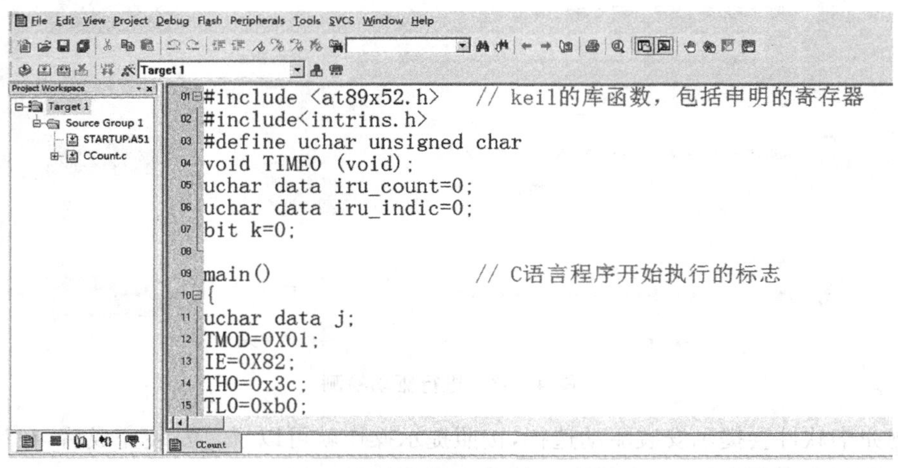

图 4-100 程序编写环境

项目 5　超声波测距电路的设计与制作

项目目标

（1）熟练超声波测距电路原理图的设计。

（2）掌握超声波测距电路 PCB 的设计。

（3）熟练输出超声波测距电路 PCB 的相关文件。

（4）熟练掌握超声波测距电路板的雕刻加工。

项目任务

（1）绘制超声波测距电路原理图。

（2）绘制超声波测距电路 PCB。

（3）输出超声波测距电路 PCB 的相关文件。

（4）对超声波测距电路板进行雕刻加工。

项目相关知识

超声波测距是通过超声脉冲回波渡越时间法来实现的。设超声波脉冲由传感器发出到接收所经历的时间为 t，超声波在空气中的传播速度为 c，则从传感器到目标物体之间的距离 D 可用下式求出：$D=ct/2$。

超声波测距电路的基本原理：由发射器发射出长约 6 mm，频率为 40 kHz 的超声波信号，此信号被物体反射回来由接收头接收。接收头实质上是一种压电效应的换能器，它接收到信号后产生毫伏级的微弱电压信号。

在本项目中，单片机端口产生 40 kHz 的方波信号，该信号经 CD4096 推挽放大后送至超声波发射换能器 T 发射，经障碍物反射后的超声波由超声波接收器 R 接收，送入超声波接收芯片 CX10206，CX10206 收到超声波后输出低电平给单片机产生中断，中断后单片机计算距障碍物的距离并通过液晶屏显示出来。

任务 5.1 超声波测距电路原理图的设计

任务目标

(1) 熟练创建 PCB 工程。

(2) 熟练设置原理图工作环境。

(3) 熟练创建、加载与管理元件库。

(4) 熟练查找、放置与编辑元件。

(5) 对原理图熟练地进行布局与布线。

(6) 熟练编译原理图并输出相关文件。

任务相关知识

如图 5 - 1 所示为超声波测距电路原理图，根据前面项目中介绍的方法绘制该电路原理图。在绘制该电路原理图之前，为了方便，需要建立自己的集成元件库，包括原理图库和封装库，集成元件库中的元件主要包括 CD4096、STC89C51、CX20106A、超声波换能器(LS_1 和 LS_2)、1602 液晶显示器和四角按键。本任务将详细介绍集成元件库的创建方法。

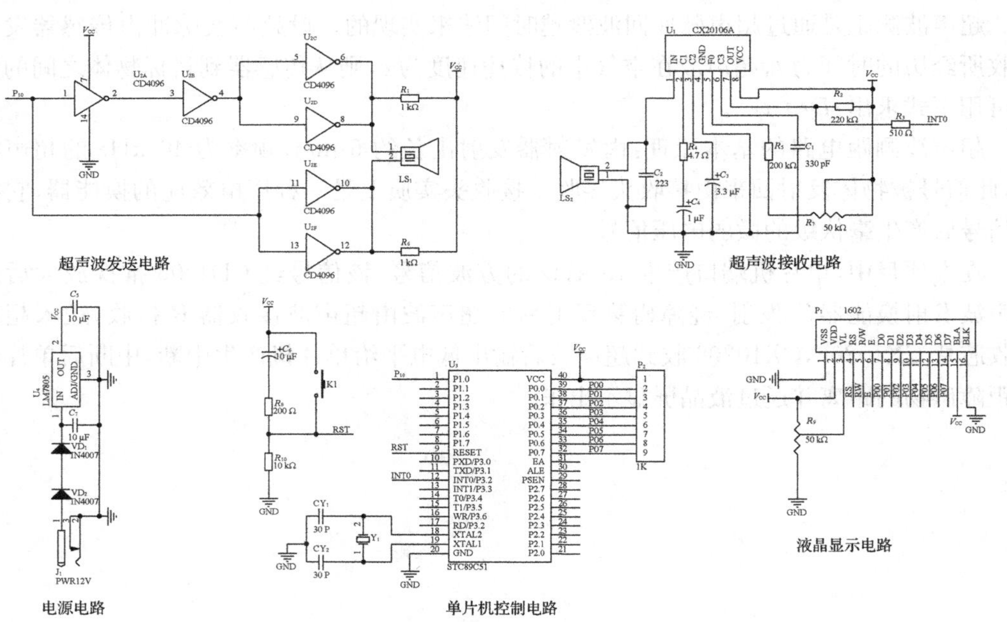

图 5 - 1 超声波测距的电路原理图

任务实施

一、创建原理图库文件并添加原理图符号

1. 创建 CD4096 的原理图符号

(1) 执行菜单命令“File”|“New”|“Library”|“Schematic Library”，新建原理图库文件，命名为“CSB. SchLib”并保存。

(2) 执行菜单命令“Tools”|“New Component”，在弹出的对话框中将新建的元件命名为“CD4096”，如图 5-2 所示。

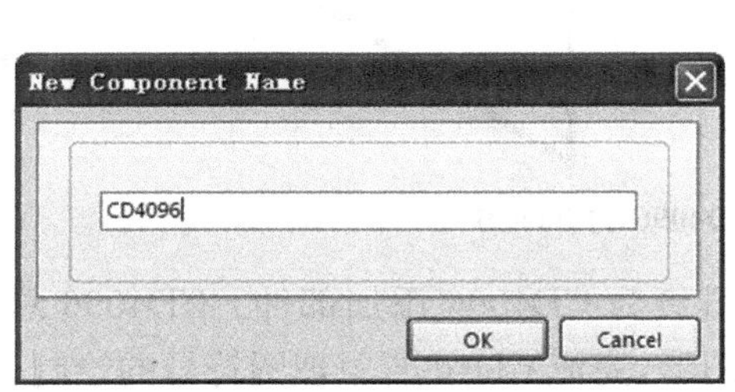

图 5-2　添加 CD4096 元件

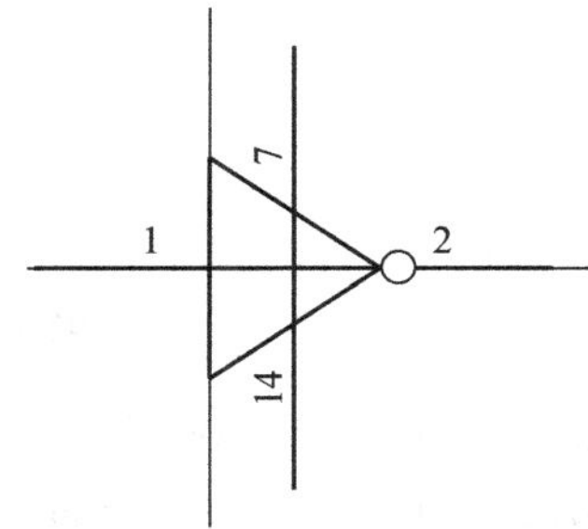

图 5-3　绘制 CD4096 的 Part A

(3) 执行菜单命令“Place”|“Line”，在绘图区绘制一个大小合适的三角形。

(4) 执行菜单命令“Place”|“Pin”放置管脚，如图 5-3 所示。

(5) 执行菜单命令“Tools”|“New Part”，在“SCH Library”面板中元件 CD4096 的名称前面出现一个“+”，单击“+”展开 CD4096，如图 5-4 所示，同时在元件编辑区域显示已经画好的 A 模块(即第一个功能模块)。单击图 5-4 中的“Part B”选项，展开一个空白编辑区域，用于绘制元件 CD4096 的第二个功能模块。

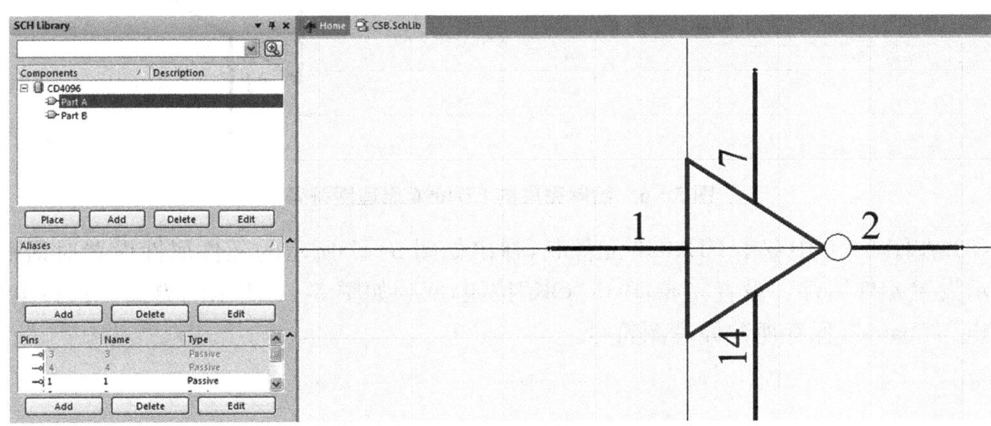

图 5-4　CD4096 元件编辑界面

(6) 单击“Part A”选项，回到已经绘制好的第一个功能模块编辑区，将已经绘制好的第一个功能模块全部选定，执行菜单命令“Edit”|“Copy”，复制第一个功能模块。

(7) 切换到 Part B，执行菜单命令“Edit”|“Paste”，移动鼠标到坐标原点处单击左键，将第一个功能模块粘贴到 Part B 编辑区。修改 Part B 的引脚属性，引脚编辑完毕的原理图符号如图 5－5 所示。

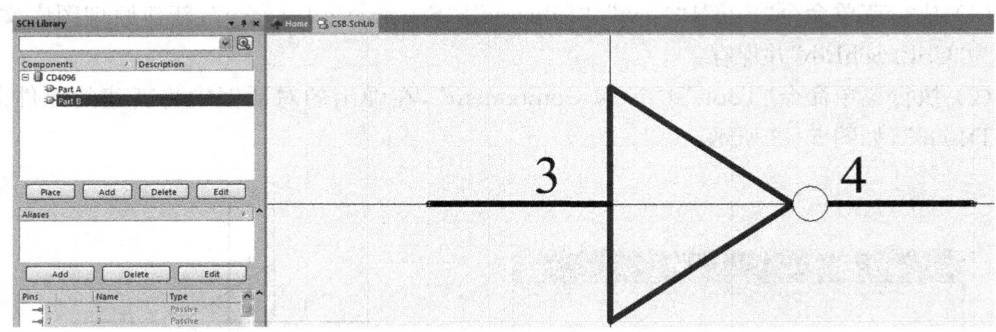

图 5－5　绘制 CD4096 的 Part B

(8) 执行菜单命令“Tools”|“New Part”，继续为 CD4096 添加部件。CD4096 总共有 6 个部件，如图 5－6 所示，为每个部件添加相应图形，完成 CD4096 原理图符号的绘制。

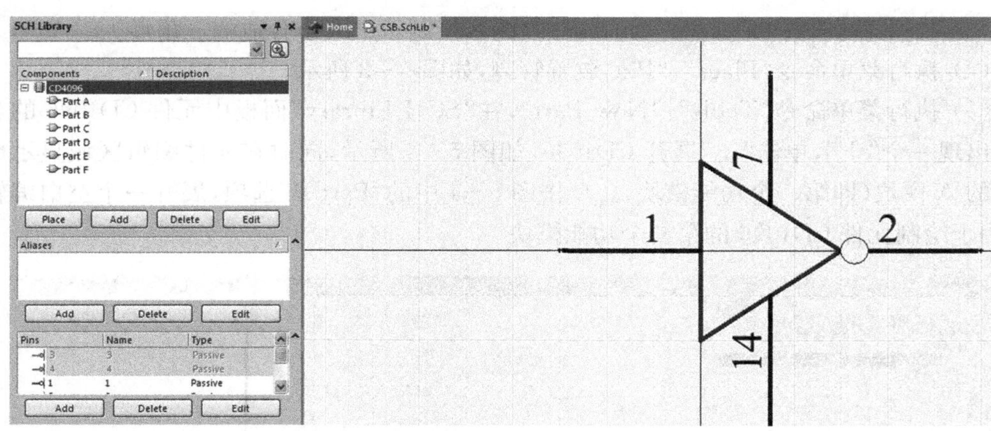

图 5－6　绘制完成的 CD4096 原理图符号

(9) 在图 5－6 中双击 CD4096 元件名，弹出如图 5－7 所示的元件属性设置对话框，按图所示设置元件属性。设置完成，单击“OK”按钮，回到如图 5－6 所示的界面。执行菜单命令“File”|“Save”，保存所建原理图符号。

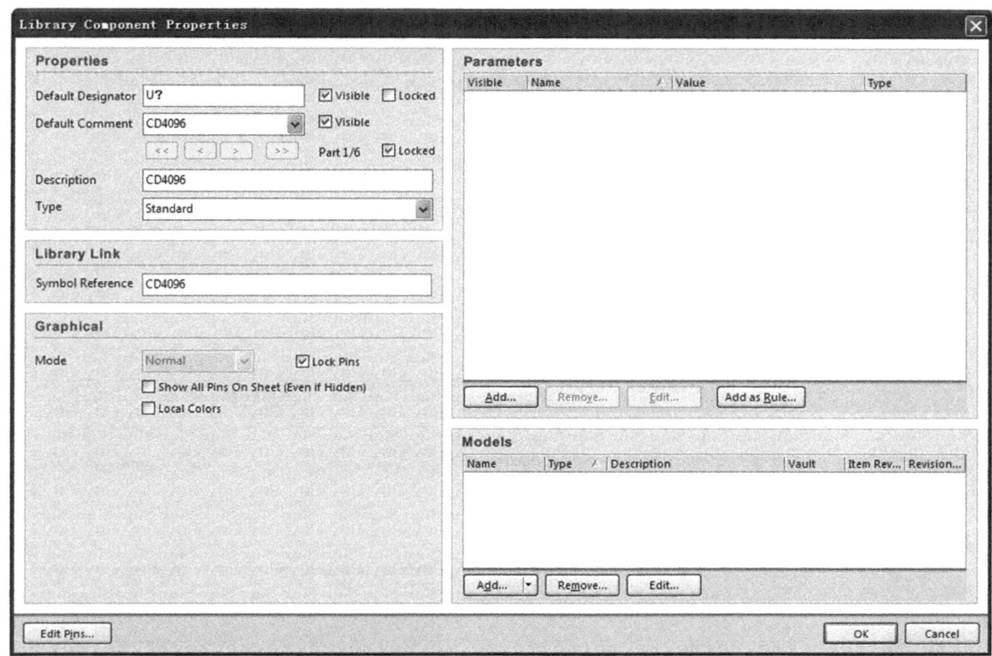

图 5-7　CD4096 的元件属性设置对话框

2. 创建 STC89C51 的原理图符号

(1) 执行菜单命令“Tools”|“New Component”，在弹出的对话框中将新建的元件命名为“STC89C51”，如图 5-8 所示。

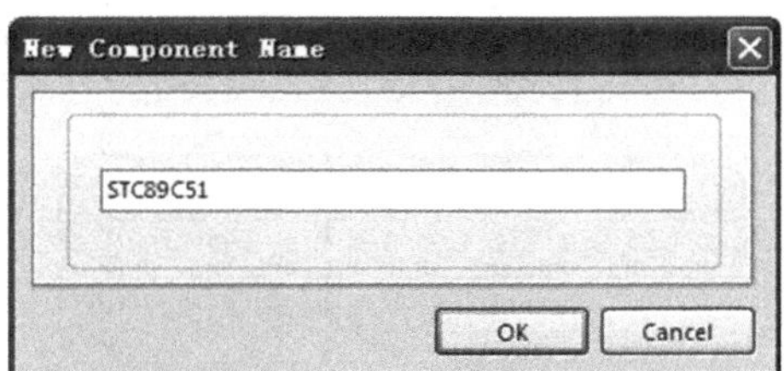

图 5-8　添加 STC89C51 元件

(2) 执行菜单命令“Place”|“Rectangle”，在绘图区绘制一个大小合适的矩形。

(3) 执行菜单命令“Place”|“Pin”放置管脚，STC89C51 共有 40 个管脚。

(4) 由于芯片的管脚较多，分别修改管脚属性比较麻烦，在管脚编辑器中修改则方便得多。双击“SCH Library”面板中的“STC89C51”标签，弹出如图 5-9 所示的元件属性设置对话框，再单击对话框左下角的“Edit Pins”按钮，弹出如图 5-10 所示的元件管脚编辑器。按照图中的设置来修改元件的管脚属性，修改完毕的原理图符号如图 5-11 所示。设置完成，单击“OK”按钮，执行菜单命令“File”|“Save”，保存所建原理图符号。

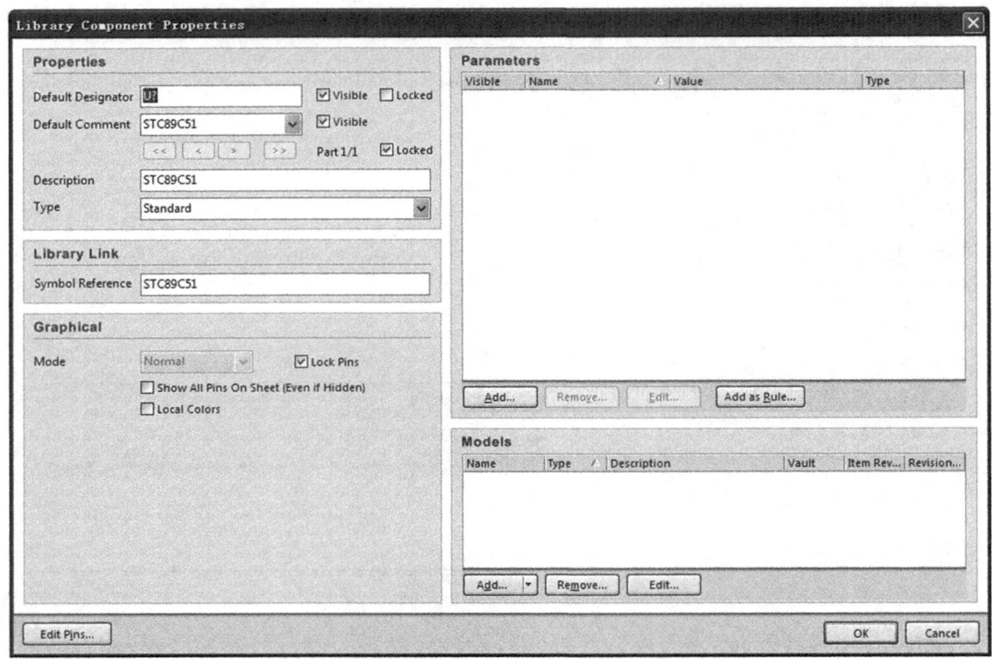

图 5－9　STC89C51 的元件属性设置对话框

Component Pin Editor

Designator	Name	Desc	Type	Owner	Show	Number	Name
1	1		Power	1	☑	☑	☐
2	2		Power	1	☑	☑	☐
3	3		Power	1	☑	☑	☐
4	4		Power	1	☑	☑	☐
5	5		Power	1	☑	☑	☐
6	6		Power	1	☑	☑	☐
7	7		Power	1	☑	☑	☐
8	8		Power	1	☑	☑	☐
9	9		Power	1	☑	☑	☐
10	10		Power	1	☑	☑	☐
11	11		Power	1	☑	☑	☐
12	12		Power	1	☑	☑	☐
13	13		Power	1	☑	☑	☐
14	14		Power	1	☑	☑	☐
15	15		Power	1	☑	☑	☐
16	16		Power	1	☑	☑	☐
17	17		Power	1	☑	☑	☐
18	18		Power	1	☑	☑	☐

Add...　Remove...　Edit...

OK　Cancel

图 5－10　元件管脚编辑器

引脚	名称	名称	引脚
1	P1.0	VCC	40
2	P1.1	P0.0	39
3	P1.2	P0.1	38
4	P1.3	P0.2	37
5	P1.4	P0.3	36
6	P1.5	P0.4	35
7	P1.6	P0.5	34
8	P1.7	P0.6	33
9	RESET	P0.7	32
10	RXD/P3.0	EA	31
11	TXD/P3.1	ALE	30
12	INT0/P3.2	PSEN	29
13	INT1/P3.3	P2.7	28
14	T0/P3.4	P2.6	27
15	T1/P3.5	P2.5	26
16	WR/P3.6	P2.4	25
17	RD/P3.2	P2.3	24
18	XTAL2	P2.2	23
19	XTAL1	P2.1	22
20	GND	P2.0	21

图 5-11　STC89C51 的原理图符号

3. 创建 CX20106A 的原理图符号

(1) 执行菜单命令"Tools"|"New Component",在弹出的对话框中将新建的元件命名为"CX20106A",如图 5-12 所示。

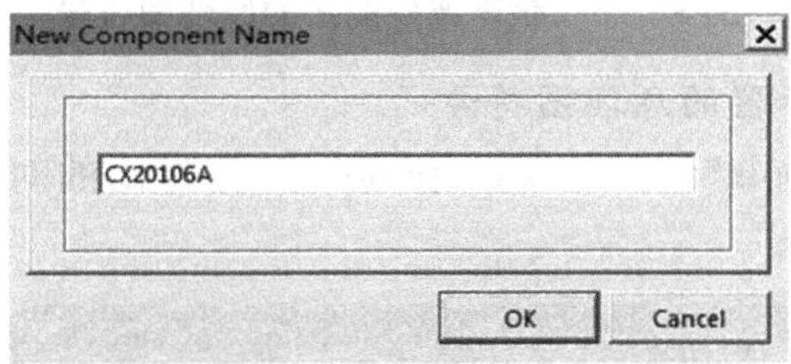

图 5-12　添加 CX20106A 元件

(2) 执行菜单命令"Place"|"Rectangle",在绘图区绘制一个大小合适的矩形。

(3) 执行菜单命令"Place"|"Pin"放置管脚,CX20106A 共有 8 个管脚。按照图 5-13 设置引脚以及引脚名称。

(4) 执行菜单命令"File"|"Save",保存所建原理图符号。

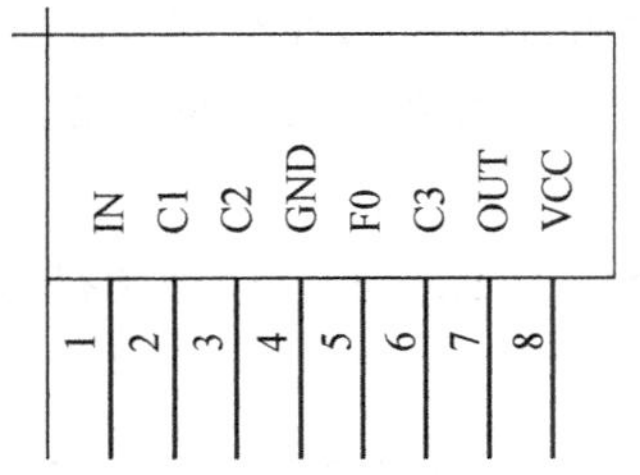

图 5-13　CX20106A 的原理图符号

4. 创建超声波换能器的原理图符号

(1) 执行菜单命令"Tools"|"New Component",在弹出的对话框中将新建的元件命名为"T\R",如图 5-14 所示。

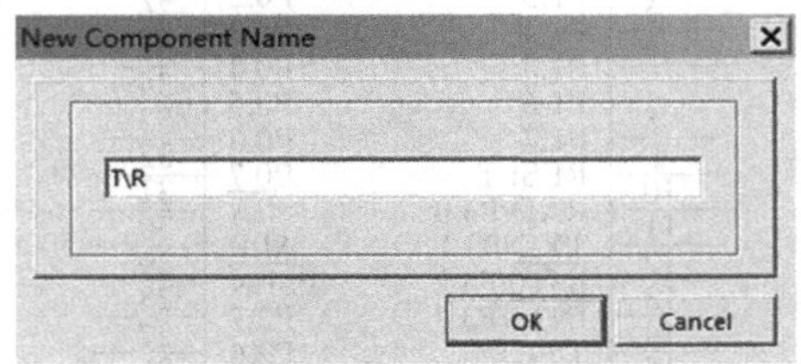

图 5-14 添加超声波换能器元件

(2) 执行菜单命令"Place"|"Line",在绘图区绘制如图 5-15 所示的图形。

(3) 执行菜单命令"Place"|"Pin"放置管脚,超声波换能器共有 2 个管脚。按照图 5-15 设置引脚。

(4) 执行菜单命令"File"|"Save",保存所建原理图符号。

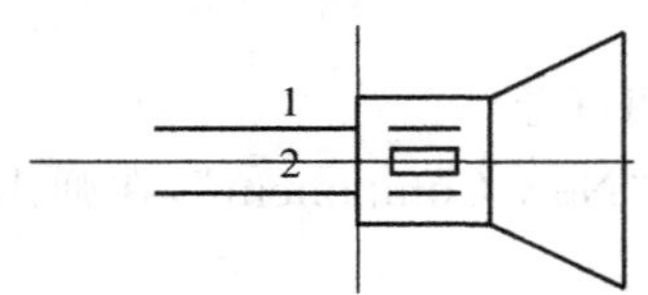

图 5-15 超声波换能器的原理图符号

5. 创建 1602 液晶显示器的原理图符号

(1) 执行菜单命令"Tools"|"New Component",在弹出的对话框中将新建的元件命名为"1602",如图 5-16 所示。

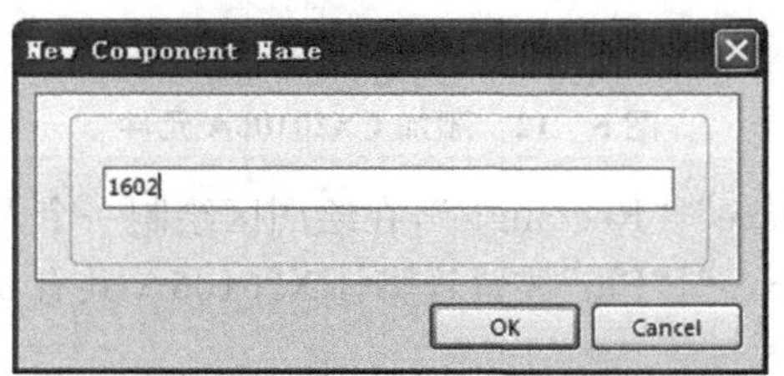

图 5-16 添加 1602 液晶显示器元件

(2) 执行菜单命令"Place"|"Rectangle",在绘图区绘制一个大小合适的矩形。

(3) 执行菜单命令"Place"|"Pin"放置管脚,1602 液晶显示器共有 16 个管脚。按照图 5-17设置引脚以及引脚名称。

(4) 执行菜单命令"File"|"Save",保存所建原理图符号。

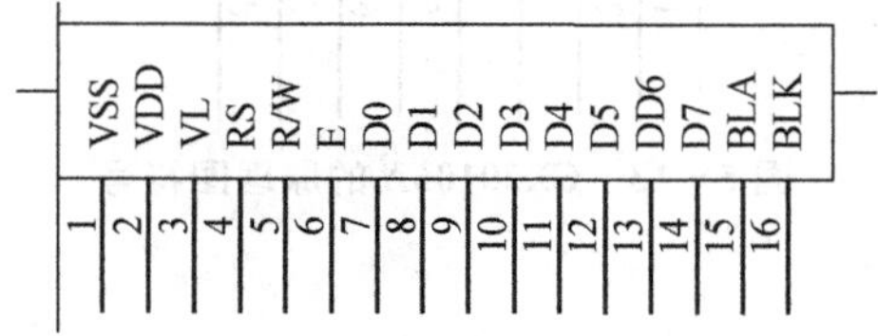

图 5-17 1602 液晶显示器的原理图符号

6. 创建按键的原理图符号

(1) 执行菜单命令“Tools”|“New Component”，在弹出的对话框中将新建的元件命名为“SW_PB”，如图5-18所示。

(2) 打开库文件“Miscellaneous Devices. LibPkg”，复制SW_PB元件的原理图符号到新建的元件编辑区域，如图5-19所示。

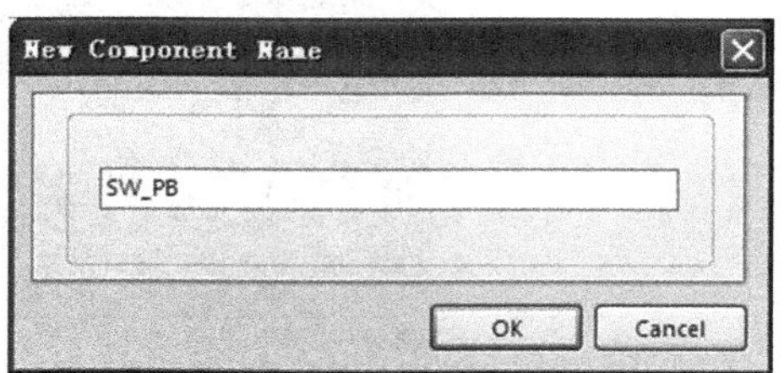

图5-18　添加按键元件

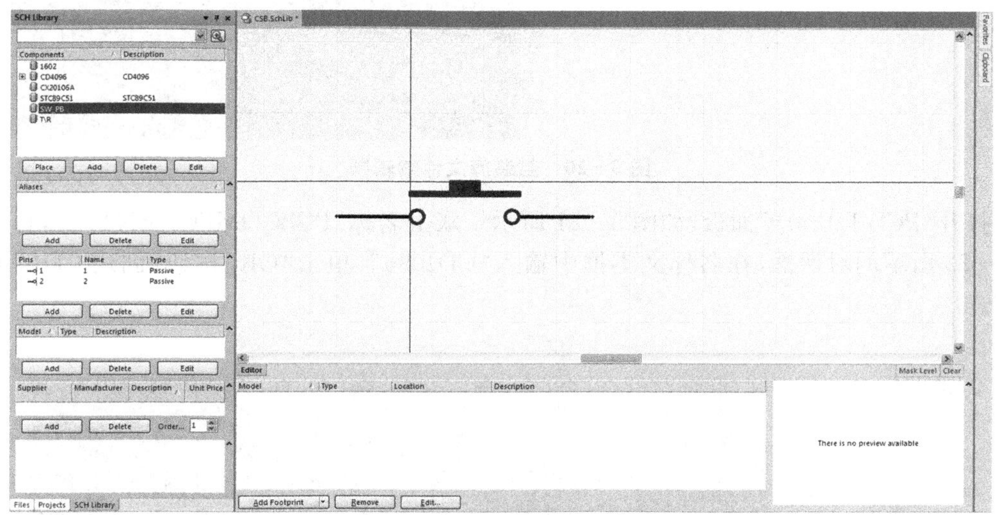

图5-19　新建的按键原理图符号

(3) 执行菜单命令“File”|“Save”，保存所建原理图符号。

二、创建封装库文件并添加封装

1. 创建CD4096的封装

执行菜单命令“File”|“New”|“Library”|“PCB Library”，系统生成一个封装库文件，默认名称为“PcbLib1. PcbLib”，同时启动封装库文件编辑器，如图5-20所示，将该库文件另存为“CSB. PcbLib”。

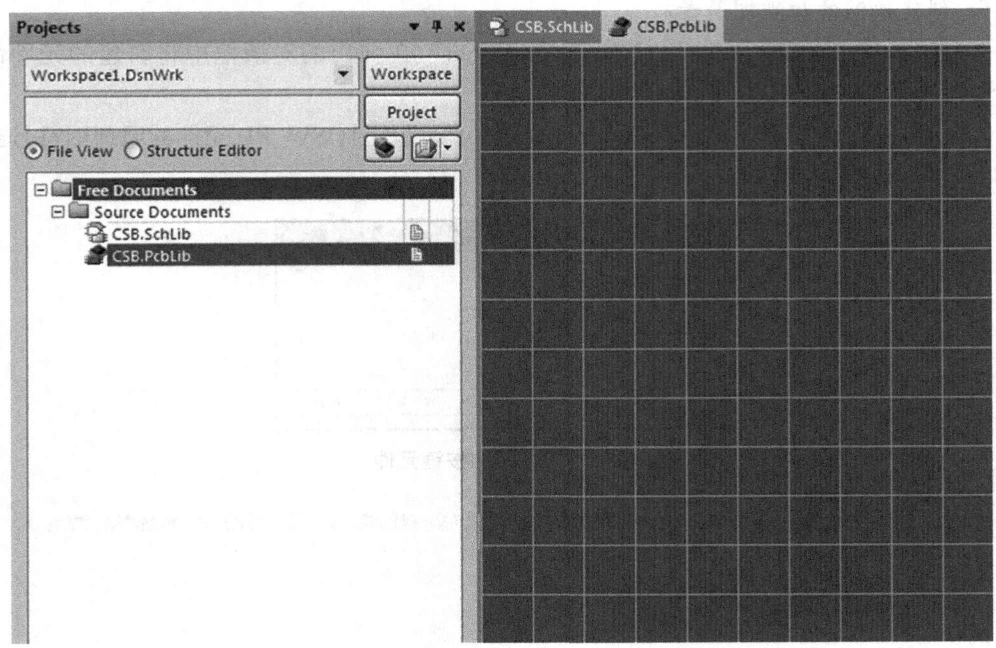

图 5-20　封装库文件编辑器

打开“PCB Library”面板，如图 5-21 所示。双击名称“PCBCOMPONENT_1”，打开如图 5-22 所示的对话框，在名称文本框中输入“CD4096”，单击“OK”按钮，创建 CD4096 的封装。

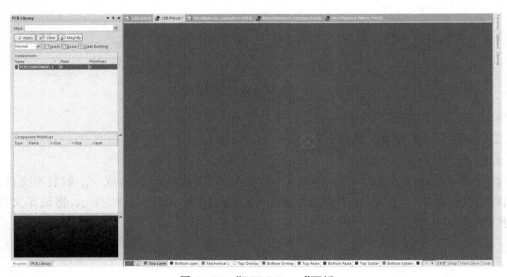

图 5-21　“PCB Library”面板

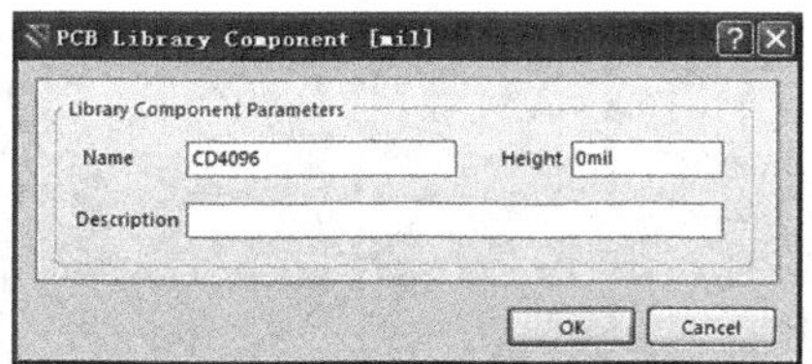

图 5-22　PCB 封装参数设置对话框

CD4096 选用标准 DIP14 封装形式，可以复制“Miscellaneous Devices. LibPkg”库中的 DIP_14 封装。具体操作步骤不再赘述，创建好的 CD4096 的 DIP_14 封装如图 5-23 所示。

执行菜单命令“File”|“Save”，保存所建元件封装。

2. 创建 STC89C51 的封装

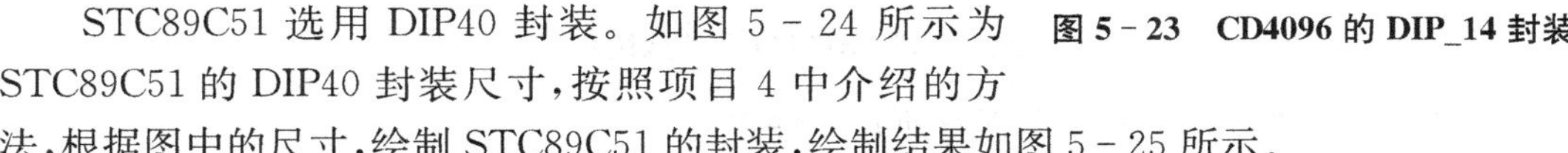

图 5-23　CD4096 的 DIP_14 封装

STC89C51 选用 DIP40 封装。如图 5-24 所示为 STC89C51 的 DIP40 封装尺寸，按照项目 4 中介绍的方法，根据图中的尺寸，绘制 STC89C51 的封装，绘制结果如图 5-25 所示。

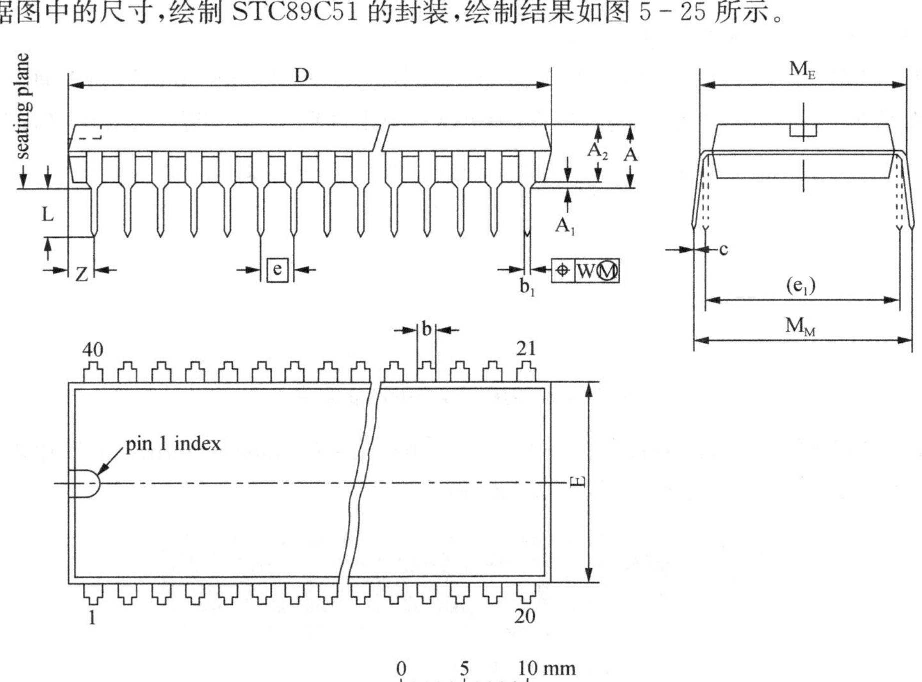

DIMENSIONS(inch dimenalons are derived from the original mm dimenalons)

UNIT	A max	A_1 min	A_2 max	b	b_1	c	$D^{(1)}$	$E^{(1)}$	e	e_1	L	M_E	M_M	W	$Z^{(1)}$ max
mm	4.7	0.51	4.0	1.70 1.14	0.53 0.38	0.36 0.23	52.50 51.50	14.1 13.7	2.54	15.24	3.60 3.05	15.80 15.24	17.42 15.90	0.254	2.25
inchos	0.19	0.020	0.16	0.067 0.045	0.021 0.015	0.014 0.009	2.067 2.028	0.56 0.54	0.10	0.60	0.14 0.12	0.62 0.60	0.69 0.63	0.01	0.089

图 5-24　STC89C51 的封装尺寸

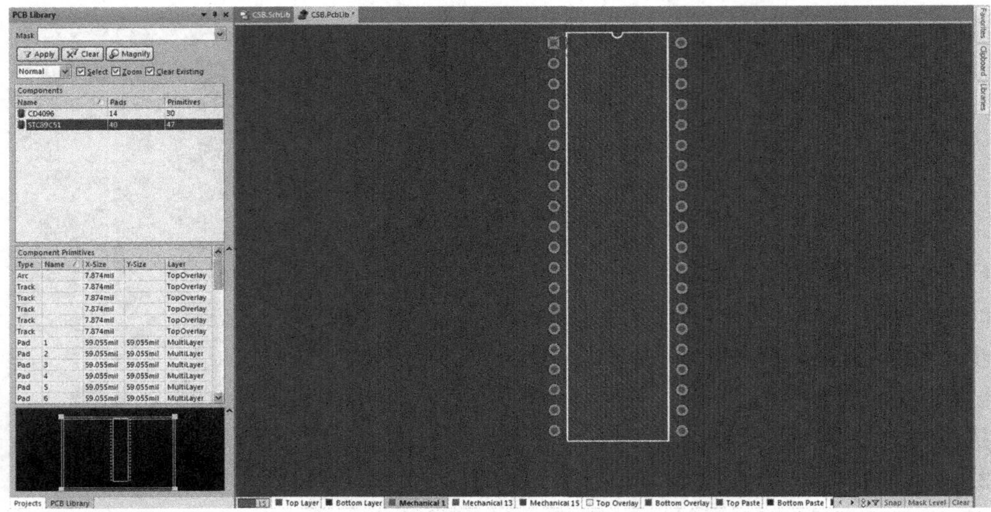

图 5-25　STC89C51 的封装

执行菜单命令“File”|“Save”,保存所建元件封装。

3. 创建 CX20106A 的封装

打开“PCB Library”面板,执行菜单命令“Tools”|“New Component”,打开如图 5-26 所示的对话框,在名称文本框中输入“CX20106A”,单击“OK”按钮,创建 CX20106A 的封装。

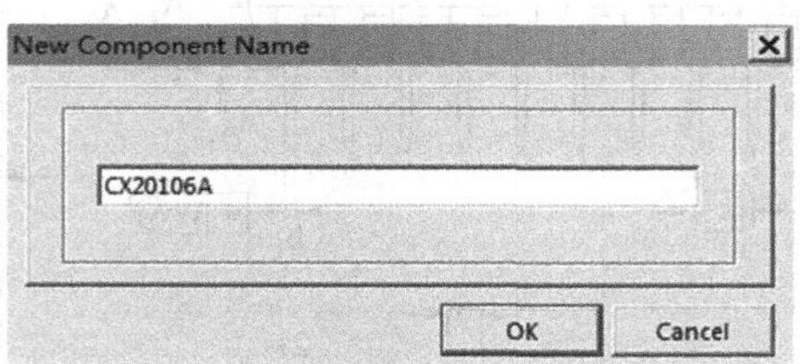

图 5-26　创建 CX20106A 的封装

CX20106A 的封装可以通过复制粘贴“Miscellaneous Connectors. IntLib”库中的 HDR1×8 封装来实现,绘制完成的封装如图 5-27 所示。

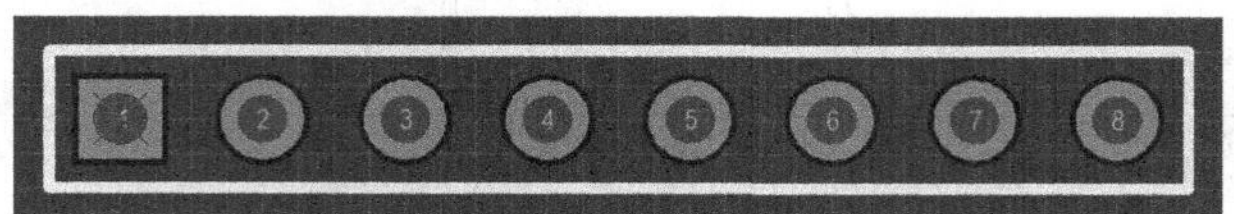

图 5-27　CX20106A 的封装

执行菜单命令“File”|“Save”,保存所建元件封装。

4. 创建超声波换能器的封装

如图 5-28 所示为超声波换能器的封装尺寸。

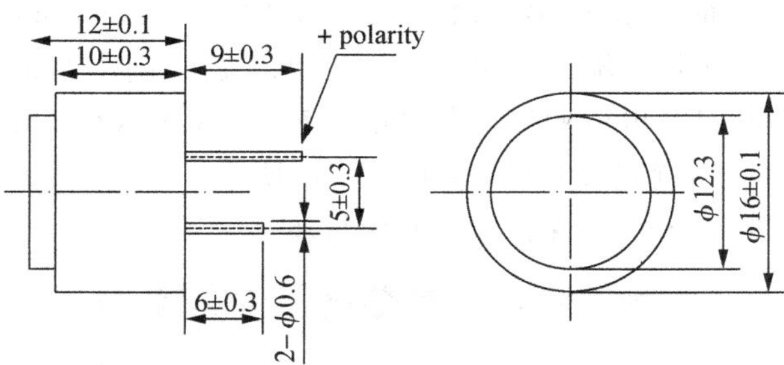

图 5-28　超声波换能器的封装尺寸(单位:mm)

打开“PCB Library”面板,执行菜单命令“Tools”|“New Component”,打开如图 5-29 所示的对话框,在名称文本框中输入“T\R”, 创建超声波换能器的封装。根据图 5-28 中的尺寸绘制超声波换能器的封装,绘制结果如图 5-30 所示。

执行菜单命令“File”|“Save”,保存所建元件封装。

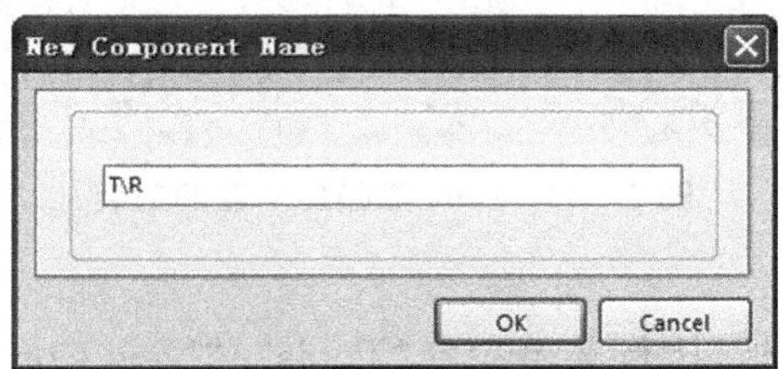

图 5-29　创建超声波换能器的封装

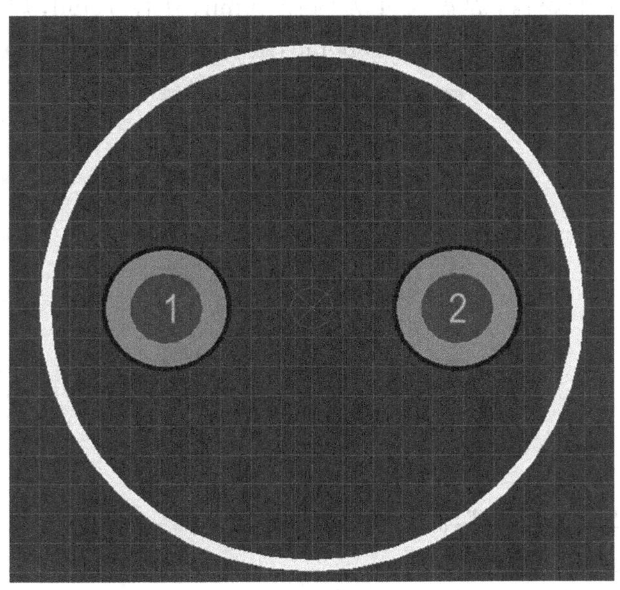

图 5-30　超声波换能器的封装

5. 创建 1602 液晶显示器的封装

1602 液晶显示器采用可插拔式,因此在 PCB 上只要 16 个常规焊盘引脚即可。

打开“PCB Library”面板，执行菜单命令“Tools”|“New Component”，打开如图 5－31 所示的对话框，在名称文本框中输入“1602”，单击“OK”按钮，创建 1602 液晶显示器的封装。

1602 液晶显示器的封装可以通过复制粘贴“Miscellaneous Connectors. IntLib”库中的 HDR1×16 封装来实现，绘制完成的封装如图 5－32 所示。

执行菜单命令“File”|“Save”，保存所建元件封装。

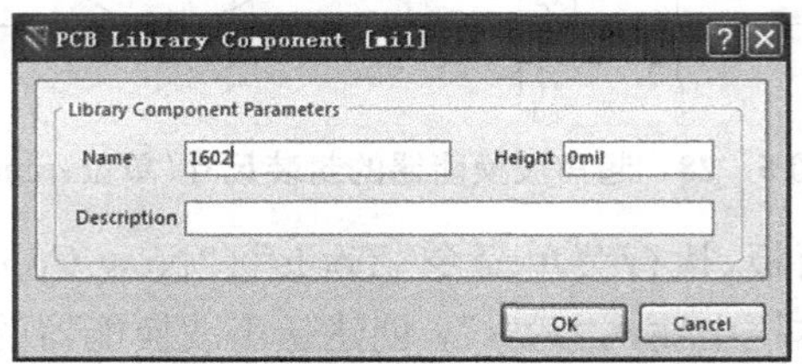

图 5－31　创建 1602 液晶显示器的封装

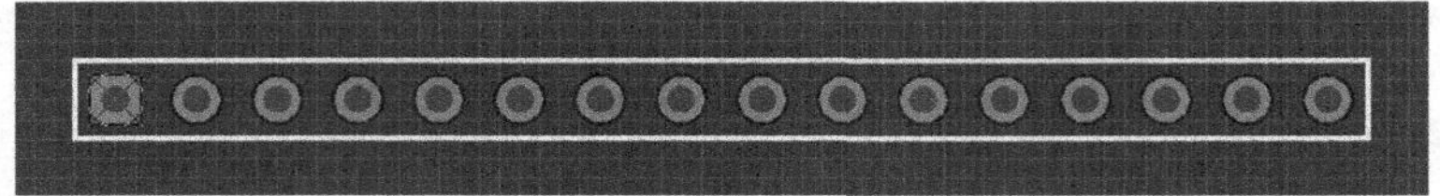

图 5－32　1602 液晶显示器的封装

6. 创建按键的封装

打开“PCB Library”面板，执行菜单命令“Tools”|“New Component”，打开“New Component Name”对话框，在名称文本框中输入“SW_PB”，单击“OK”按钮，创建按键的封装。

按键的封装有 4 个焊盘，焊盘尺寸为内径 30mil、外径 70mil，焊盘间距为 190mil×280mil，按键的外形轮廓大小为 290mil×300mil，绘制完成的封装如图 5－33 所示。

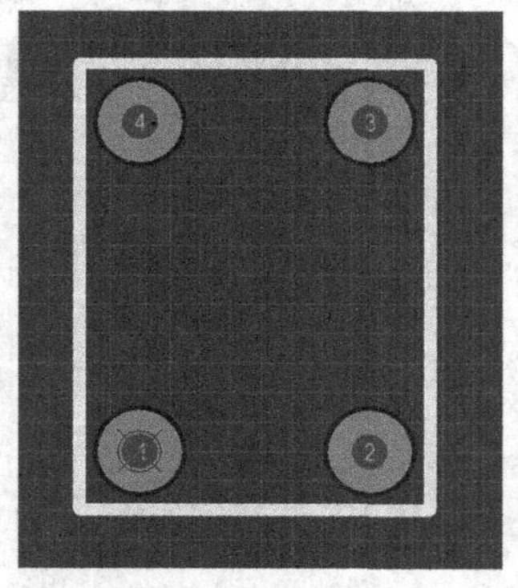

图 5－33　按键的封装

执行菜单命令“File”|“Save”，保存所建元件封装。

三、创建集成元件库文件

执行菜单命令“File”|“New”|“Project”|“Integrated Library”，创建一个集成元件库文件，将其命名为“CSB. LibPkg”，如图 5－34 所示。

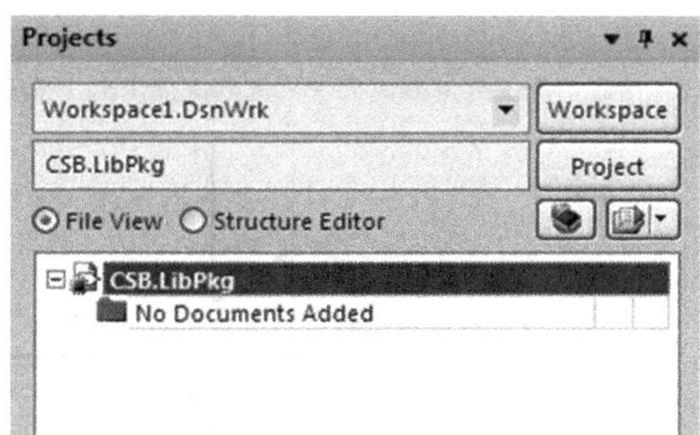

图 5 - 34　创建集成元件库"CSB. LibPkg"

选中"Projects"面板中的"CSB. LibPkg"，单击鼠标右键，在弹出的菜单中选中"Add Existing to Project..."选项，为"CSB. LibPkg"集成元件库添加原理图库文件和封装库文件，添加完成后如图5 - 35所示。

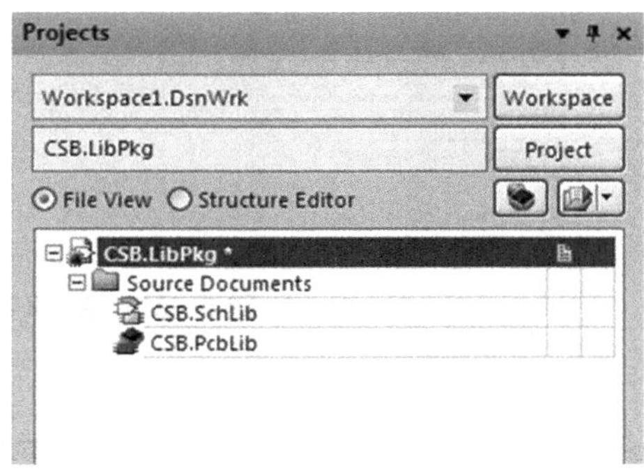

图 5 - 35　添加原理图库文件和封装库文件后的集成元件库

在"Projects"面板中双击"CSB. SchLib"，打开原理图库文件，如图 5 - 36 所示。打开"SCH Library"面板，选中 CD4096 元件，如图 5 - 37 所示。在图 5 - 37 所示的原理图库文件编辑器的封装编辑区内双击"Add Footprint"按钮为原理图符号添加封装，选择 CD4096 封装并确定，此时完成了原理图符号与 PCB 封装的关联，原理图库文件编辑器右下角显示对应封装图形，如图 5 - 38 所示。

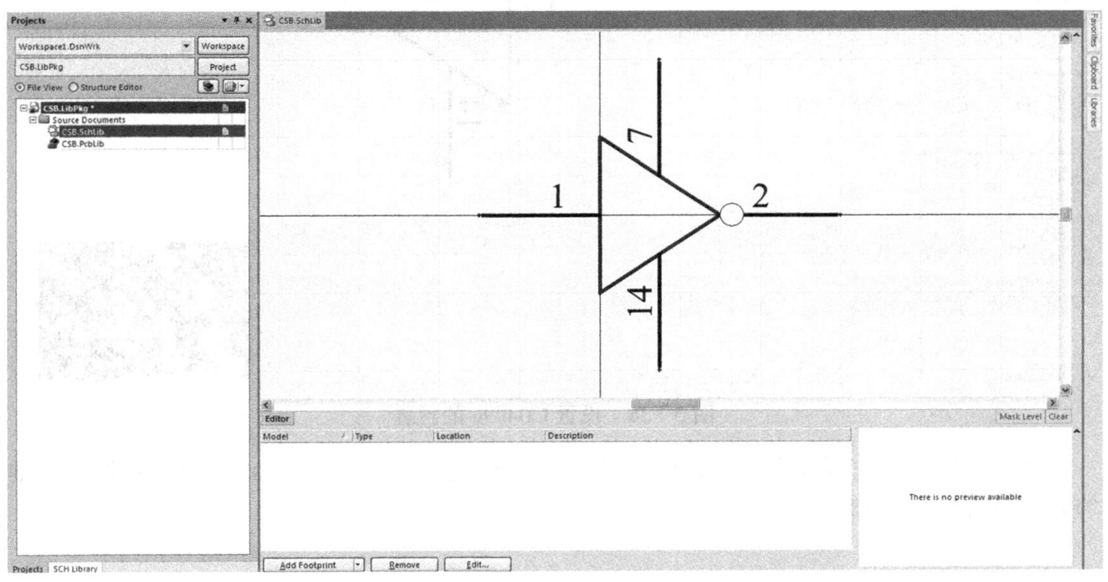

图 5 - 36　原理图库文件

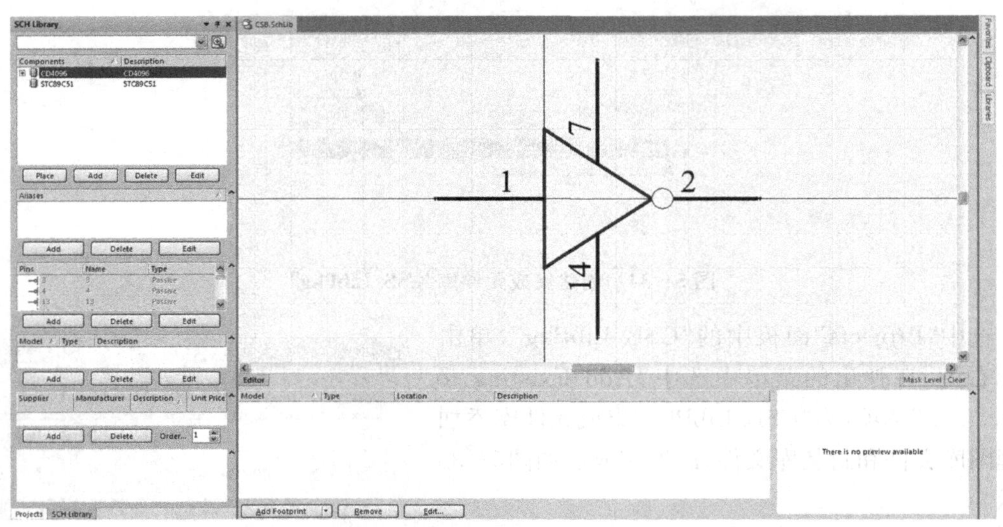

图 5－37　在“SCH Library”面板中选中 CD4096 元件

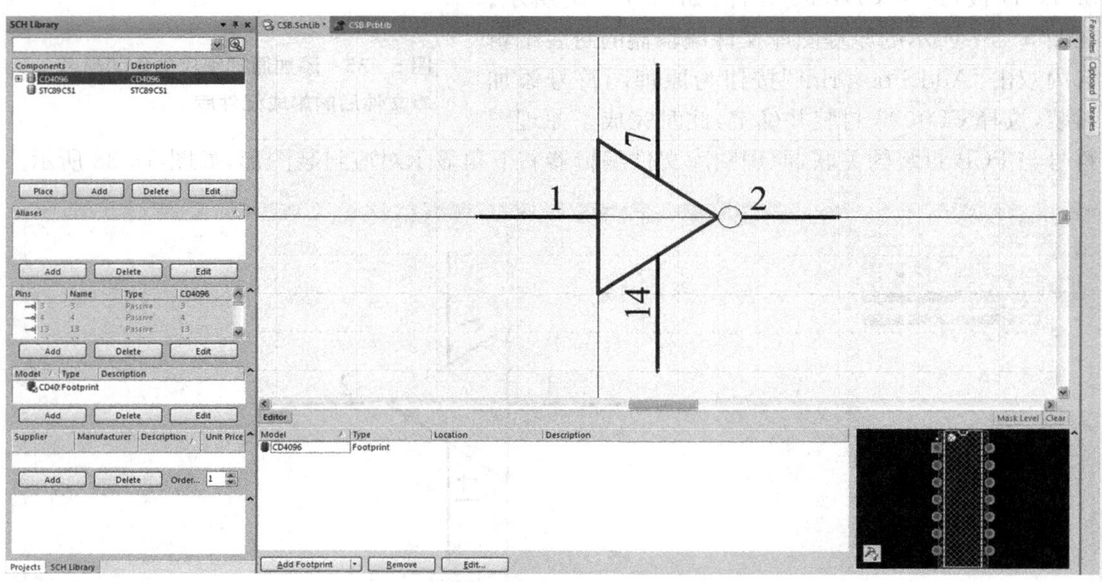

图 5－38　设置 CD4096 的封装

采用同样的方法可以为 STC89C51、CX20106A、超声波换能器、1602 液晶显示器和按键等元件设置封装，如图 5－39 至图 5－43 所示。

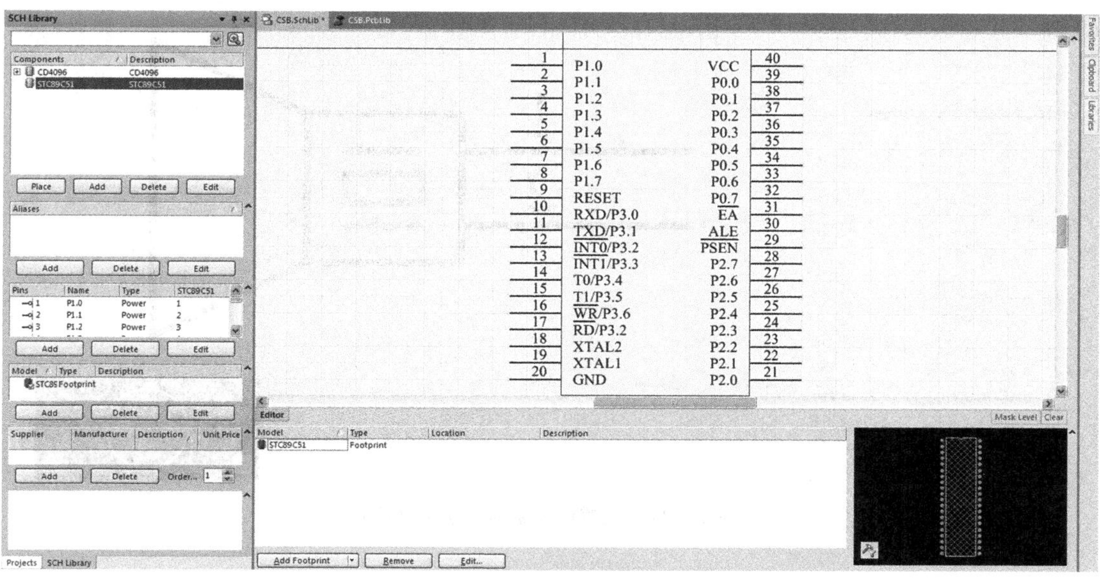

图 5－39　设置 STC89C51 的封装

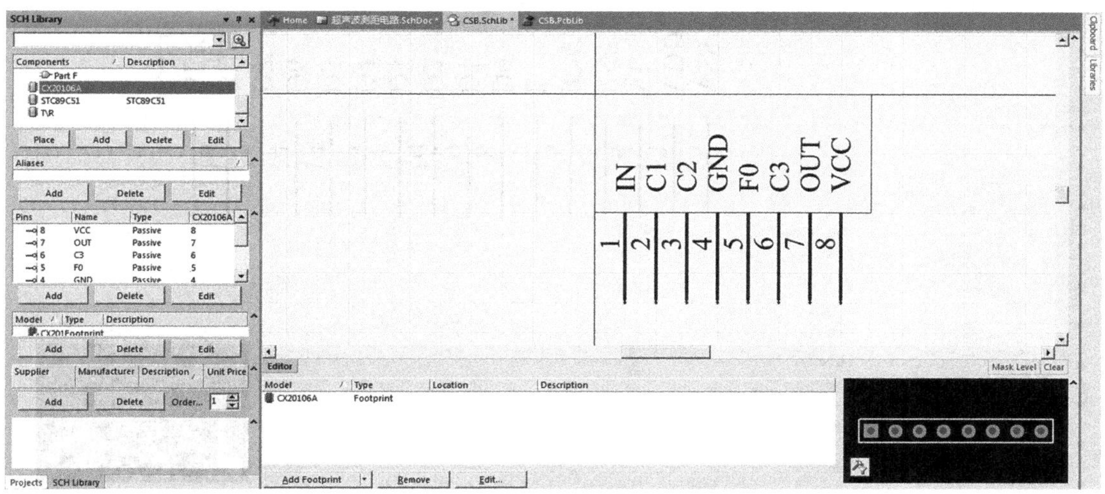

图 5－40　设置 CX20106A 的封装

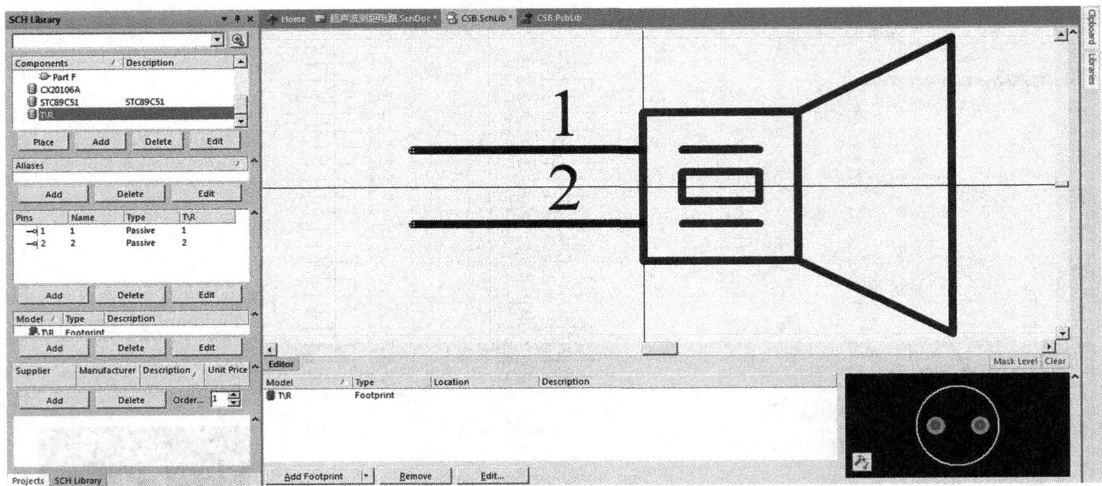

图 5－41　设置超声波换能器的封装

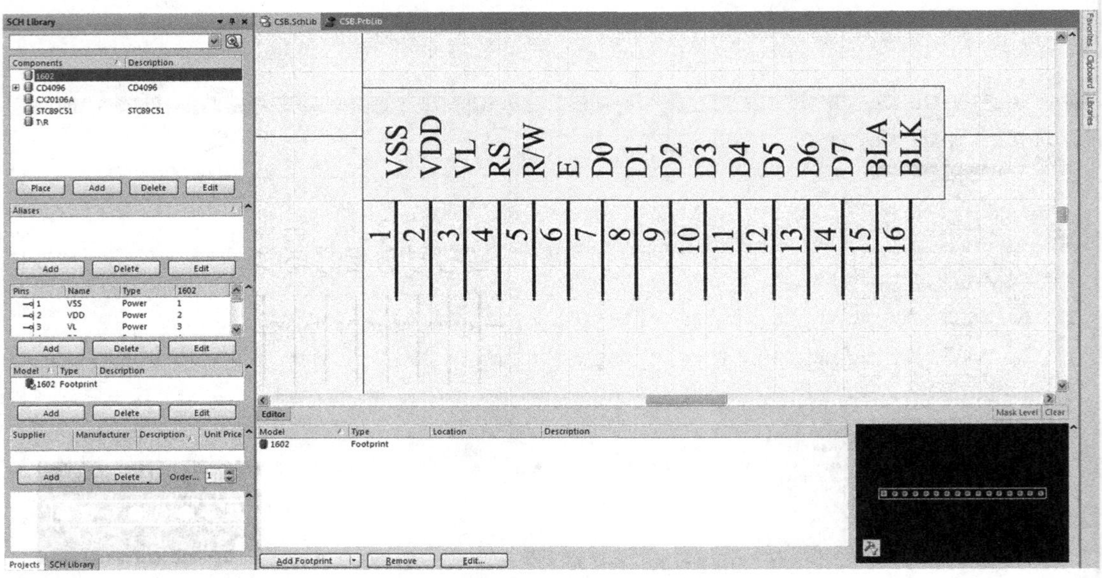

图 5－42　设置 1602 液晶显示器的封装

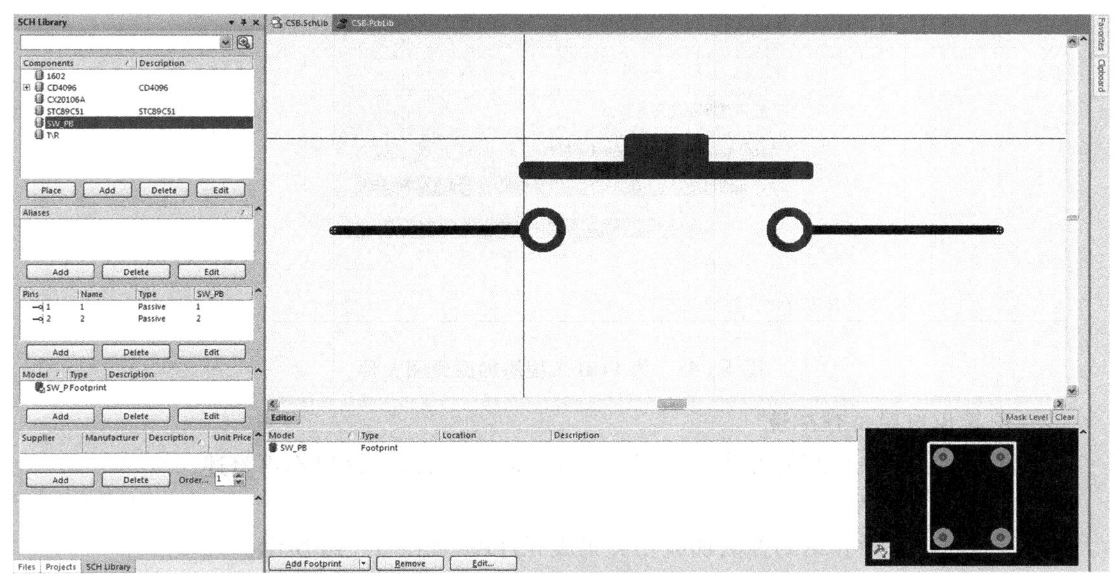

图 5－43　设置按键的封装

全部设置好后保存集成元件库文件。

执行菜单命令“Project”|“Compile Integrated Library CSB. LibPkg”，对整个集成元件库进行编译，倘若编译错误的话会在“Messages”面板中显示错误信息。编译无误后会在项目文件夹中生成一个新的名为“Project Outputs for CSB”的文件夹，该文件夹中的文件即为生成的集成库文件，用户可以加载该文件使用。

四、绘制超声波测距电路原理图

1. 新建 PCB 工程及原理图文件

执行菜单命令“File”|“New”|“Project”，新建一个 PCB 工程，命名为“超声波测距电路”，单击“OK”按钮完成工程创建，如图 5－44 所示。

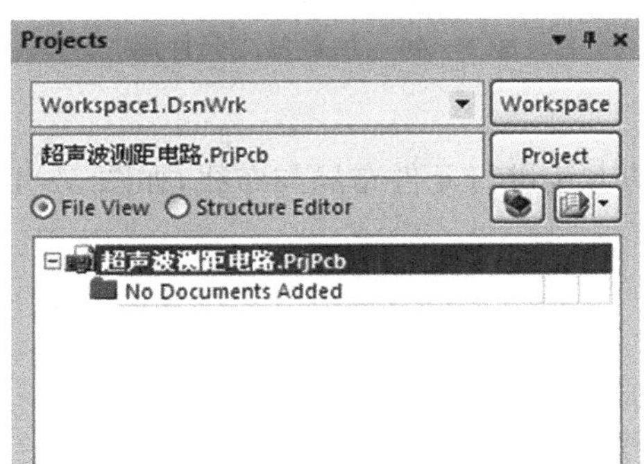

图 5－44　创建 PCB 工程

执行菜单命令“File”|“New”|“Schematic”，新建一个原理图文件，命名为“超声波测距电路”，并将该原理图文件添加到“超声波测距电路”PCB 工程中，如图 5－45 所示。

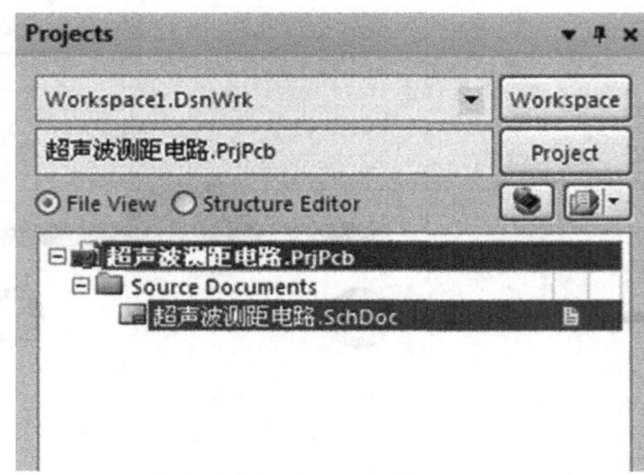

图 5-45　为 PCB 工程添加原理图文件

2. 设置原理图工作环境

参照前面项目中介绍的方法对原理图工作环境进行设置，这里不再赘述。

3. 加载集成元件库

参照前面项目中介绍的方法加载相关集成元件库，如图 5-46 所示。

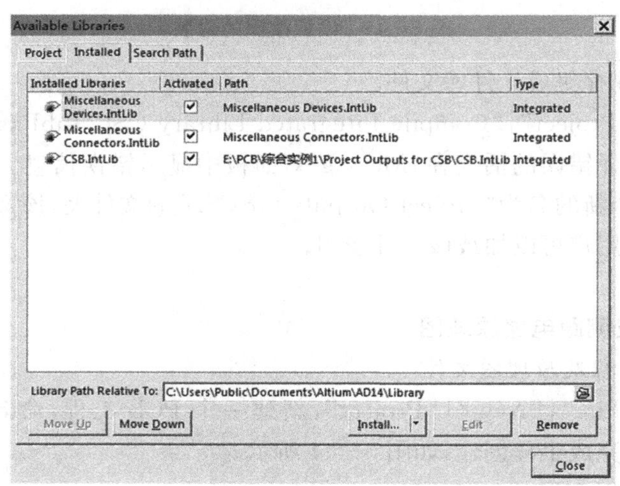

图 5-46　加载集成元件库

4. 元件布局与布线

参照前面项目中介绍的方法进行元件布局与布线，如图 5-47 所示。

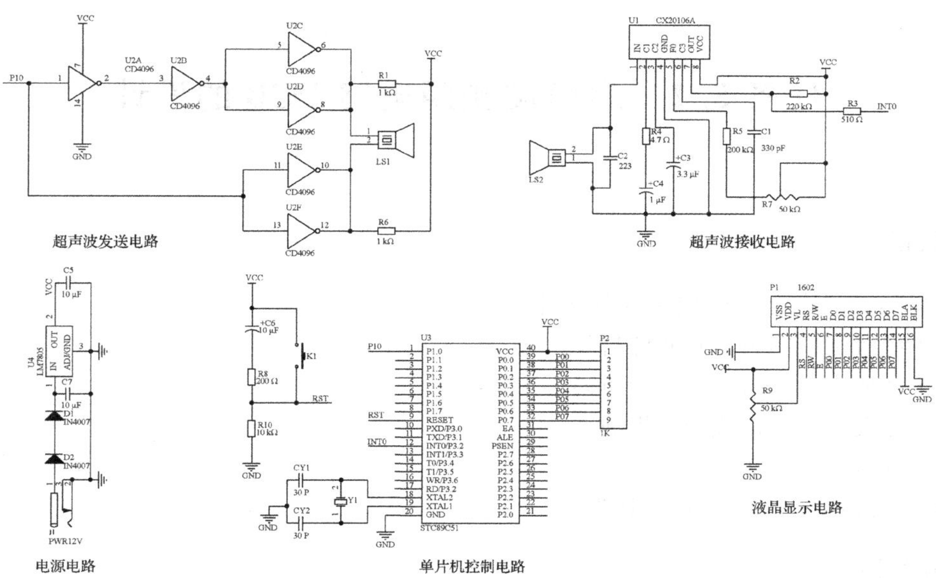

图 5-47　绘制完成的超声波测距电路原理图

5. *原理图编译及输出文件*

参照前面项目中介绍的方法对原理图进行编译并输出相关文件，如图 5-48 所示为生成的 Excel 格式的元件报表。

Bill of Materials　　超声波测距电路

Source Data From: 超声波测距电路.PrjPcb
Project: 超声波测距电路.PrjPcb
Variant: None

Creation Date: 2016-1-25　14:15:01
Print Date: 42394　42394.68665

Footprint	Comment	LibRef	Designator	Description	Quantity
RAD-0.1	Cap	Cap	C1, C2, CY1, CY2	Capacitor	4
RAD-0.1	Cap Pol1	Cap Pol1	C3, C4, C6	Polarized Capacitor (Radial)	3
RAD-0.1	10uF	CAP1	C5, C7		2
DO-35	IN4007	IN4007	D1, D2		2
JACK/6-V3A	PWR 12V	Phonejack2 TN	J1	Jack Socket, 1/4" [6.5mm], Thru-Hole, Verti	1
BUTTON	SW-PB	SW-PB	K1	Switch	1
T\R	T\R	T\R	LS1, LS2		2
1602	1602	1602	P1		1
HDR1X9	1K	Header 9	P2	Header, 9-Pin	1
AXIAL-0.3	Res2	Res2	R1, R2, R3, R4, R5, R6, R8, R10	Resistor	8
VR5	Res Tap	Res Tap	R7, R9	Tapped Resistor	2
CX20106A	CX20106A	CX20106A	U1		1
CD4096	CD4096	CD4096	U2	CD4096	1
STC89C51	STC89C51	STC89C51	U3	STC89C51	1
TO-262-AA	LM7805	1117	U4		1
R38	XTAL	XTAL	Y1	Crystal Oscillator	1
					32

图 5-48　生成的 Excel 格式元件报表

任务 5.2 超声波测距电路 PCB 的设计

任务目标

(1) 熟练创建符合要求的 PCB 文件。

(2) 熟练加载网络表和元件封装。

(3) 按要求熟练对元件进行布局。

(4) 按要求熟练设置相应规则。

(5) 熟练进行布线、覆铜。

(6) 熟练进行 DRC 并修改错误。

任务相关知识

超声波测距电路的 PCB 设计要求如下：

(1) 双面板，电路板尺寸为 70 mm×90 mm，禁止布线区与板子边沿的距离为 1 mm，参考坐标原点为板子的左下角。

(2) 在板子 4 个角放置 4 个安装孔，要求距离板边 5 mm，直径为 3.5 mm。

(3) 电源与地网络的走线宽度最小 25mil、最大 50mil、优选 30mil。

(4) 其他网络的走线宽度最小 10mil、最大 15mil、优选 12mil。

(5) 过孔尺寸为内径最小 20mil、最大 28mil、优选 24mil，外径最小 40mil、最大 50mil、优选 44mil。

(6) 放置一个钻孔表，要求全板只选择 1 种过孔尺寸。

(7) 电源、地网络与其他走线之间的安全间距是 10mil，其他走线之间的安全间距是 15mil，电源与地网络之间的安全间距是 10mil。

(8) 走线尽量布在顶层，在电路板的底层进行覆铜，通过板框生成覆铜区域，覆铜网络为 GND。

(9) 对整板进行设计规则检查，修改到无错为止。

任务实施

一、创建 PCB 文件

创建符合要求的 PCB 文件，如图 5-49 所示。

图 5-49　PCB 文件

执行菜单命令“File”|“Save as”，将文件另存为“超声波测距电路. PcbDoc”，存放路径与前面创建的“超声波测距电路. PrjPcb”工程的存放路径一致，并将“超声波测距电路. PcbDoc”文件加载到“超声波测距电路. PrjPcb”工程中，如图 5-50 所示。

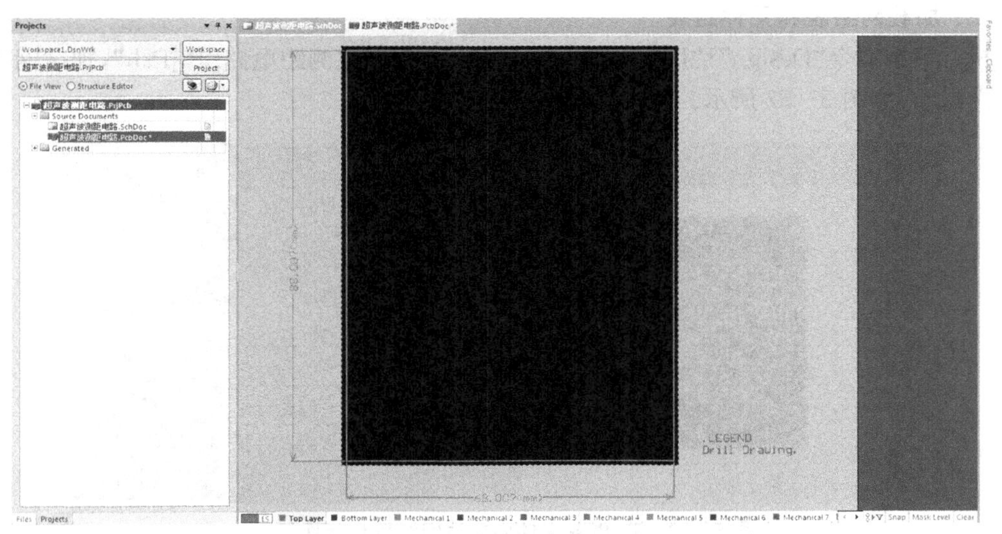

图 5-50　添加完 PCB 文件的“超声波测距电路. PrjPcb”工程

执行菜单命令“Edit”|“Origin”|“Set”，设置左下角为PCB的原点，并在板子4个角放置安装孔，如图5－51所示。

图5－51　设置参考原点和安装孔

二、加载网络表和元件封装

执行菜单命令“Design”|“Import Changes From 超声波测距电路. PrjPcb”，加载网络表和元件封装，如图5－52所示。

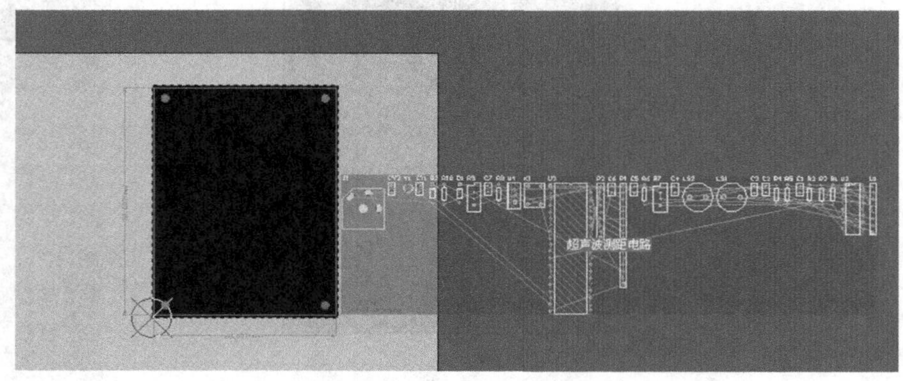

图5－52　在PCB文件中加载网络表和元件封装

三、元件布局

进行元件布局，如图 5 - 53 所示为元件布局结果。

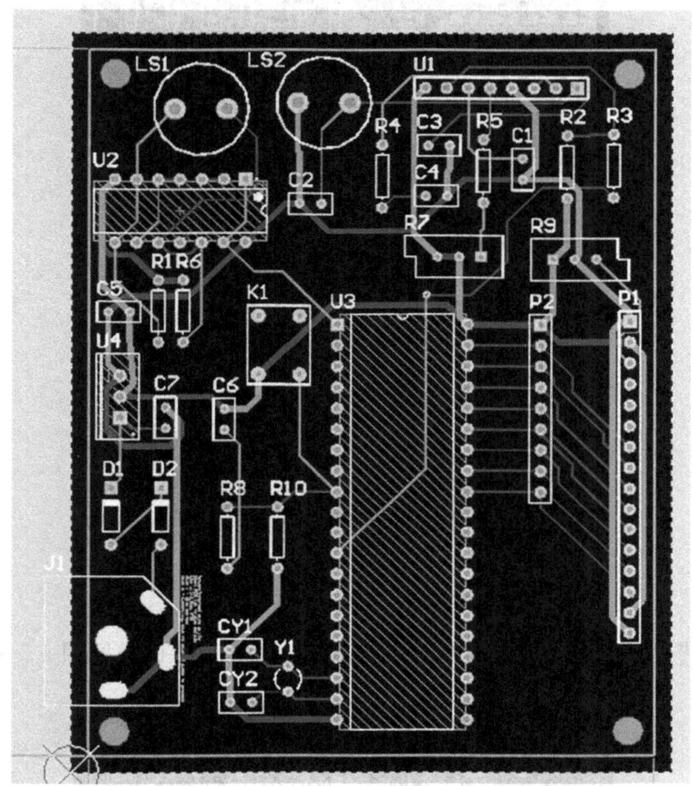

图 5 - 53　元件布局

四、设置布线规则

设置布线规则，具体步骤参考前面的项目，在此不再赘述。

五、自动布线

布线规则设置完成后，执行菜单命令“Auto Route”|“All”进行自动布线，自动布线结果如图 5 - 54 所示。

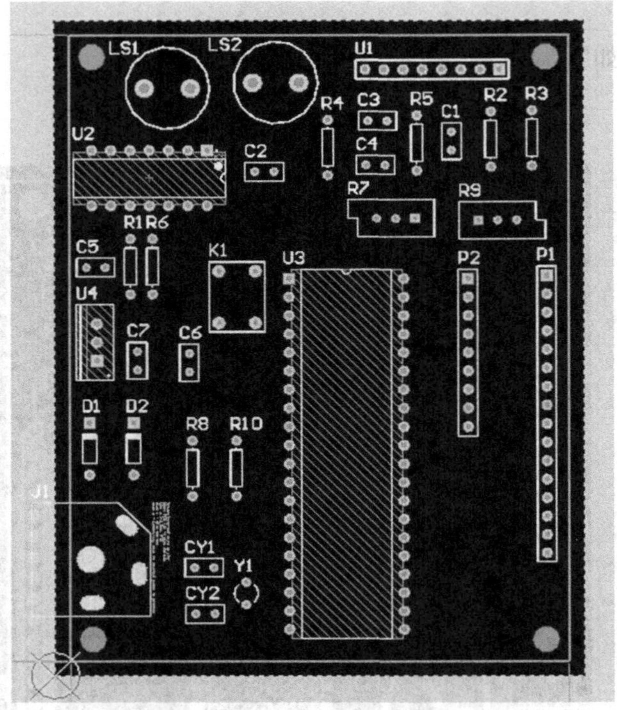

图 5－54　完成自动布线

自动布线后进行手动调整，尽量在底层走线，调整之后的布线如图 5－55 所示。

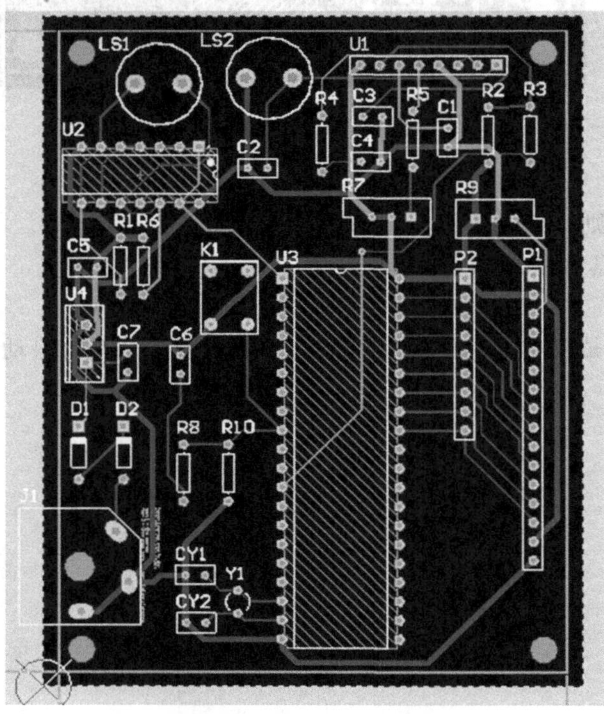

图 5－55　手动调整后的布线

六、覆铜

进行覆铜，连接 GND 网络，在底层覆铜。如图 5－56 所示为覆铜结果。

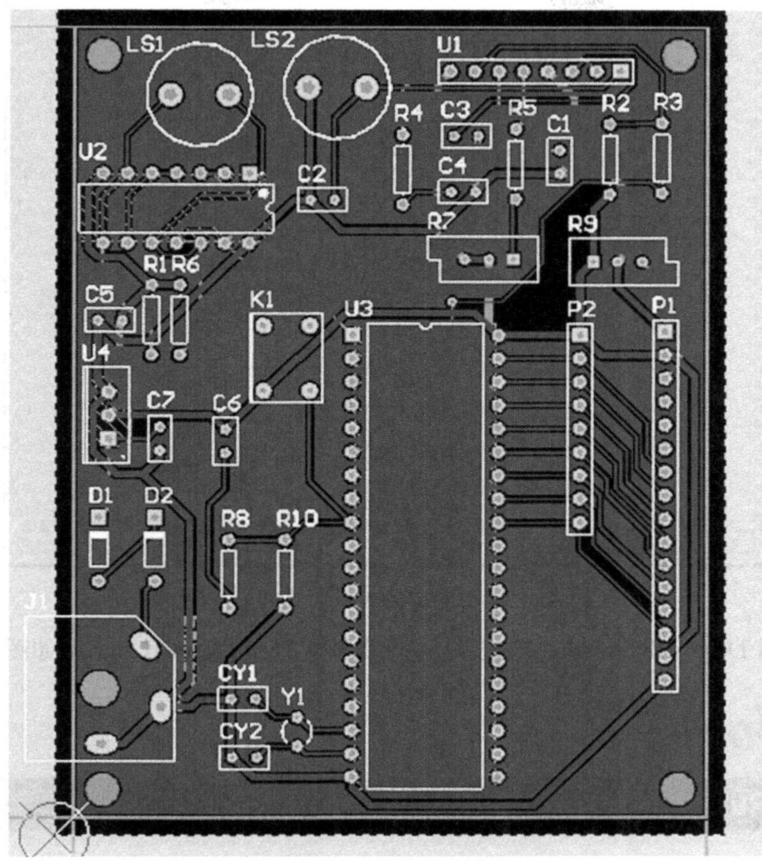

图 5－56　覆铜之后的 PCB

七、设计规则检查

执行菜单命令"Tools"|"Design Rule Check"，弹出图 5－57 所示的"Design Rule Checker"对话框。

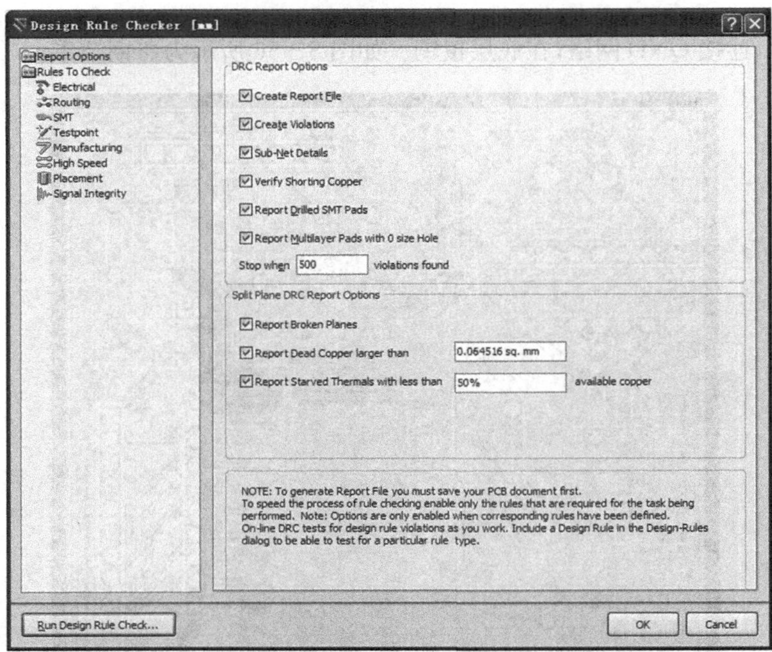

图 5－57 “Design Rule Checker”对话框

单击“Run Design Rule Check”按钮，进行设计规则检查(DRC)，结果如图 5－58 所示。

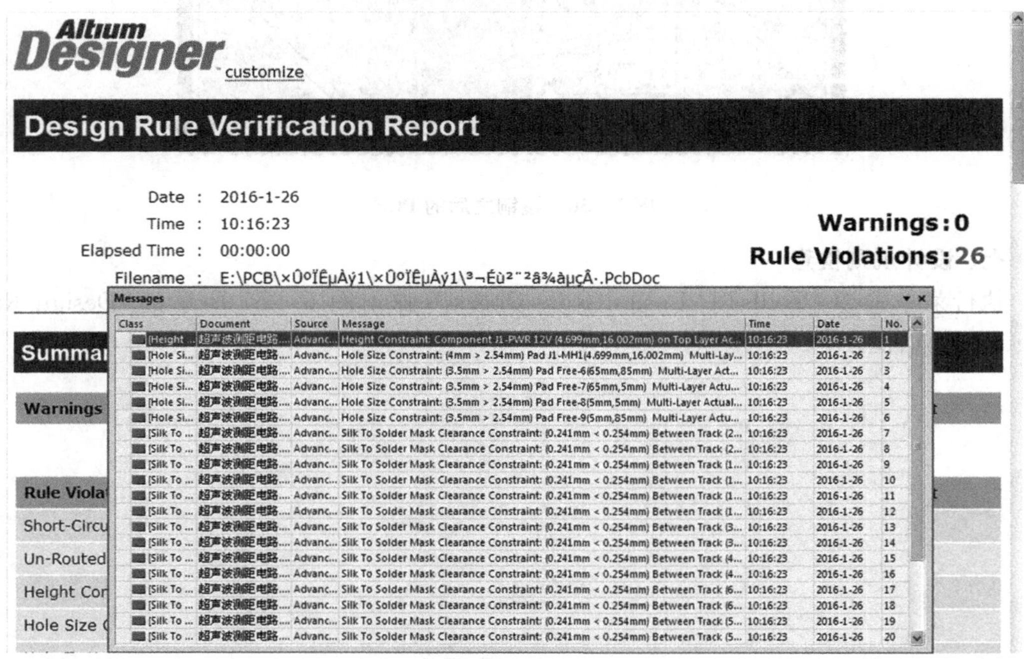

图 5－58 DRC 结果

双击“Messages”面板中的违规信息，根据“Rule Violations”部分的提示，修改相应规则如下：

① “Silk To Solder Mask Clearance”的值修改为“0.2mm”；

② “Silk To Board Region Clearance”的值修改为“No Net”；

③ “Hole Size Constraint”的“Maximum”值修改为“5mm”；

④ “Height Constraint”的“Maximum”值修改为 35mm。

修改完成，重新进行 DRC，结果如图 5－59 所示，可见没有错误、警告和规则冲突信息。

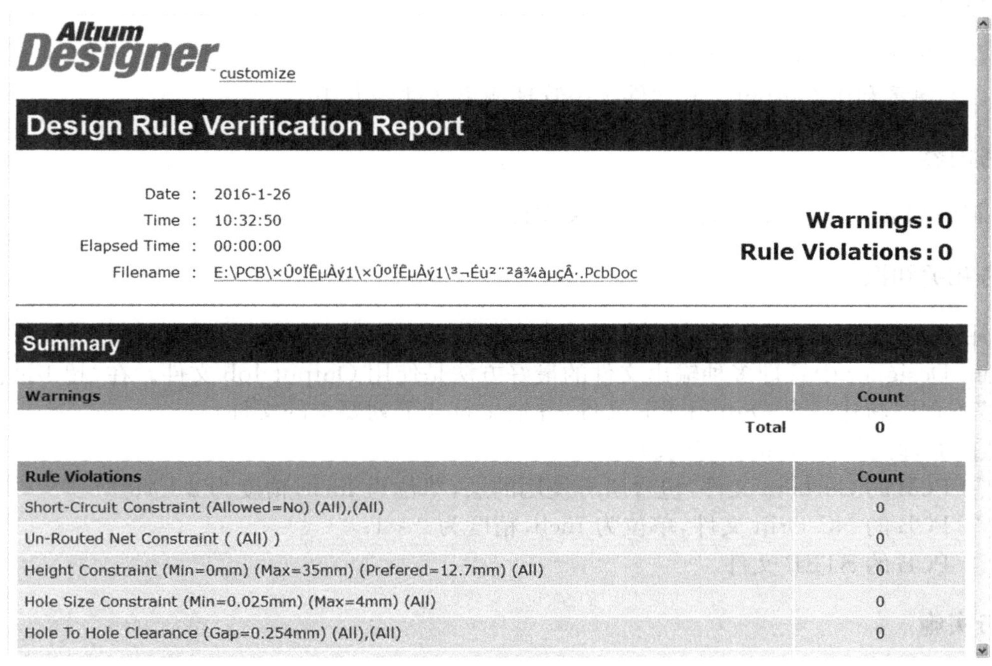

Altium Designer customize

Design Rule Verification Report

Date : 2016-1-26
Time : 10:32:50
Elapsed Time : 00:00:00
Filename : E:\PCB\×ÛºÏÊµÀý1\×ÛºÏÊµÀý1\³¬Éù²¨²â¾àµçÂ·.PcbDoc

Warnings : 0
Rule Violations : 0

Summary

Warnings	Count
Total	0

Rule Violations	Count
Short-Circuit Constraint (Allowed=No) (All),(All)	0
Un-Routed Net Constraint ((All))	0
Height Constraint (Min=0mm) (Max=35mm) (Prefered=12.7mm) (All)	0
Hole Size Constraint (Min=0.025mm) (Max=4mm) (All)	0
Hole To Hole Clearance (Gap=0.254mm) (All),(All)	0

图 5－59　修改规则后再次 DRC 的结果

任务 5.3　超声波测距电路 PCB 的文件输出

任务目标

(1) 熟悉 PCB 各类报表文件的输出方法。
(2) 熟悉利用 Output Job 文件统一管理输出文件的方法。

任务内容

利用 Output Job 文件统一输出相关文件。

任务相关知识

用户可以从 PCB 设计中生成多种输出文件,每种类型的输出文件都有各自的设置。在 Altium Designer 中管理多种输出文件的最好方法是使用 Output Job 文件。在“超声波测距电路”工程中新建一个 Output Job 文件,并输出符合下列要求的文件:

① 原理图与 PCB 的 PDF 文档;
② PCB 的 Gerbera 文件,包含所有使用的层,单位为 Inch,精度为 2∶4;
③ PCB 的 NC Drill 文件,单位为 Inch,精度为 2∶4;
④ PCB 的 STEP 文件。

任务实施

一、输出原理图与 PCB 的 PDF 文档

打开“超声波测距电路. PcbDoc”文件,执行菜单命令“File”|“New”|“Output Job File”,创建一个新的 Output Job 文件,如图 5-60 所示。

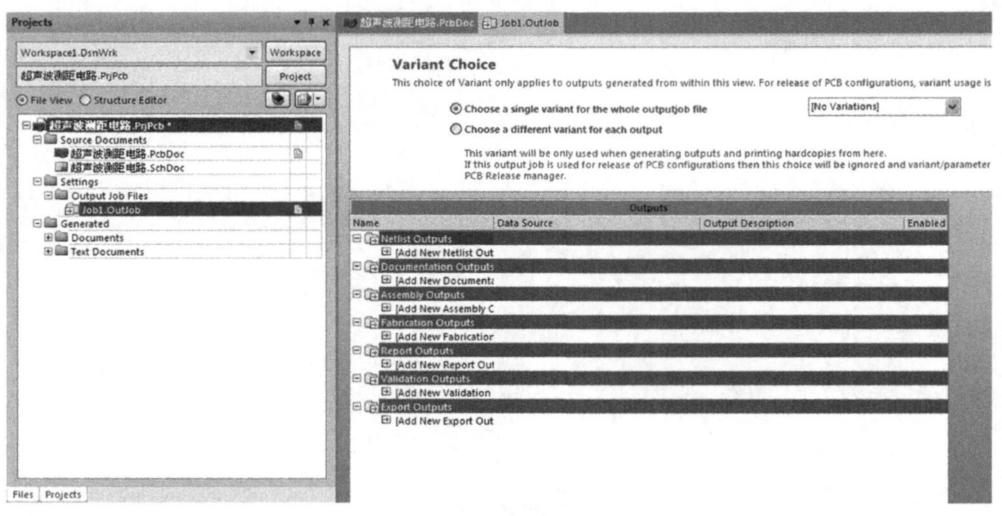

图 5-60　新建 Output Job 文件

在“Documentation Outputs”选项卡下通过右键菜单添加原理图文件和 PCB 文件，并为其选择 PDF 输出容器，如图 5－61 所示。

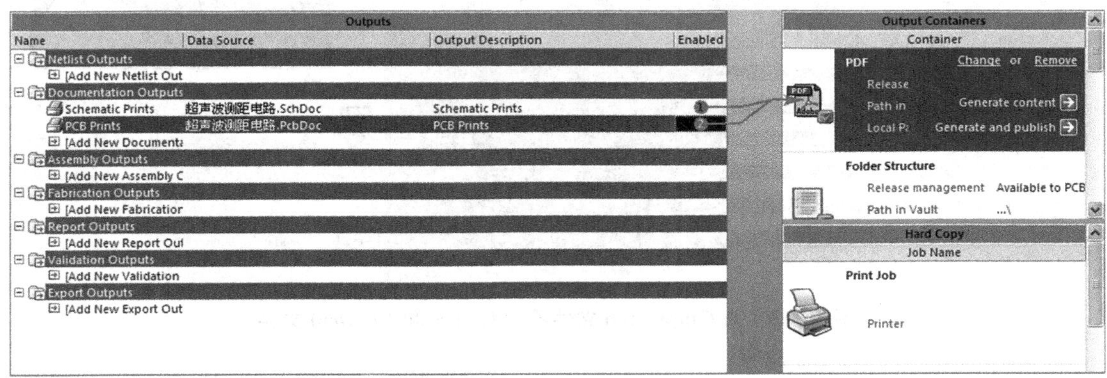

图 5－61　为 Output Job 文件添加原理图和 PCB 文件

单击“Generate content”按钮，生成 PDF 文档，如图 5－62 所示。

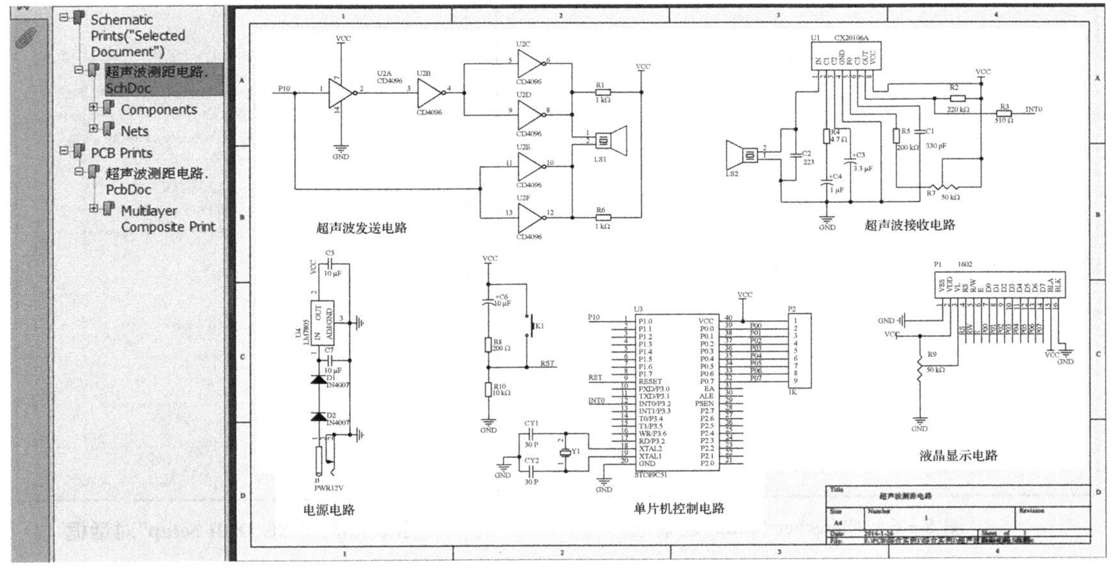

图 5－62　生成的 PDF 文档

二、输出 PCB 的 Gerbera 和 NC Drill 文件

在图 5－60 所示界面中，在“Fabrication Outputs”选项卡下通过右键菜单添加 Gerber 文件和 NC Drill 文件，并为其选择 Folder Structure 输出容器，如图 5－63 所示。单击“Gerber Files”选项，弹出如图 5－64 所示的“Gerber Setup”对话框，根据要求进行参数设置。单击“NC Drill Files”选项，弹出如图 5－65 所示的“NC Drill Setup”对话框，根据要求进行参数设置。

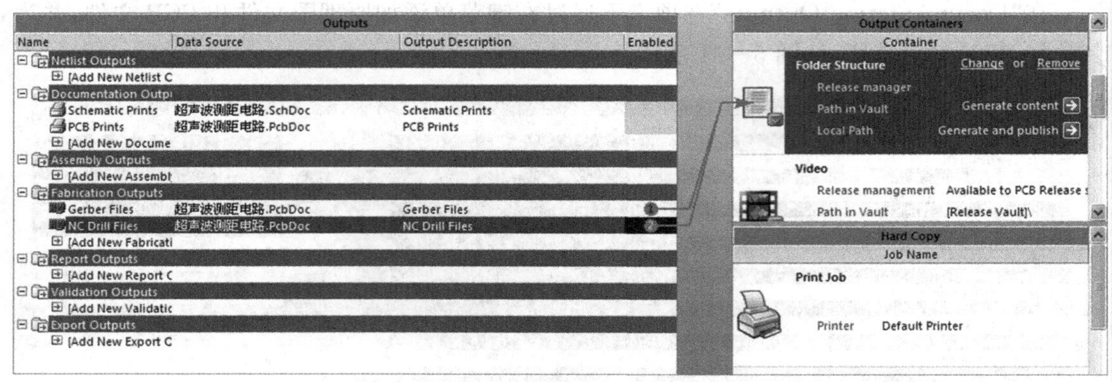

图 5-63 为 Output Job 文件添加 Gerber 和 NC Drill 文件

图 5-64 "Gerber Setup"对话框

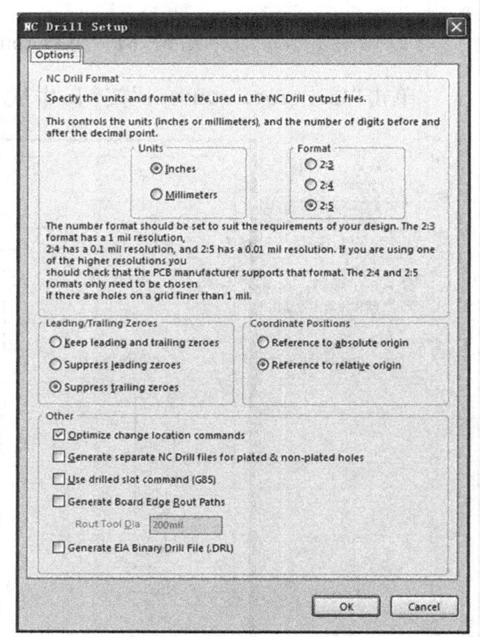

图 5-65 "NC Drill Setup"对话框

三、输出 STEP 文件

在图 5-60 所示界面中，在"Export Outputs"选项卡下通过右键菜单添加 STEP 文件，并为其选择 Folder Structure 输出容器，如图 5-66 所示。

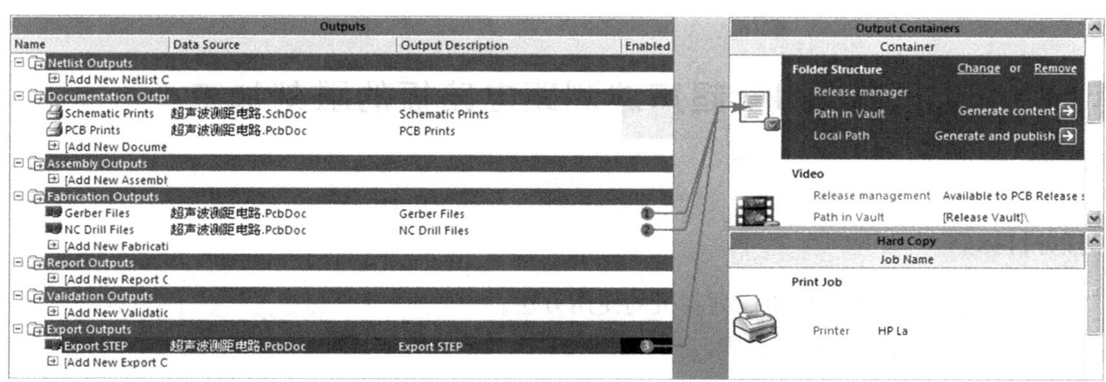

图 5－66　为 Output Job 文件添加 STEP 文件

单击“Generate content”按钮，生成输出文件，如图 5－67 所示。系统自动生成一个“Project Outputs for 超声波测距电路”文件夹，该文件夹包含所有输出文件，如图 5－68 所示。

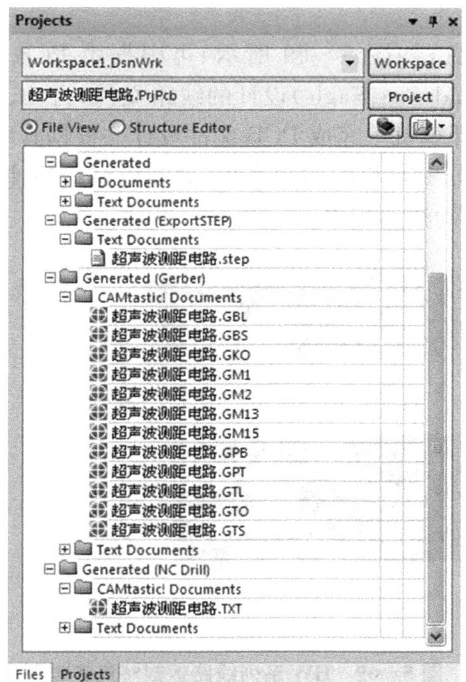

图 5－67　生成输出文件

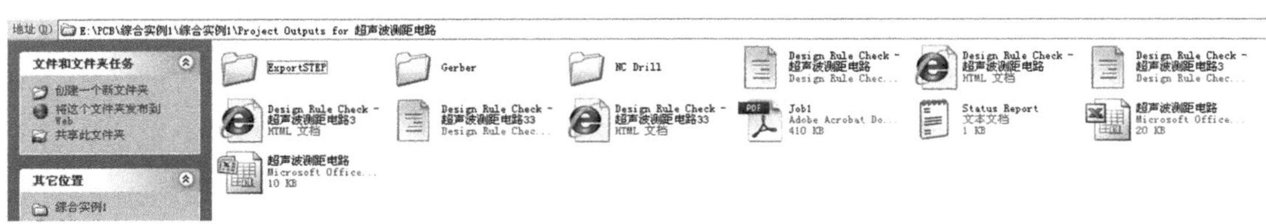

图 5－68　“Project Outputs for 超声波测距电路”文件夹

任务 5.4　超声波测距电路板的雕刻加工

任务目标

（1）熟悉 HW 系列线路板刻制机的使用方法。

（2）熟悉双面板的雕刻步骤。

任务内容

使用 HW 系列线路板刻制机加工超声波测距电路板。

任务相关知识

HW 系列线路板刻制机（如图 5－69 所示）可根据由 PCB 线路设计软件（如 Protel、PADS、Proteus、Cam350、Cadence、Eagle）设计的线路文件，自动、快速、精确地制作单、双面印刷线路板。用户只需在计算机上完成 PCB 文件设计并根据其生成加工文件后，通过 RS－232 或 USB 通信接口传送给刻制机的控制系统，刻制机就能快速地自动完成钻孔、雕刻、割边等操作，制作出一块精美的线路板来。

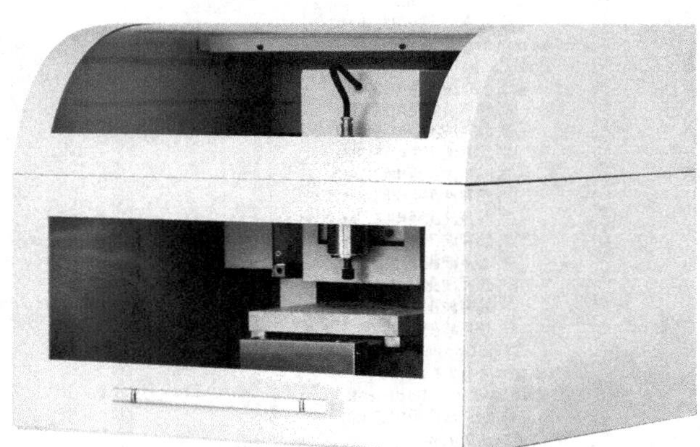

图 5－69　HW 系列线路板刻制机实物图

1. 线路板刻制机的控制面板

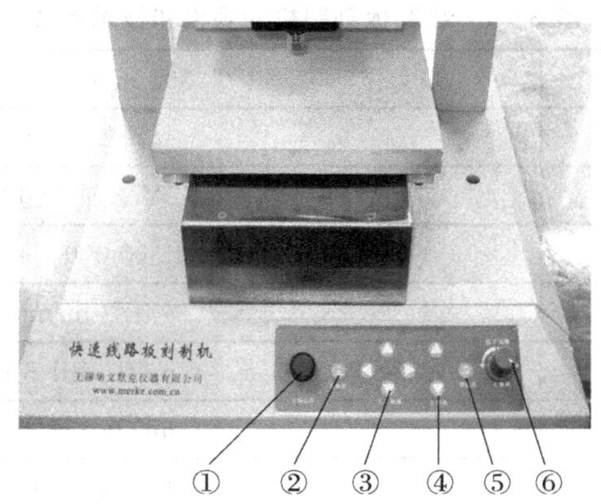

图 5－70　线路板刻制机的控制面板

如图 5－70 所示为线路板刻制机的控制面板，其中：

①——主轴电机启停开关：启动/停止主轴电机；

②——设原点：将当前位置设为原点；

③——X、Y 粗调：X、Y 方向位置快速移动；

④——Z 粗调：Z 方向位置快速移动；

⑤——回原点：X、Y、Z 回到设置的原点位置；

⑥——Z 微调/试雕旋钮：左旋，Z 向下 0.01 mm/格；右旋，Z 向上 0.01 mm/格；按下，进行试雕。

线路板刻制机的背面设有保护复位钮及保险丝，如图 5－71 所示。

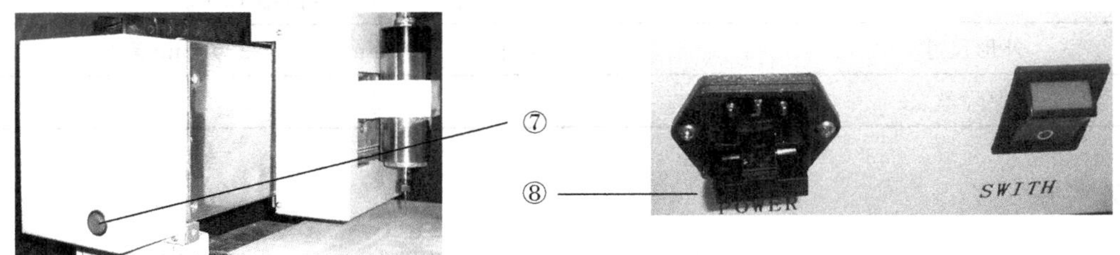

图 5－71　保护复位钮及保险丝

其中：

⑦——保护复位钮：当 X、Y、Z 超限保护后，需按下保护复位钮，同时移动 X、Y、Z 位置回到正常位置。

⑧——电源保险丝：当电源保险丝损坏时，取出保险丝，进行更换。（在关闭电源时，延时 30 秒后再打开电源开关，可以延长保险丝的使用寿命。）

2. 线路板刻制机的规格和技术参数(表 5－1)

表 5－1　线路板刻制机的规格和技术参数

最大工作面积	300 mm×300 mm
加工面数	单/双面
驱动方式	X、Y、Z 轴步进电机
最大转速	60 000 rpm
最大移动速度	4.8 m/min
最小线宽	4 mil(0.101 6 mm)
最小线距	6 mil(0.152 4 mm)
加工速度	40 mm/s(最大)
钻孔深度	0.02～3 mm
钻孔孔径	0.4～3.175 mm
钻孔速度	100 Strokes/min(最大)
操作方式	半自动
通信接口	RS－232 串口/USB
计算机系统	CPU:PⅢ－500 MHz 以上;内存:256M 以上
操作系统	Windows XP/Vista/Win 7
电源	交流(220±22) V,(50±1) Hz
功耗	115 VA
重量	66 kg(主机 54 kg、电控箱 12 kg)
外形尺寸	750 mm(长)×660 mm(宽)×1 200 mm(高)
保险丝	3 A

任务实施

电路板的制作主要是利用线路板刻制机对前面所设计的 PCB 文件进行加工,下面介绍具体制作过程。

一、制作前的准备

1. 导入加工文件

打开 Circuit Workstation 软件,主界面如图 5－72 所示。

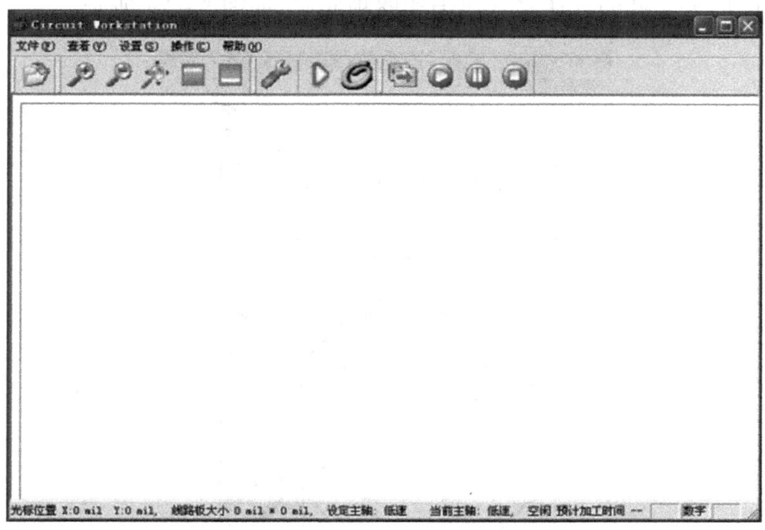

图 5－72　Circuit Workstation 软件主界面

执行菜单命令“文件”|“打开”，出现文件导入窗口，选择单/双面板，单击工具栏上的“打开”按钮，弹出如图 5－73 所示的“打开文件”对话框。

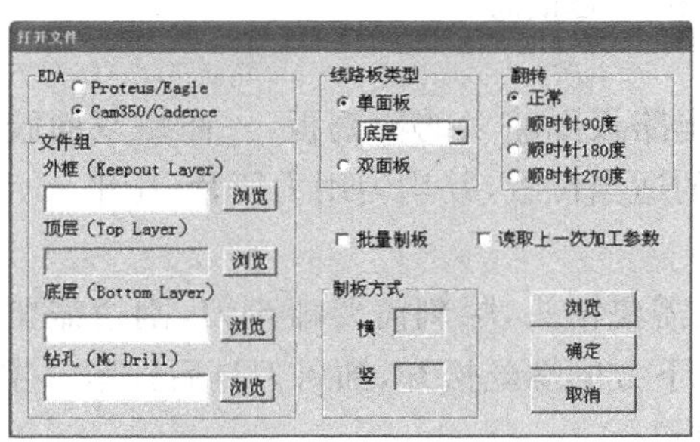

图 5－73　“打开文件”对话框

鼠标点击右下方“浏览”按钮，如图 5－74 所示，选择加工文件夹中任意后缀名的文件，再单击“确定”按钮。

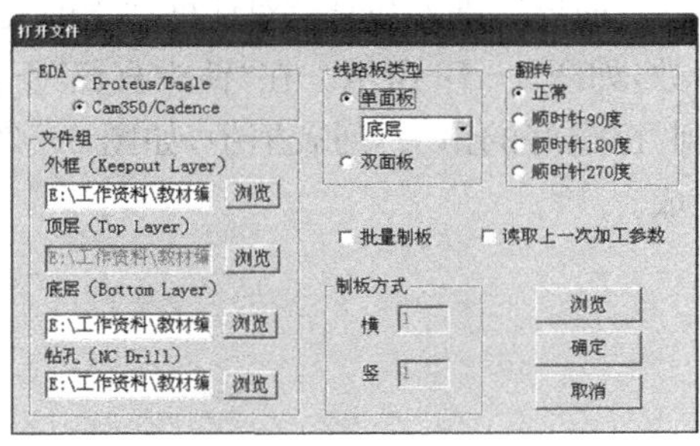

图 5－74　打开加工文件

正常打开后加工文件的默认显示层为线路板底层,如图 5 - 75 所示。

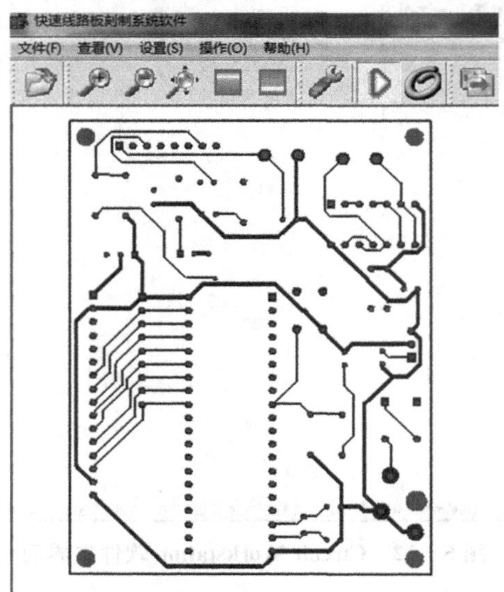

图 5 - 75 默认显示层为线路板底层

在图 5 - 75 所示窗口下方的状态栏中显示了当前光标的坐标位置、线路板的大小、主轴电机的设定与当前状态、联机状态信息。

2. 固定电路板

选取一块比设计好的电路板图略大的覆铜板,一面贴双面胶,贴胶时要注意贴匀,然后将覆铜板贴于工作平台板的适当位置,并均匀用力压紧、压平。

3. 安装刀具

在电路板制作中,钻孔需要钻头,雕刻需要雕刻刀,割边需要铣刀。选取一种规格的刀具,使用双扳手将主轴电机下方的螺丝松开,插入刀具后拧紧。主轴电机钻夹头带有自矫正功能,可防止刀具安装得歪斜。

注意:安装刀具时,请勿取下钻夹头,因为钻夹头已经高速动平衡校正。

二、钻孔

1. 导入钻孔数据

(1) 执行菜单命令“操作”|“向导”,进入“向导”对话框,“当前文件孔径”列表框里显示出所有需要加工的孔的大小和个数,如图 5 - 76 所示。在“钻头直径”下拉列表中选择合适的钻头,点击“添加”按钮,将其添加到“已选好的钻头”列表框中,如图 5 - 77 所示。直径大于 0.8 mm 的孔可以通过挖孔的方式完成。

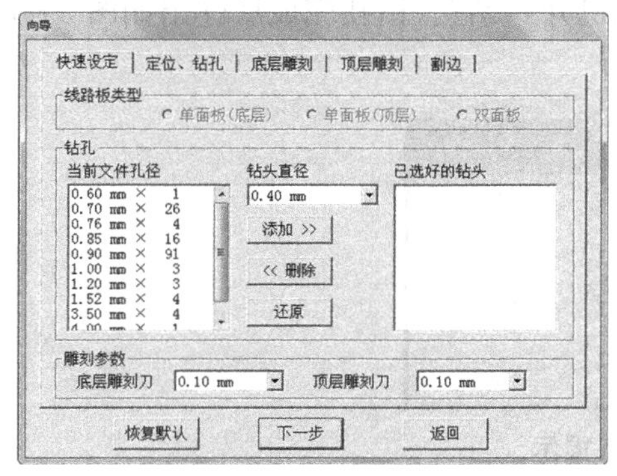

图 5－76　显示当前文件孔径

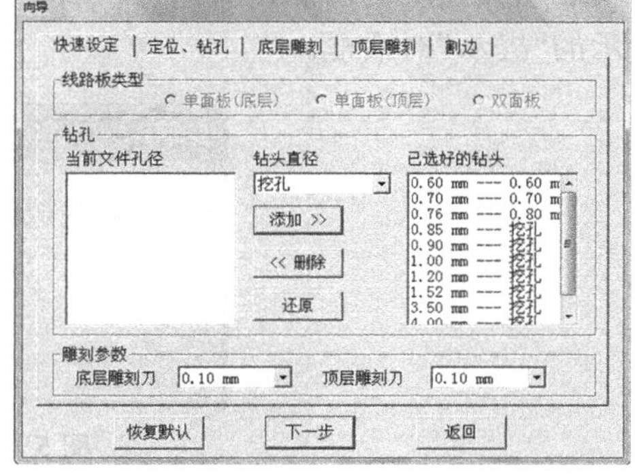

图 5－77　添加钻头

(2) 钻头数据导入完成后，点击“下一步”按钮，此时显示当前所需钻头直径及下一钻头直径，如图 5－78 所示，下一步需要根据要求换好钻头。

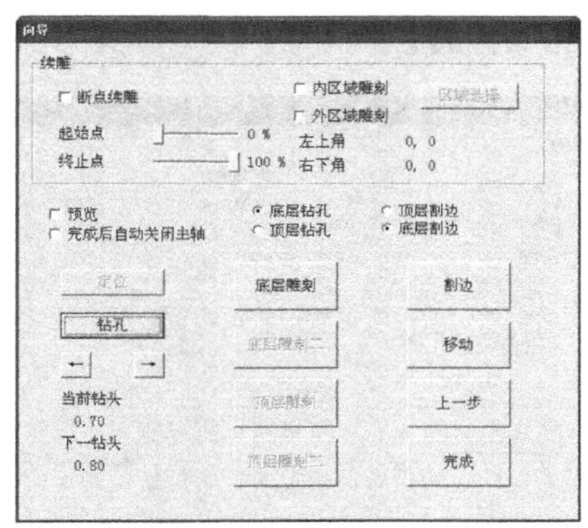

图 5－78　准备钻孔

2. 安装钻头

(1) 开启电源。开启雕刻机电源，Z 轴会自动复位，此时主轴电机仍保持关闭状态，向右旋转主轴电机启停开关，开启主轴电源，几秒钟后，电机转速稳定后即可开始加工。按下主轴电机启停开关即可关闭主轴电机。(注意：在电机未完全停止转动之前，请勿触摸夹头和刀具。)

(2) 装好适当的钻头，通过控制面板上的粗调按键或配套软件上的粗调按钮来调节钻头的垂直高度，直到钻头尖与电路板的垂直距离为 2 mm 左右。

(3) 改为手动微调，控制面板上的 Z 微调/试雕旋钮是一个数字电位器旋钮，旋钮向左旋转，Z 轴垂直向下移动 0.01 mm/格；旋钮向右旋转，Z 轴垂直向上移动 0.01 mm/格。

(4) 调节钻头的高度时，钻头快接近覆铜板时，一定要慢慢旋动旋钮直到钻头刚刚接触到覆铜板。(注意：一定要保证主轴电机处于运转状态，否则容易造成钻头断裂，并确保当前工作面为底层。)

3. 开始钻孔

(1) 安装完钻头，调整好钻头高度后，在如图 5－78 所示的对话框中点击“钻孔”按钮，弹出安装钻头提醒对话框，此时点击“确定”按钮，雕刻机开始钻孔，钻孔完成后弹出如图 5－79 所示的“提示”对话框。

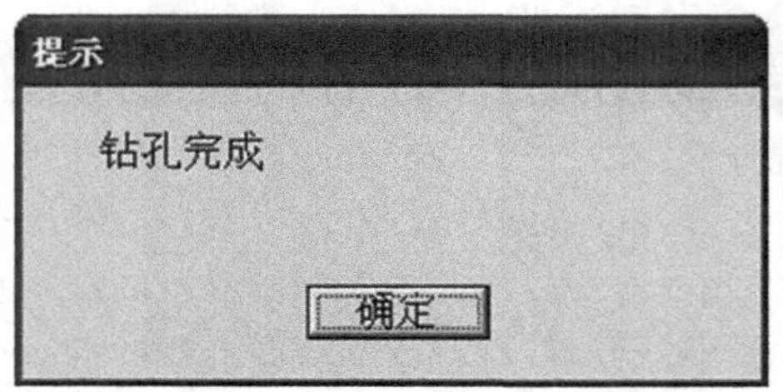

图 5－79　钻孔完成提示

(2) 点击“确定”按钮，进入下一步，钻下一个孔。需要更换钻头时，必须关闭主轴电机电源，等待主轴电机完全停止转动后才能更换钻头。

(3) 重复(1)、(2)步骤，钻完各个规格的孔，如图 5－80 所示，点击“完成”按钮完成钻孔。

(4) 关闭主轴电机开关，钻头停转。

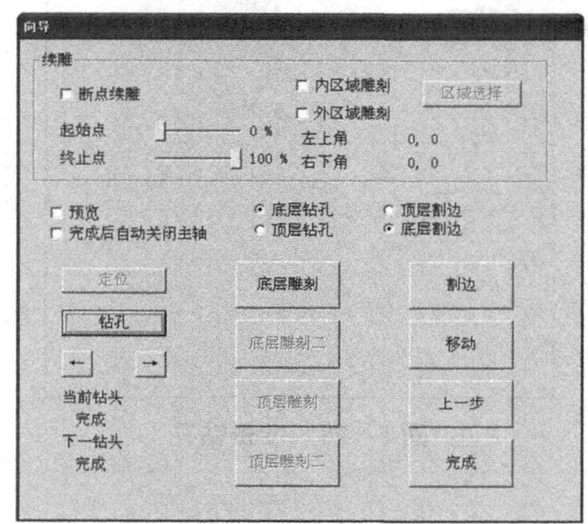

图 5－80　已钻完所有孔

4. 孔金属化

对于双面板的制作，钻孔完成以后需要进行孔金属化。电路板孔金属化是指双面板制作过程中将过孔、焊盘孔金属化的过程。电路板孔金属化的操作步骤如图 5－81 所示。

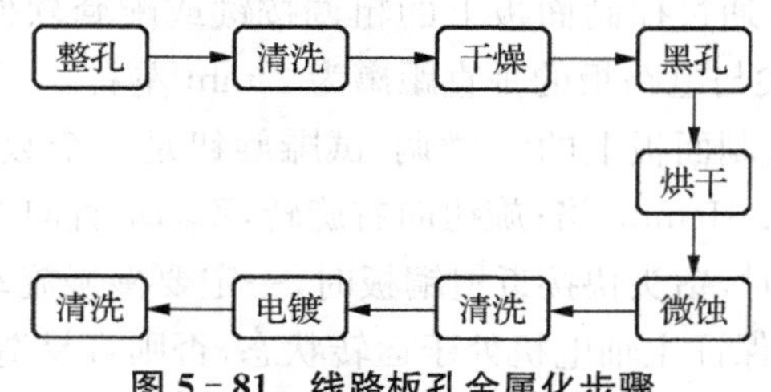

图 5－81　线路板孔金属化步骤

(1) 整孔：先将配比后的整孔液(去离子水∶整孔原液＝20∶1)加温至 60 ℃，把钻孔后的电路板放入整孔液中浸泡，并上下轻轻摇晃 3～5 分钟。整孔是对电路板孔洞进行清理，处理金属化碎屑及杂质，并将孔壁表面的电荷极性调整为负极性，以便吸附石墨和碳黑。

(2) 清洗：用清水清洗孔内和表面多余的残留液。

(3) 干燥：用电吹风机将电路板吹干。

(4) 黑孔：将干燥后的电路板置于黑孔液中浸泡，上下轻轻摇晃 3～5 分钟，通过物理吸附作用，使孔壁基材的表面吸附一层均匀细致的石墨碳黑导电层。

(5) 烘干：将黑孔液浸泡后的电路板直接放入 95～100 ℃的热风循环烘箱，5 分钟即可烘干。

(6)微蚀：取出烘干后的电路板，放入微蚀液中，把电路板表面多余的黑孔液去除，仅在孔壁上吸附石墨和碳黑。

(7) 清洗：将电路板置于清水中轻轻摇晃，确保洗尽残留微蚀液。

(8) 电镀：必须确认所有接线连接正确，连接无误后即可电镀。将清洗后的板子直接放入 $CuSO_4$ 电镀槽用挂具夹好电路板，挂在电镀槽阴极铜管上，置中，并确保电路板完全浸在电镀液里。开启电镀电源，设定为恒流，电流勿太大，否则容易造成烧板。根据电路板大小设定电镀电流大小，参考值如表 5-2 所示。

表 5-2　电镀电流参考值

电路板大小	设定电流
10 cm×10 cm	4 A
15 cm×15 cm	4.5 A
20 cm×20 cm	5 A

(9) 清洗：电镀后用清水或纯水水洗电路板，之后风干或抹干，以防电路板表面氧化。也可将电路板直接放入化学镀锡液(选配)中镀锡。

5. 雕刻

(1) 执行菜单命令“操作”|“向导”，进入“向导”对话框，选择“底层雕刻”选项卡，如图 5-82 所示。安装合适规格的雕刻刀，并设置相应的雕刻参数。

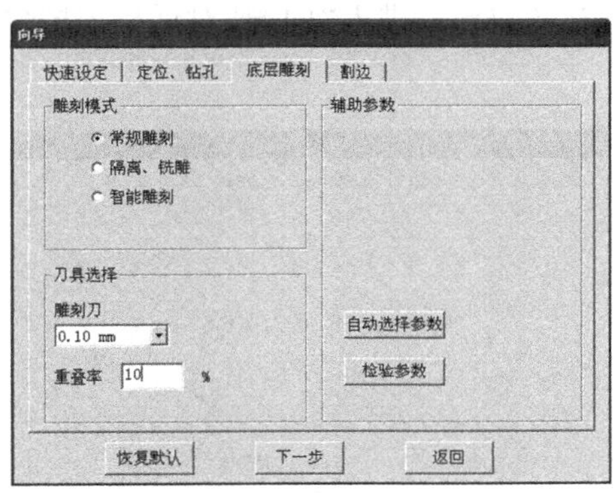

图 5-82　“底层雕刻”选项卡

(2) 使用合适的雕刻刀，然后启动主轴电机，设置加工原点，准备雕刻。

(3) 在如图 5-82 所示的对话框中点击“下一步”按钮开始雕刻。

(4) 雕刻完成弹出如图 5-83 所示的“提示”对话框，点击“确定”按钮返回“向导”对话框，如图 5-84 所示，点击“完成”按钮完成雕刻。

(5) 关闭主轴电机电源。

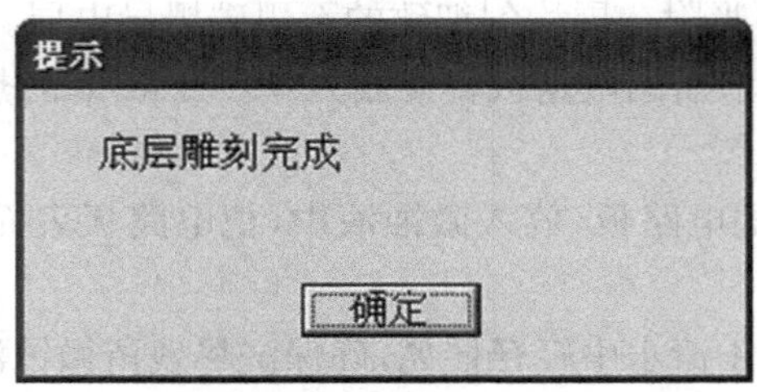

图 5-83 雕刻完成提示

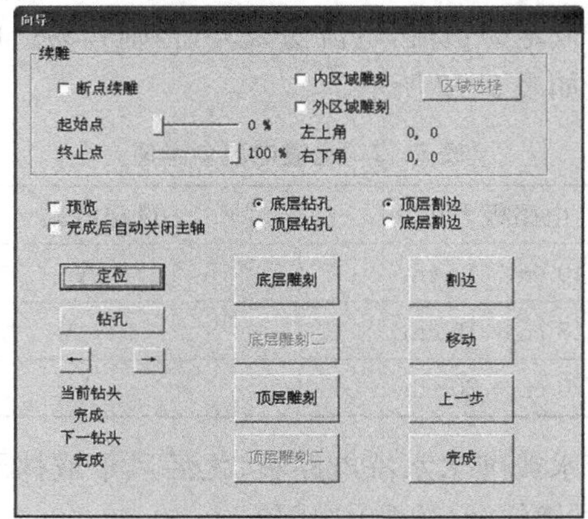

图 5-84 “向导”对话框

6. 割边

(1) 更换 0.8 mm 的 PCB 铣刀，打开主轴电机电源，确定好原点，准备割边。

(2) 执行菜单命令“操作”|“向导”，进入“向导”对话框，选择“割边”选项卡，如图 5-85 所示。

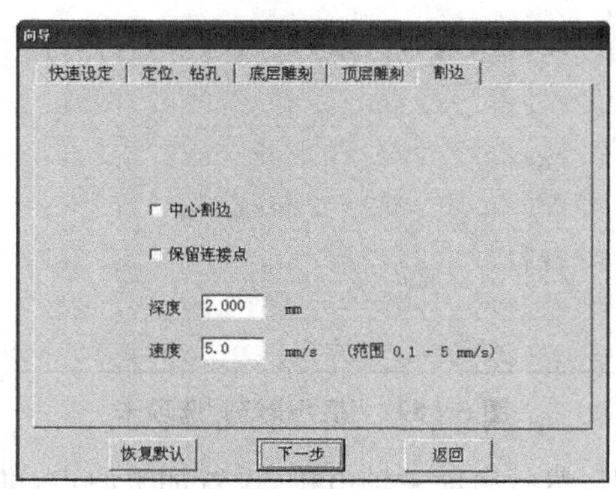

图 5-85 “割边”选项卡

(3) 选择好深度和速度后点击"下一步"按钮，在图 5－86 所示对话框中点击"割边"按钮，弹出雕刻刀确认对话框，点击"确定"按钮，开始割边。

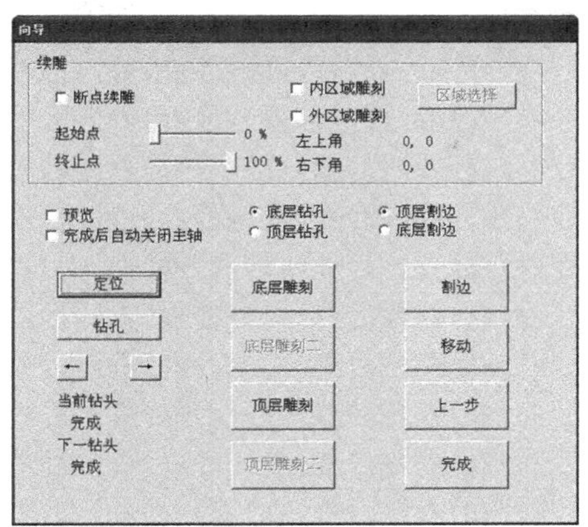

图 5－86　准备割边

(4) 割边完成，弹出"提示"对话框，如图 5－87 所示。点击"确定"按钮，返回"向导"对话框，然后点击"完成"按钮，退出"向导"对话框。

图 5－87　割边完成提示

(5) 关闭主轴电机电源，关闭雕刻机电源。取下电路板，完成电路板加工，准备清洗。

7. *表面处理*

取出电路板，将电路板清理干净后，用细砂纸轻轻地将两面电路打磨一遍，以使电路光滑饱满。为防止电路板被氧化并增加以后的可焊性，可将电路板浸入化学镀锡液(选配)内进行常温镀锡，10 分钟后取出电路板吹干，即可得到光亮易焊的电路板。